流域圏から見た明日

―持続性に向けた流域圏の挑戦―

編者
辻本　哲郎

著者
大西　　隆
金田　章裕
楠田　哲也
須藤　隆一
関口　秀夫
竹村公太郎
辻本　哲郎
中静　　透
松田　芳夫
三野　　徹

技報堂出版

序

　毎日の生活の中で，われわれの目の前で起こることに振り回されがちで，ややもすれば国の方針ですら，そうなりかねないこの頃である．われわれの存在基盤は，地球上のこの国土で，その上にさまざまな基盤を築いてきたものであり，良くも悪くも今日の生活・活動があると考えていいだろう．

　その国土について昨年度，国土形成計画が策定され，全国的な基本方針が示された．国土形成計画はこれまでの全国総合開発計画を引き継ぐものであり，これまでの経済発展を支える社会基盤としての国土を変貌させてきたあとの，われわれの基盤への再認識にたつものである．顕在化したひずみの是正，近年の低成長経済，少子高齢化，そして引き続く人口減少時代，さらには地球温暖化シナリオへの対応としての社会基盤のあり方を示すものと言ってよい．

　こうした流れの中でとくに「持続性」の志向が背景にあるのだが，基本方針の実現のためにはさらに踏み込んだ議論が必要なことは言うまでもない．そして，その議論のさなかに，国土の問題を「流域圏と大都市圏の相克」としてとらえその調和の方向を議論するシンポジウムを開催（2006年9月），それをもとにした出版物を世に問うた（2008年4月）ところである．人間活動の拠点である都市の再生が目の前の課題とはいえ，持続性をはかりながらのそれは，流域圏をどうするのかの議論なしには達成できないことにすでに気づいたはずである．

　こうした流れの中で流域圏が潜在的に持つ水循環・物質循環のシステムの健全さを維持することが持続性につながることをすでに直感的に知った．そこで，こうした仮説が多くの人たちの中で納得され，その実現あるいはこうした社会の構築のためにどうすればいいのか，どういう[道具]を持てばいいのかを議論してみようと，再度，流域圏にさまざまな観点からかかわっておられる方々に，フォーラムへの参加をお願いした．ちょうど，筆者らは平成18年度から5年間にわたる研究プロジェクト（文部科学省科学技術振興調整費（重要課題解決型研究）「伊勢湾流域圏の自然共生型環境管理技術開発」を実施しているところであり，

そのプロジェクトと並行した「流域圏からの持続性への挑戦」のありかたの議論は，招聘する研究者と研究プロジェクト参加者の双方にも，またさまざまな官・学・民でかかわって活動されている多くの方にも，役に立つものとなろうと考えた。

フォーラムの構成は，各回それぞれ3名の講演者を招聘，3週連続で行うものとした（図参照）。それぞれの回には，先述のプロジェクト視点からわれわれが流域圏と持続性の関連をどうとらえているのか，伊勢湾流域圏がどのような状況であり，そこでの自然共生型環境管理技術とは何なのかについて，さらに，そこでの中心戦略である

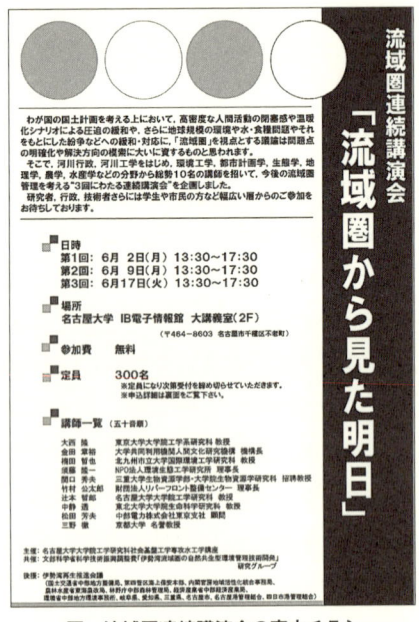

図　流域圏連続講演会の案内チラシ

生態系サービスの視点からの自然共生度アセスメントの枠組についての話題提供も行い，各回のパネルディスカッションの起爆剤とした。各回の講演者は多彩な専門領域を代表する方々に登場いただけた。各回とも，それぞれの講演者のスケジュール調整などで組み合わせが決まったにもかかわらず，各回ともおのおのにおいて興味深い「軸」が構成され，パネルディスカッションも議論が弾んだ。本書籍は，当時の講演を元に文章化したものであるが，各回のパネルディスカッションについては，速記録から再現した臨場感の伴うもののままとしている。

本書の構成は，目次のとおり，4編構成となっている。講演順とは必ずしも一致したものではない。これは，3回の講演会の実施とともに「全体構成」を練って，最終的に原稿化いただいた後の編成である。

第1編では流域圏をベースとして国土管理を考えるときの背景，第2編では，とくにいくつかの流域が複合し，湾を共有する「流域圏」を意識した構成となっている。さらに第3編では，市民と都市や農業・農村政策といった流域圏での人

間活動における社会的取り組みが話題となっている．そして，第4編では持続性に向けた流域圏の評価についての話題を集めた．これはアセスメントという仕組みが，持続的な流域圏の構築に向けての駆動力となると考えている，先述のわれわれの研究プロジェクトの基本理念に基づくものである．本当は，こうしたアセスメント枠組が，どのように持続性に向けて，例えば自然共生型流域圏構築を駆動するのかまで議論を進めたいところであった．実は，第3編にすでにその雛型は議論されているのであるが，これについては，さらに研究プロジェクトの段階が進んだ時点で，再度いろいろな専門家と議論でき，多くの人とそれを共有する機会が持てたらと希望しているところである．

　本書は，上述したように，厳しいスケジュールの中で講演を引き受けていただき，そしてパネルディスカッションでさらに卓抜したお話を聞かせていただいた上で，講演速記録を基にした講演内容の書籍原稿化にご協力いただいてできあがったものである．大西隆，金田章裕，楠田哲也，須藤隆一，関口秀夫，竹村公太郎，中静透，松田芳夫，三野徹の諸先生に深く感謝するしだいです．また出版にあたっては，技報堂出版 石井洋平部長と星憲一様にお世話になり，本研究室の尾花まき子研究員には，連続フォーラムの実施から出版まで，著者間および出版社との連絡や全体校正など献身的な助力をいただいた．お礼申し上げます．

2009年4月

辻本　哲郎

目　次

第1編　流域圏の背景

第1章　持続性と流域圏 ——————————2
- 1.1　持続性への三要素 ……………………… 2
- 1.2　国土とは？ ……………………………… 3
- 1.3　国土形成計画の課題 …………………… 5
- 1.4　生態系の劣化 …………………………… 7
- 1.5　流域から流域圏へ ……………………… 7
- 1.6　持続的な流域圏に向けて ……………… 10
- 1.7　流域圏管理とは？ ……………………… 11
- 1.8　持続性と流域圏 ………………………… 12

第2章　持続可能な未来文明は流域圏から ——————————15
- 2.1　温暖化の顕在化 ………………………… 15
- 2.2　日本の温暖化 …………………………… 17
- 2.3　温暖化で何が困るのか？ ……………… 19
- 2.4　天然ダム・雪の消失の対策 …………… 21
- 2.5　食糧自給は可能か？ …………………… 22
- 2.6　食料自給の問題，海の環境 …………… 25
- 2.7　下肥の復活 ……………………………… 26
- 2.8　太陽エネルギー・水 …………………… 28
- 2.9　流域での持続可能な発展 ……………… 30

第3章　河川の領域を広げる —人口減少時代の土地利用再生と都市— —31
- 3.1　人口減少時代へ ………………………… 31
- 3.2　国の発展と国土の開発 ………………… 34
- 3.3　稲作国家の成り立ちとその技術 ……… 40
- 3.4　国土の変遷と土地改良事業 …………… 45
- 3.5　国土と水害 ……………………………… 52

第2編　流域圏の構造（流域と湾）

第4章　伊勢湾流域圏の自然共生型環境管理技術開発 —— 58
- 4.1　流域圏研究プロジェクトの始まり ……… 58
- 4.2　流域圏の課題 ……………………………… 60
- 4.3　流域圏の環境管理 ………………………… 62
- 4.4　伊勢湾流域圏研究の目的と目標 ………… 64
- 4.5　流域圏の構成と研究テーマ ……………… 66
- 4.6　5つのサブテーマの連携 ………………… 69

第5章　木曽川流域と黒潮に連動する伊勢湾生態系の応答 —— 72
- 5.1　はじめに …………………………………… 72
- 5.2　海の生産構造 ……………………………… 73
- 5.3　沿岸域の海況と黒潮の関係
  —イセエビを例に— ………………………… 75
- 5.4　伊勢湾の概況 ……………………………… 80
- 5.5　伊勢湾のエスチュアリー循環と富栄養化 … 85
- 5.6　伊勢湾の漁獲量変動と黒潮 ……………… 89
- 5.7　伊勢湾の富栄養化と貧酸素化現象 ……… 92
- 5.8　木曽川水系河川整備計画とヤマトシジミ … 103

第6章　里海の再生と創出をめざして
―内湾・内海の水環境保全― ———————————— 112
- 6.1　はじめに …………………………………… 112
- 6.2　内湾・内海の水環境 ……………………… 113
- 6.3　内湾・内海の劣化と再生 ………………… 122
- 6.4　内湾・内海の里海による再生 …………… 127
- 6.5　今後の課題 ………………………………… 136

第3編　流域圏と社会

第7章　鴨川の流域管理と鴨川条例 ――――― 140
- 7.1　川と人とのかかわり ・・・・・・・・・・・・・ 140
- 7.2　鴨川と人々の暮らし ・・・・・・・・・・・・・ 141
- 7.3　鴨川利用の現状 ・・・・・・・・・・・・・・・・・ 151
- 7.4　鴨川をめぐる課題 ・・・・・・・・・・・・・・・ 156
- 7.5　京都府鴨川条例 ・・・・・・・・・・・・・・・・・ 158

第8章　農業農村政策の変遷と新たな施策展開
――地域（流域）管理の視点を中心に―― ――――― 162
- 8.1　灌漑排水と農業土木 ・・・・・・・・・・・・・ 162
- 8.2　国土の変遷と新しい農業政策 ・・・・・・・ 164
- 8.3　農業環境政策と環境支払 ・・・・・・・・・・ 167
- 8.4　ソーシャルキャピタルの形成と地域ガバナンス 172
- 8.5　近代的灌漑排水システムとその特性 ・・・・・・・ 173
- 8.6　農業用水とその管理システム ・・・・・・・ 174

第9章　国土計画と流域圏 ――――― 176
- 9.1　はじめに ・・・・・・・・・・・・・・・・・・・・・・・ 176
- 9.2　国土・都市計画と流域圏とのかかわり ・・・・・・ 179
- 9.3　三番瀬をめぐる変化とその要因 ・・・・・・ 180
- 9.4　国土形成計画―改革の論点― ・・・・・・・ 182
- 9.5　国土形成計画―課題― ・・・・・・・・・・・・ 185
- 9.6　定住自立圏構想 ・・・・・・・・・・・・・・・・・ 189
- 9.7　広域行政と流域圏 ・・・・・・・・・・・・・・・ 191
- 9.8　おわりに ・・・・・・・・・・・・・・・・・・・・・・・ 193

第4編　流域圏の評価

第10章　自然共生型流域圏の環境アセスメント技術の枠組み ― 196
- 10.1　流域のとらえ方 ･････････････････････ 196
- 10.2　流域圏と持続性 ･･････････････････････ 200
- 10.3　自然共生型流域圏の構築に向けて ･･････････ 202
- 10.4　類型景観の概念 ･････････････････････ 205
- 10.5　生態系メカニズムの評価手法 ･･････････････ 206
- 10.6　自然共生型流域圏環境アセスメント ･･････････ 209

第11章　森林利用に伴う生物多様性アセスメント ─ 211
- 11.1　はじめに ･････････････････････････ 211
- 11.2　生態系サービスとは ････････････････････ 212
- 11.3　生態系変化の総合的アセスメント ･･････････ 214
- 11.4　森林変化とそのドライバー ･･･････････････ 216
- 11.5　森林の変化が生物多様性に与える影響 ･･････ 219
- 11.6　生態系サービスを保つためのシナリオ ･････ 223
- 11.7　生物多様性の持続的利用の仕組みの
　　　　評価に向けて ･･････････････････････ 224
- 11.8　おわりに ･････････････････････････ 226

第12章　流域の水マネジメント ─黄河流域を例として─ ─ 228
- 12.1　水と流域水マネジメントにかかわる問題 ････ 228
- 12.2　黄河流域の水マネジメント ･･･････････････ 234
- 12.3　流域の水マネジメント ･･････････････････ 256
- 12.4　統合的水マネジメントの難しさ ･･････････ 257

第5編　パネルディスカッション

- 第1回　パネルディスカッション ････････････････ 260
- 第2回　パネルディスカッション ････････････････ 280
- 第3回　パネルディスカッション ････････････････ 302

第1編

流域圏の背景

第1章 持続性と流域圏

名古屋大学大学院工学研究科
辻本哲郎

1.1 持続性への三要素

　本章では，「持続性と流域圏」というタイトルで少しお話しさせていただきたい。
　いろいろなところでいろいろな人たちがいろいろな目標を考えてきた。平等がいいとか，経済的に強い国がいいとか，いろいろなことを目標にしてきたが，それらの目標がなかなか統一的なコンセプトにならなかった中で，最近では，「持続性」という言葉が比較的いろいろな人たちの間で合意できるようになってきた。いわゆるサステーナビリティという表現である。例えば，わが国に限っても，社会・国土の形成の目標として持続性を掲げることというのは，比較的抵抗が少ない。
　ここで重要なことは，時間が意識されていて，時間を含めた平等性ということになるのかもしれない。その持続性の主体は，人間あるいは文化的な活動が持続的であるということかと思う。
　そうすると，持続性のための3つの要素が出てくる。それは安全・安心，もっと土木的な用語で言うと「災害防止」であるし，また資源の問題もある。この流域に限ると，水資源をベースに食糧も生まれるし，エネルギーも生まれる。けっして火力発電や原子力発電でエネルギーがつくられるということに限ったわけではない。そのようなものに代替することによって，水のエネルギーや水資源

の使われ方が変わることもあり得るので，水資源の問題というのは，仮に火力発電や原子力発電になっても，水の問題に相違ない。それから環境の問題。最近では「生態系」というような言葉，あるいは「生態系サービス」というような言葉がそれのポイントになっている。

　この3つの要素を何とか自分たちのものにすると，自分たちはサステーナブルであると考えがちだ。しかし，こういうものを得るために，人間は実はサステーナブルでなくなっているという側面もある。災害防止のために，国土を破壊したり，資源を収奪したために国土が荒廃したことも見受けられる。つまり，持続性のために我々は努力しても，持続性はおぼつかないこともあるということが一番最初にお話ししたいことである。

1.2　国土とは？

　我々が生きているということは，この国土の上に生きているわけで，その生存をサステーナブルにしていくためには，国土を何とかするということが，まず大事である。それがいわゆる社会基盤整備であり，その上に社会が形成されるため，いわゆる自然科学とか工学だけでない側面が出てくるのは，そのためかと思う。

　では，国土とは何かというと，けっして日本地図を平面の上に書いたものではなく，実はその上に山や川があり，その上に雲が流れてきて雨が降ったりするという自然の中での日本という姿である。

　図-1.1では，国土を流域の寄せ集めというふうに見たらどうだろうかと提案している。

　流域は「集水域」と定義されている。これは地理・水文学で定義されており，降った雨が全部集まってきて川に流れていく。そして，その水によって土砂が流れた地形の上に我々は住んでいる。長い歴史の間で我々が使ってきた国土というのは，ほとんどが水成地形。土砂が流れてきてできた沖積層の上に成り立っている。水や土砂が流れると，いろいろな物質がそれによって運ばれて，それがエネルギーとなって生物が育まれ，これら全体の相互作用系が生態系と言われている。

```
社会・国土形成の目標としての持続性    時間の意識
        人間の生存・文化的活動の持続性
持続性の3要素
    安全・安心    災害防止
    資源         水→食糧，エネルギー
    環境         生態系→生態系サービス
人間の活動基盤＝国土形成（国土の上への社会基盤整備）
              ←社会形成
国土の成り立ち
    流域＝集水域→水循環→流砂系→物質循環→生態系
    （降雨・流出）
    山～川～平野～海
    「めりはり」のある国土 → 「風土」
        その特徴を利用した社会基盤整備・社会形成
```

図-1.1　国土の成り立ち

　もう少しざっくりした視点から述べると，山もあれば川もあるし，平野もあるし，海もある。こういうめりはりのあるところが国土で，けっして平板な上の地図ではないということが一番大事なことである。その上に人間が社会基盤をつくって住んでいるからこそ「風土」という表現が出てくる。

　現在，国土形成計画，新たな国土計画が議論されてきたが，その中で，風土が失われているという意識は，そういう議論をした人たちの中で大変大きなものであった。風土とは，先にも述べたが，やはり雨が降って，それによって水や土砂が流れ，土地ができ，その上に人間が住みついた。そういう景観が風土だったのだろう。

　図-1.2によってまとめておくと，人間活動は国土の上に成り立っている。国土と限らなくても，地球上の陸地ということでもよい。この国土の上には自然があり，さらには地形や気象があり，雨が降り，流れ，また蒸発するという水循環。一度蒸発した水は雲となって地球上を駆けめぐるが，またどこかで蒸発した水が，その土地に降ってくる。水自身はけっして場所的に固定していないが，我々が住んでいる陸側の視点では，毎年同じように水が降って蒸発するの

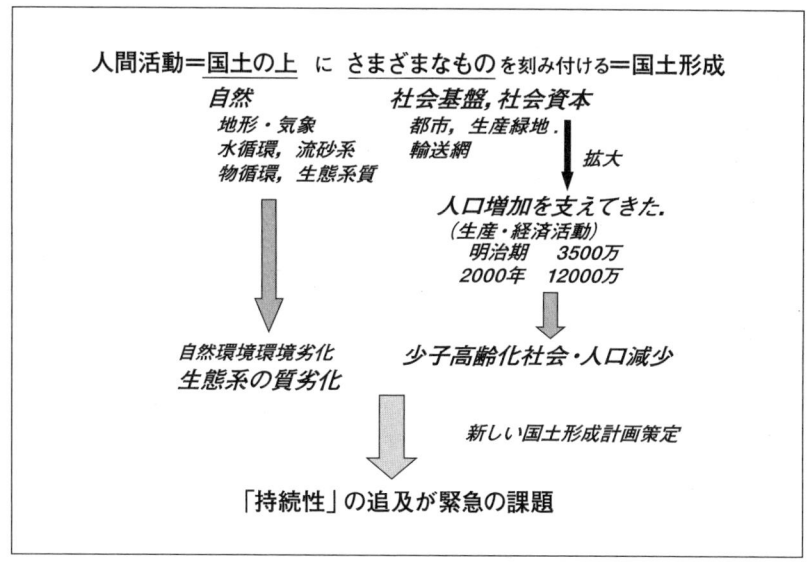

図-1.2 国土と人間活動

を繰り返し，いかにも同じ水が行ったり来たりしているように見える。つまり，水循環の陸側の1つのユニットが流域とも言える。

1.3 国土形成計画の課題

この水の循環が非常に重要で，水がなければ土は動かないし，物質のほとんども動かない。さらには生態系も育まれないということになる。これが自然の国土である。

その上に，我々は社会基盤や社会資本と言われる都市，あるいはそこに住んでいる人たちに食べ物を供給する生産緑地，さらにはそれを人工的に運ぶ輸送網をつくってきた。これが拡大し，江戸時代の末には約3500万人であったわが国の人口を，2000年には1億数千万人まで支えてきたのは，このような社会基盤の整備と輸送網の整備であった。

ところが現在，こうした中で自然環境が劣化し，生態系の質が低下している。さらに，少子高齢化・人口減少化社会を迎え，その中で持続性をもう一度追求し

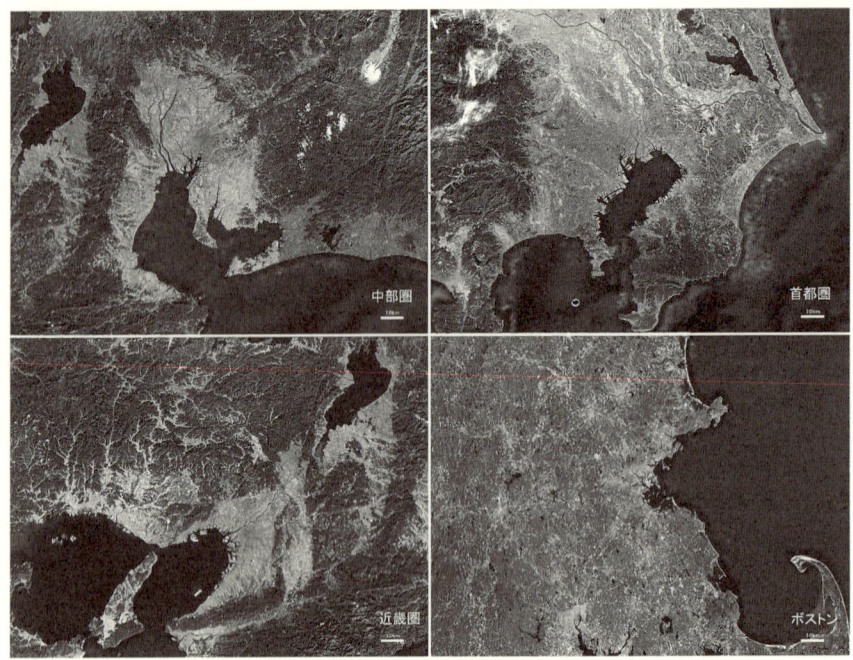

図-1.3 日本の三大湾とボストン流域

ようとしている。例えば，先ほどの国土形成計画においては，緊急の課題となっている。

図-1.3(石川幹子提供，東京大学)に，日本の三大湾とボストンの流域(右下)を示す。伊勢湾流域とボストン流域を比較すると，我々の住んでいるところはめりはりがついた地形であることに気づかされる。南アルプスから大きな川が流れ，沖積平野ができて，その基盤の上に我々は住んでいるということである。これが自然共生型を追求する背景になっており，もともとのバックグラウンドになっている。関西圏や東京圏においても，その姿は見てとれる。

それに対してボストンは，地図の上に平板なものを頭に描いて地域計画や都市計画ができるかもしれないくらい地形に起伏がない。こういうところでは，緑のネットワークや生態的エコロジカル回廊の創出が有効的だ。

しかし，我々の中部圏のように地形がすごくダイナミックなところをどのよ

うに使うかは大きな課題である。

　実は，この特徴ある地形あるいは気象，より専門的に言うと，水循環，流砂系あるいは物質輸送系あるいは生物相の上に，それらが醸し出してくれる生態系サービスを享受しながら，すなわち，水が落ちることによってもたらされるエネルギーを使い，あるいは自然が成長するところで食糧を担いというふうな形をベースに進めてきたのが，「風土」的国土形成であったと言える。

1.4　生態系の劣化

　しかし，少なくとも一時代前は，我々の発展は，できるだけ多くの人と，それがもたらす大きな富というものが国にとって大事であったので，生産性の向上や人口増をうまく両輪にしながら我々は進んできた。それは生態系サービス享受型から人工系を利用するようになったプロセスである。先ほど述べた水循環にドライブされる輸送システムではなく，人間がつくり出す輸送網を使う。もはや生態系サービスでなくてよいので，生態系と共存する必要がない人間は勝手に生きられる。また，人工系を拡大してきたことによる生態系へのインパクトは非常に強い。この2つの側面から生態系の劣化が進んできた。

　それは，場合によっては化石燃料の枯渇につながり，地球温暖化もそのような1つの結果なのかもしれない。地球温暖化は，我々に課された1つの課題であり，我々のこれまでの生活の結果なのである。

1.5　流域から流域圏へ

　流域は，雨が落ちてきたものが川に流れていくシステム，そのような場である。そこへ，まず連続堤をつくり，生産緑地，都市を確保した。いろいろなところへと水を運ぶために，若干流域の定義も怪しげになってきた。連続堤をつくると，分水嶺の意味は変わってくる。氾濫原が流域から抜けたりもする。一方では，流域でないところまで水を配分したり，あるいはそこに降った水の始末，すなわち雨水の排除まで考えなければならないような状況にもなっている。

　また流域は，水循環だけでなく，流砂系，物質循環あるいは生態系としても

広がっているので，海岸や沿岸域は当然流域の中に入ってくるだろう。こうした中で「流域圏」という言葉ができ，流域圏は広い意味に使われている。また，もともとの「流域」の中には，海岸が入っていなかった。しかし，海岸には川の土砂が流れこみ，それが漂砂になって海や周辺を漂って，初めて海岸地形が形成・維持されているということを考えると，海岸領域，沿岸域は，流域にほかならない。ここでも「流域圏」という言葉が出てきた。

図-1.4では，大井川流域圏を示している。下流では堤防に囲まれたために，もはや流域は川の周辺に限られている。しかし，この川の恩恵を受けているところは，とくに下流ではもっと広い領域になっていることが見てとれる。

さて，伊勢湾を囲む中部地域で特徴的なもう1つのことは，湾の存在である。湾というのは，1つの閉鎖性水域であり，この湾を囲むように都市が発達してきた。伊勢湾流域圏を例にとると，国が管理している一級水系だけでも10水系が

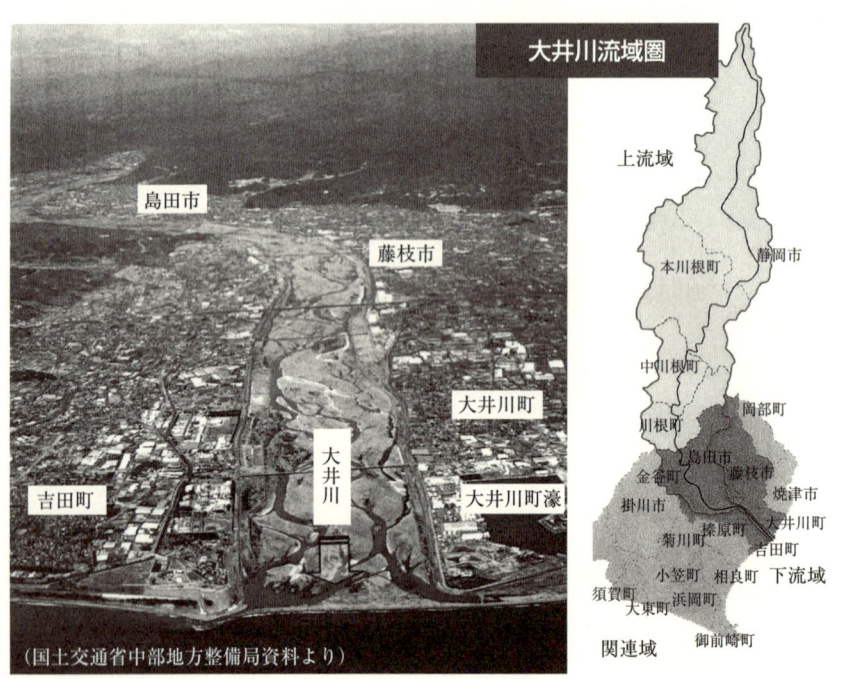

図-1.4　大井川流域圏

この湾の中に流入している。その湾を囲むように大都市圏が発達してきている。このように，複数流域圏が隣り合って1つの閉鎖水域に流れ込み，そこに大都市圏が存在している。これは，アジアあるいは日本においていろいろなところで見られる1つの大きな典型あるいは類型である。

　都市の存在は，食糧生産を要請するため，その上流に生産緑地を持たねばならない。生産緑地が拡大すると，自然域は縮小され，取水等の影響を受ける。そして，都市の活動の直接的影響が沿岸域を通して湾域に出ていく。このように1つの水系がいくつも横に並んでいるのが伊勢湾流域圏と呼んでいるものである。すなわち，複数流域の隣接した流域の複合体をもって，ここで考えている流域圏と，さらに拡大した定義をした。流域は，集水域だけであったものが，沿岸，海岸を含むものに拡大し，そこで「流域圏」という言葉を我々の中に持った。これから議論していく中で，流域圏とは複数の流域が隣接していて，それが集合体，コンプレックスとなって湾に影響している構図，こういうものを考えている(**図-1.5**)。

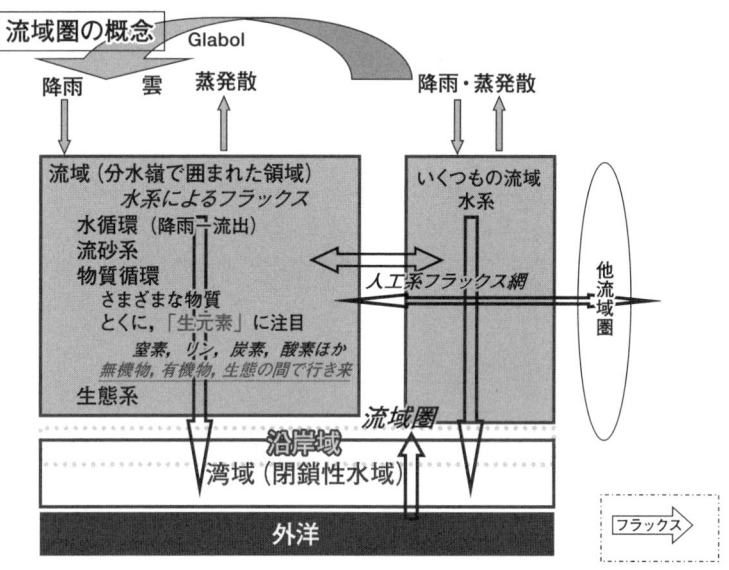

図-1.5　流域圏の概念

1.6 持続的な流域圏に向けて

　先ほども述べたように，降雨・蒸発散は非常にグローバルなものだが，**図-1.5**に示したように流域という1つの領域に，その水の循環は閉じている。この水循環に駆動されて，流砂系，物質循環，とくに生元素と呼ばれる有機物，無機物の相互作用が，ほぼ流域を単位として起こっている。これが湾に流末として出ていく。これが閉鎖水域で，当然それは外洋ともつながっている。湾は1つの流域に対してオープンになっているわけではなく，さまざまな水系につながっている。自然の水系は流域ごとに閉じて海に出ていくが，人間が横につなぐフラックスをつくったため，流域圏の中では非常に強い人工のフラックスが，水や土砂，物質，場合によっては生物まで運んでいるということになる。こうした中で，自立的な流域圏を構想するにあたり，差し当たって流域圏を単位に考えようとしている。

　1つの流域圏は，日本の中で隣の流域圏とつながり日本を形成している。日本という複合流域圏は，別の国やさらにはアジア・ヨーロッパといった別の地域へつながる，という意味で地球規模で大きく広がっていく概念である。

　図-1.6に示すように流域圏問題は，流域圏の中に都市ができ，その都市が拡大して蓄積された富，能力や技術は，周辺に拡散して都市を支える。これが過ぎると，隣とつながなければならない。ここで「過度な収奪」と書いたが，やり取りという表現もある。このようにして，流域圏が広がっていったという構図を描いている。水の資源としての利用だけでなく，洪水防御という視点でも，実は，隣の流域の安全度は別の流域で担保されていることだってあり得るというように，流域圏の運命共同体の構図である。

　次に，持続的であるという意味を考えた。このための流域圏の管理の仕方に国土管理が学ばなければならないと思っている。なぜなら，流域圏は国土の自然のシステムの単位だからである。

　先ほども言ったように，江戸時代の国土は約3 000万人抱えていたが，1億人の人口の社会は，土地を高度に利用し，そうするための技術を開発した。今はどこにでも水田がつくれ，きれいな水が飲める。しかし，これは高エネルギー負荷あるいは化石燃料の搾取ということになる。

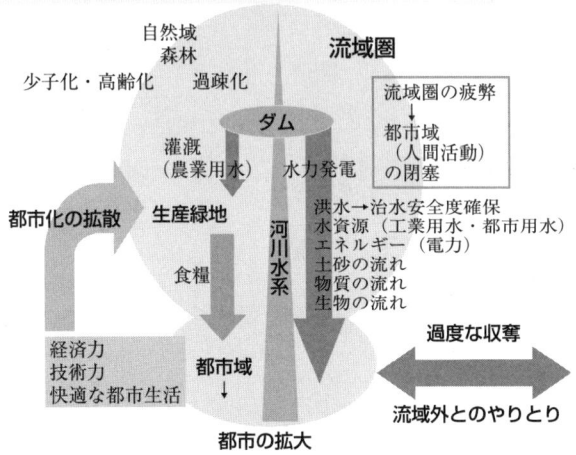

図-1.6　流域圏問題の構造

　それから，こういった過密な人口は公害を生んできた。あるいは風土に似合わないまちづくりになっていった。それは脆弱さも生んできている。あるいは地球規模での気候変化あるいは局所的なヒートアイランドなんかを生んでいるというのが現在の構図で，この中でもなおかつ，先ほど言った災害安全性，資源確保，自然環境という3つの要素を求めようとすると，非常に困難さを伴うし，場合によっては，それに対してさらに高エネルギーを負荷していかなければならないというふうなジレンマもある。

1.7　流域圏管理とは？

　そのような状況の下で，流域圏管理を考えよう。流域の中には，図-1.7に示したようにいろいろな地域あるいは地先がある。それらは水，土砂や物質などのネットワークで結ばれている。自然のものは河川で供給されているが，人間は，それをさらに上手につなぐ，人工系のネットワークもつくってきた。それ

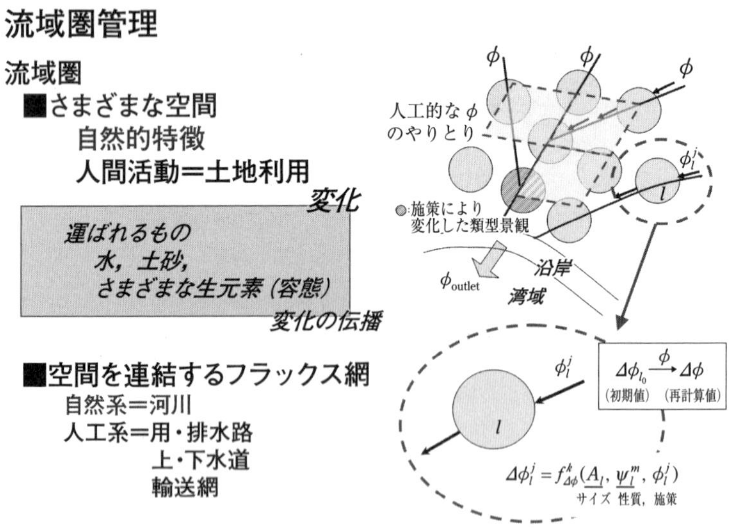

流域圏管理

流域圏
■さまざまな空間
　自然的特徴
　　人間活動＝土地利用
　　　　　　　　　変化

運ばれるもの
　水，土砂，
　さまざまな生元素（容態）
　　　　　　変化の伝播

■空間を連結するフラックス網
　自然系＝河川
　人工系＝用・排水路
　　　　　上・下水道
　　　　　輸送網

人工的な ϕ のやりとり

●施策により変化した類型景観

ϕ_{outlet}　沿岸　湾域

$\Delta\phi_{i_0}^j \xrightarrow{\phi} \Delta\phi$
（初期値）　（再計算値）

$\Delta\phi_i^j = f_{\Delta\phi}^k(\underline{A_l}, \underline{\psi_l^m}, \underline{\phi_i^j})$
　　　　　サイズ 性質, 施策

図-1.7　流域圏管理

らによって，それぞれのところで我々はいろいろなものを得た。自然，あるいは人間がそれに手を加えることによっても何らかのメリットも得ている。すなわち，地先ごとに我々はサービスをこの地球から受けている。その代わりに，フラックスと呼んでいる水・物質の流れを局所局所で変えてきている。その結果が，沿岸を通して湾域につながっている，この仕組みを我々がしっかり理解し，理解した中で制御するようなできるだけ単純なシステムとして表現するべきである。この表現ができて初めて，どこを制御すべきか，どこにどんなものをつくったり，あるいは取り外したり，操作したらいいのかということがわかってくるはずだというふうに我々工学屋は流域をとらえている。

1.8　持続性と流域圏

　流域圏の自然的仕組みは，持続性を考えるときのリファレンスになっている。自然的な仕組みをそのまま残そうという発想では，3 000万人しかこの日本の国土では養えない。1億2 000万人といった人口の下で，どうすれば我々は持続的

であるだろうかを考えるときのリファレンスにしようというわけである。

　自然の仕組みは図-1.8に示した通りで，我々は環境容量という言葉があるように，与えられたものの中でそれなりに活動していればいいが，そうでないときどうするのか。かつての環境容量を超えた人間社会というものを，持続性を求めてどのようなことをしていけばいいのだろう。現実には治水や新規に水を開発したり，都市では自然を再生してきた。しかし，これは高エネルギー負荷でしかなかった。生態系は劣化し，ひずみは顕在化し，化石燃料が枯渇している。場合によっては，温暖化シナリオの中で，我々のシステムはさらに脆弱なものになってきた。これに対して我々は何らかの対応策（Adaptation）も考えなければならない。こうした背景で，自然共生型に戻していけば，何とか化石燃料に頼らなくて済むというような発想を希望的に抱いている。この化石燃料を自然の恵みで代替した温暖化シナリオへの対し方は緩和策（Mitigation）と言えるだ

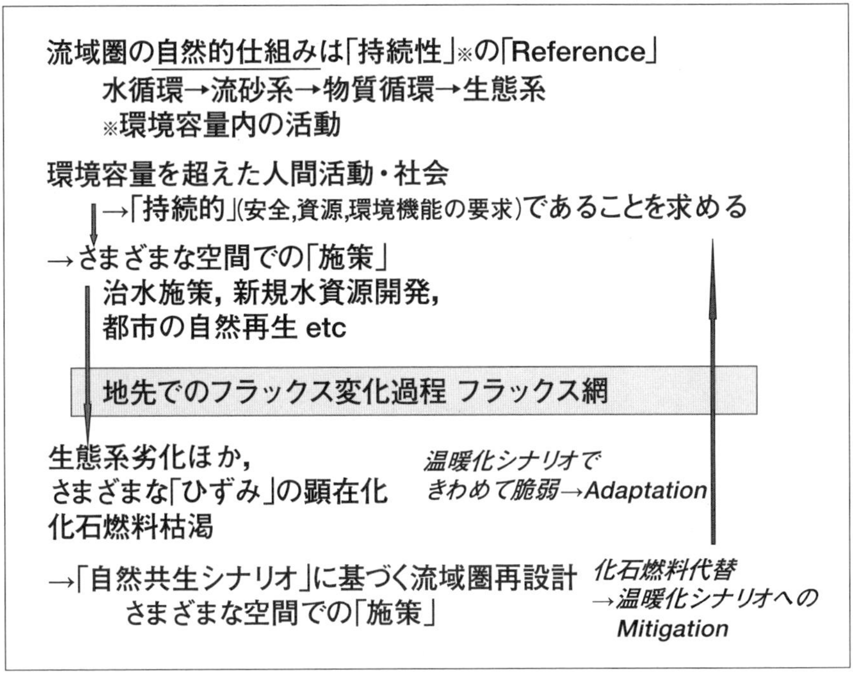

```
流域圏の自然的仕組みは「持続性」※の「Reference」
    水循環→流砂系→物質循環→生態系
    ※環境容量内の活動
環境容量を超えた人間活動・社会
    ↓→「持続的」(安全,資源,環境機能の要求)であることを求める
→さまざまな空間での「施策」
    治水施策, 新規水資源開発,
    都市の自然再生 etc

━━━━━ 地先でのフラックス変化過程 フラックス網 ━━━━━

生態系劣化ほか,            温暖化シナリオで
さまざまな「ひずみ」の顕在化    きわめて脆弱→Adaptation
化石燃料枯渇
    →「自然共生シナリオ」に基づく流域圏再設計    化石燃料代替
        さまざまな空間での「施策」              →温暖化シナリオへの
                                            Mitigation
```

図-1.8　流域圏の自然的仕組み

ろう。こういった地球問題とのかかわりも流域圏という小さなところから見ることができると考えている。

第2章 持続可能な未来文明は流域圏から

リバーフロント整備センター
竹村公太郎

　この連続講座の講師の方を見ているとだいたい研究者だが，私は研究者ではない。研究者でない私が，少なくとも1つだけ言えることは，私は境界条件を持たないということだ。研究者の方はきちんとした境界条件の中で，この境界からそちらはあの先生が研究しているからと，その先生の研究を評価しながらアレンジしていかれる。しかし，私は研究者ではないので，だれが何をやっているのかわからないまま，自分の頭の中に流れる考えを自由に論を進めることを御理解いただきたい。

　本章では「持続可能な未来文明は流域圏から」という題名となっている。

　結論を言うと，私の言う「流域圏」が，今研究されている方々のそれと適合するかどうかは別にして，「流域圏」という概念はとても大切だと考えている。

2.1　温暖化の顕在化

　近年，温暖化は顕在化してきている。温暖化の原因や是非はともかくとして，温暖化は着実に進み，顕在化してきている。

　図-2.1の真鍋先生の図を見ると，過去100年間で0.6℃上がり，今後の100年間で4℃ぐらい上がるのではないかということがわかる。ドクターであり登山家の今井通子さんによると，ヨーロッパのアルプスの氷河が，たった40年間ぐ

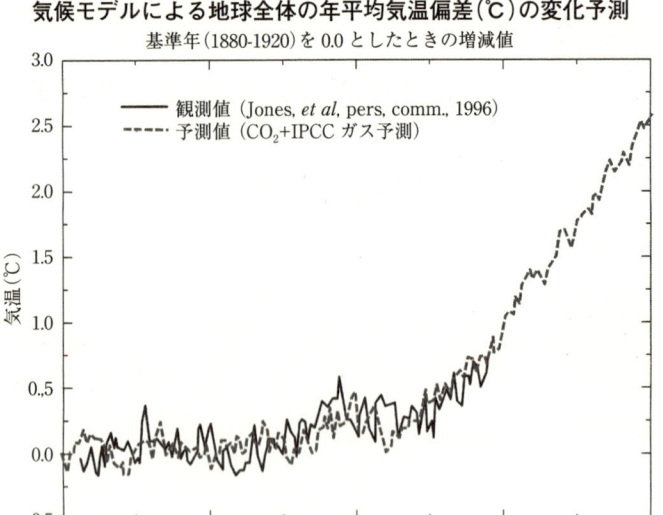

図-2.1 地球の年平均気温偏差予測図

らいでなくなってしまった。また，名古屋大学のチームの報告によると，ヒマラヤの氷河がこの約20年間で大幅に後退してしまったらしい。ヒマラヤの氷河がなくなるというのは大変なことで，そこは，長江，黄河，ガンジス，インダス，メコンの水源になっている。ヒマラヤの氷河が解けて氷河湖が問題になっているが，あれは短期的な問題である。何十年間のオーダーのヒマラヤの雪解け期が終わり，ヒマラヤ氷河がなくなるということは，アジアの主要大河川の水源がなくなるということである。

　氷河は白い氷が少なくなると，とめどなく小さくなっていく。白いところが小さくなると，黒い岩肌が太陽光を吸収してしまい，氷河を下から攻め上げて，氷河はあっという間になくなっていく。つまり，氷河融解の引き金が1度引かれたら，温暖化の原因が何であれ，もう氷河融解はとまらないという状況である。ヒマラヤ周辺のアジアの同胞たちにとって，重要な問題が21世紀後半に控えているということが言える。

2.2 日本の温暖化

日本の温暖化はどのようなことが問題になるのか考えていこう。

図-2.2に，気象庁のデータを基につくった現在の日本列島の年間平均気温分布図と100年後に4℃気温が上昇したと仮定した時の気温分布図を示す。気温を色分けのグレーディングで表した。真鍋先生の「100年後は4℃上昇」という説を用いて，日本列島を全部4℃上げてみたらこのようになった。北海道の現在の色は青色だが，100年後はピンクと黄色になる。つまり，100年後には北海道が関東になるということを示す。さらに，関東は現在の沖縄になり，九州は台湾よりもうちょっと南になる。つまり，日本列島は温帯から亜熱帯になっていく

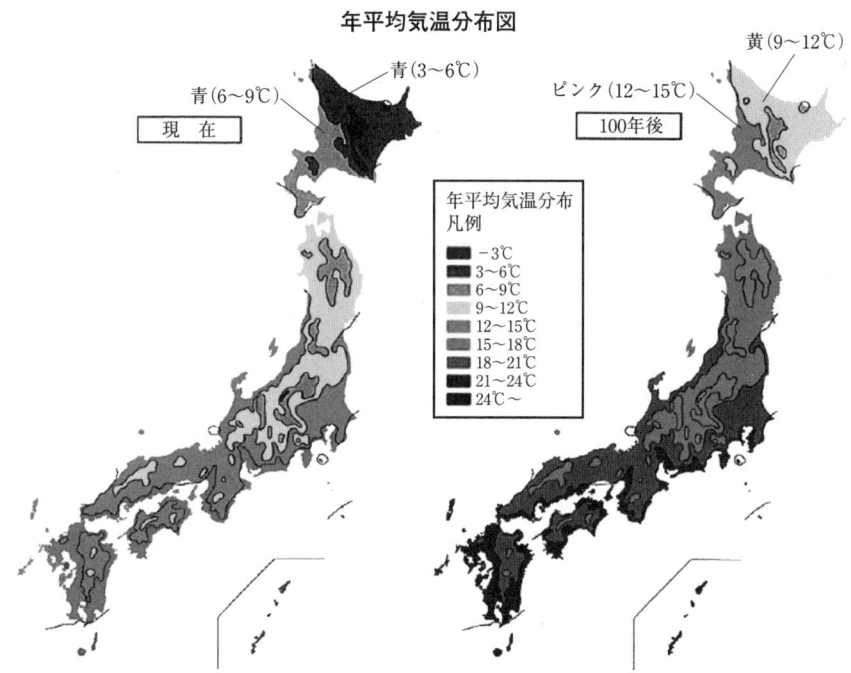

100年後には日本の年平均地上気温は3.5〜5.5℃上昇すると予測
地球温暖化の日本への影響2001，地球温暖化問題検討委員会影響評価ワーキンググループより
［出典］　日本気候図1990年版，気象庁

図-2.2　日本の年平均気温現在と4℃上昇の場合

ということである。厳密にいうと，経度の高い方がより暖かくなるらしいが，全部均一に4℃上げてみたが，4℃というのは途方もない高い温度上昇であることをわかっていただきたい。

100年後といっても，けっしてSFの世界ではなく，今生まれた赤ちゃんが90歳のおじいさん，おばあさんになるということで，ここでお話していることは，今生まれた赤ちゃんの人生を話しているわけである。

図-2.3に，100年後に雪がどうなるかということを実際にシミュレーションをした結果の図（農水省農業環境技術研究所，井上・横山）を示す。100年後には，中国，近畿，中部，関東から徐々に雪がなくなっていき，どうにか日本海側と東北の北部と北海道には残る。これも実に大きな環境変化である。将来雪がなくなっていくだけでなく，もうすでになくなりつつある。

図-2.4は，過去の富山県積雪のデータで，1960年代から1990年代までの10ヵ年平均値の積雪のトレンドを示す。これを見ると，過去40年間で富山県の雪は

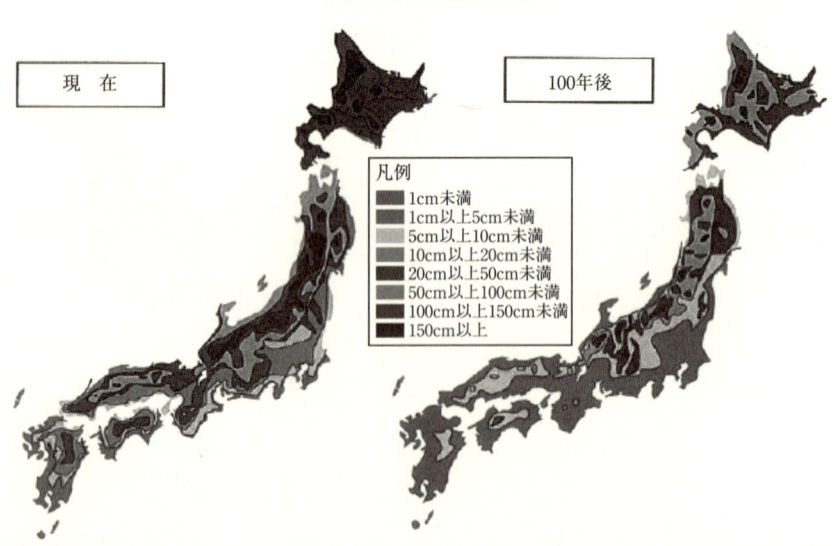

［出典］　井上稔，横山宏太郎：地球環境変化時における降積雪の変動予測，農業環境技術研究所，1998から作成

図-2.3　積雪深変化予測図

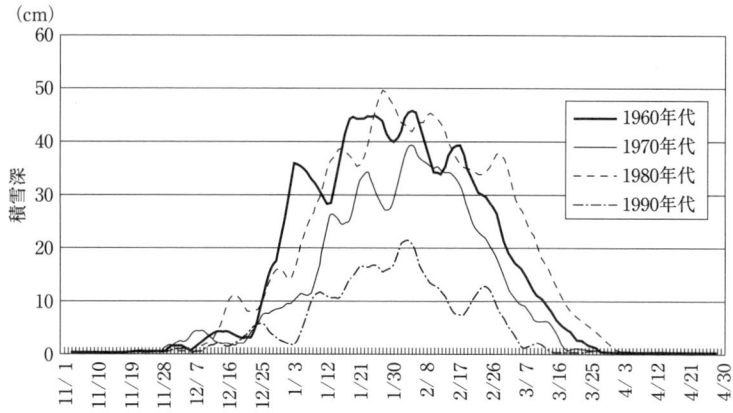

注) 1. 気象庁資料により国土交通省水資源部で作成。
　　2. 積雪深は各年代の日平均値の5日間移動平均である。
[出典]　(富山)日本の水資源　平成14年版より

図-2.4　過去の積雪深の変化

劇的に減っている。これは富山県だけではなく，新潟でもそうであり，とくに豪雪地帯ははっきりデータで明らかになっている。また，これは過去のデータであるので，真鍋先生に言わせると0.6℃の影響である。0.6℃でこのような影響があるということは，4℃上がるというのは途方もない影響であるということがこれによっておわかりいただけるかと思う。

2.3　温暖化で何が困るのか？

　次は，水資源に関してお話する。この**図-2.5**は利根川の矢木沢地点における流量の変化予測(国土交通省国土技術政策総合研究所)を示す。
　現在は1月から3月まで流量が少なく，4月から雪解けの水が増えて6月いっぱいゆったりと雪解けの水が流れて，また夏から冬に向かっていく。ところが，100年後は，11月ごろから変に流量が多くなり，12月，1月，2月，3月にどっと流量が出てくる。そして，雪解けの4月というときに，雪解け水はひょいと立ち上がりすっと少なくなってしまう。つまり，雪がなくなるということは，冬

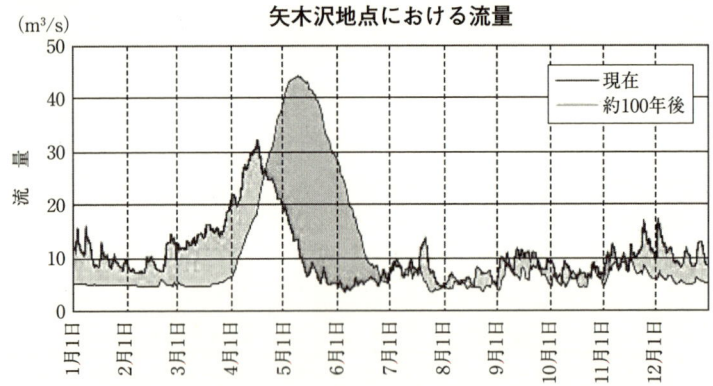

注） 1. 現在，100年後ともに気候モデルにより求められた気温，降水量を用いた20年間の流出計算結果の平均値。
　　 2. 絶対値は実際の流量と直接比較できない。現時と約100年後との相対的な変化の傾向に意味がある。
[出典] 日本の水資源　平成17年度，国土交通省水資源部

図-2.5　利根川流量変化予測

　期間に水がどんどん海へ戻ってしまうことなのである。草木の生命が眠っている冬の間に，水資源が海へ戻ってしまう。温暖化で雪がなくなることは雪解けの水がなくなる。雪というのは，毎年毎年，海から水蒸気が運ばれてきて，冬に雪となって積もって，春に解け出すという天然のダムである。つまり，温暖化になるということは，その天然のダムが日本から失われていくことをあらわす。この雪解けの水がなくなると稲作が苦境に陥る。

　図-2.6は，ある土地改良区の稲作で必要とされている必要水量図である。稲は「水稲」と言われるように水草で，4月の代掻き期に水を必要とする。A土地改良区が代掻きをし，次はB土地改良区で，その次にC土地改良区でというように，4月から6月にかけて，雪解けの水が大きな沖積平野の農耕地帯の稲作を賄ってきた。とくに中国，近畿，中部，関東の大きな沖積平野がこの雪解けの水で賄われている。つまり，稲作に関していえば，雪がなくなったことによって一番ダメージを受けるのは，中国，近畿，中部，関東だと予測することができる。

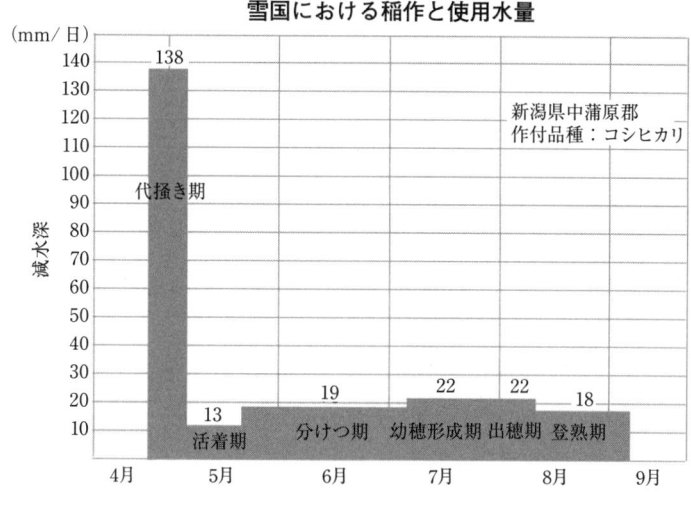

図-2.6 稲作のための必要水量

2.4 天然ダム・雪の消失の対策

 天然ダム・雪の消失に対してどうしたらいいのか。その対策の1つに，ダムの嵩上げが挙げられる。急にハードな話になるが，ダムの嵩上げは大きな価値を持っている。

 図-2.7は，ダムの嵩上げの効果を表している。この図に示した北海道の夕張シューパロダムは，約70 mのダムを110 mに嵩上げしようと工事中であり，それが実現すると，約8 700万 m^3 のダム貯水容量が，4億2 000万 m^3 になる。今あるダムを上に10 m嵩上げすると大きな価値が生まれてくるという例である。谷底の10 mは水を貯めるうえで余り価値がないが，上部の10 mは将来の嵩上げのダムで新しい価値を生んでいく。実際に嵩上げするか否かは別にして，雪解けの水がなくなり，食料危機解決のための代掻き期の水がどうしても必要なのであれば，ダムの嵩上げという手がある。20世紀，私は谷底にコンクリートを打ってダムを造ってきたが，それは21世紀の将来，後輩たちが嵩上げするための基礎を造ってきたのだと言い換えることができる。

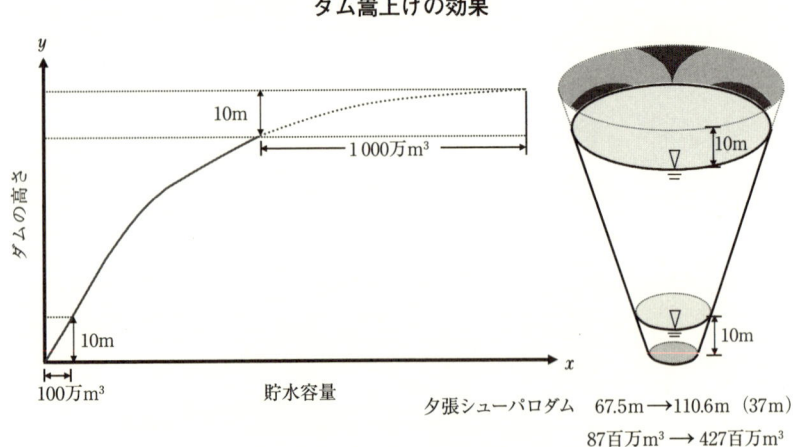

図-2.7 ダム嵩上げ効果

　さらにもう1つの課題は，今あるダムに貯まった砂をどのように下流に出していくかということ。ダムをつくる技術ではなくて，ダムをどうやって永続させるかを考えることが，後輩たちの役目だと考えている。

2.5　食糧自給は可能か？

　21世紀の日本の食料自給についての話をしたい。中央アジアのアラル海は，琵琶湖の100倍もの大きさの湖だが，消失してしまった。水がなくなり船が座礁し，貝が死滅した。アラル海がこんな惨劇になったのはなぜかというと，上流で大量の水を取水したことが原因である。取水した水によって綿花をつくっている。一面の大地を綿花畑にして，コットンを得る。それを世界に供給し，先進国の人々は安く，良質な衣料品を享受している。世界の大陸においても，穀物のために地下水をくみ上げるため，化石地下水は低下し続けている。ハンバーガーの仮想水はバスタブ10杯分に相当する。牛丼1杯も同じようにバスタブ10杯分の水を飲み干している。世界の水問題は日本の水問題に直結している。

　今年に入ってからは，世界各地で食料暴騰が起きている。各国は，食料の輸

出規制も始め，油の価格協定組織のOPECに対抗して，タイ，カンボジア，マレーシア，ベトナムが，米(Rice)の「R」をとって，米の価格協定組織OREC をつくることが検討されている。

21世紀は，間違いなく地球規模で食糧が重要な問題になってくる。日本も食料自給をしなければいけないにもかかわらず，「現在の自給率は40％である。40％なのに食料自給などできるわけがない」と思っている。現在の農水省の目標は，40％を45％にしようというものだ。しかし，この自給率は，ぜいたく度を表すカロリーベースであり，その国の食料の苦しい状況を表しているわけではない。以前，農水省は「農水白書」で食料自給率を生産額ベースで発表していたため，80～90％の値だった。ところが，1987年から，生産額ベースとともにカロリーベースを併記して表すようになった。併記はいいのだが，なぜか，1994年から生産額ベースを消してしまったため，カロリーベースの表記のみになってしまった。

その経緯を図-2.8で表したところ，この数年間，日本国民は食料自給率40％を刷り込まされた。この表記の評判が悪いため，「農水白書」最近は2つのデータを出すようになったが，論調はカロリーベースである。なぜカロリーベースが贅沢の指標かというと，日本は高いカロリーの食料品を輸入している。そして，大量のカロリーを捨てている。つまり，カロリーベースの数字は，その国の食料の困窮の状況を表すには適当ではない。なぜ1994年から，生産額ベースの自給率を削除し，カロリーベースの自給率にしたのかそれが疑問である。なぜ日本人に食料自給率が40％だと思い込ませたのかということがいまだにわからない。食料問題はどんぶり勘定ではなく，個別の食品分野で見る必要があるのだ。

そこで，図-2.9の分野別の自給率を見ると，米は100％，野菜は83％，魚介類は65％を示す。小麦，大豆はだめだが，ミカンとお茶，キノコは大丈夫。さらに海草は少し苦しいが，肉と卵はだめだということが見てとれる。つまり，お米と野菜と魚介類を食べて，お茶を飲んでミカンを食べていれば，日本人はまあまあ自給できるというのが結論である。健康的で3000年間日本人が食べてきた食生活なら自給できるということだ。

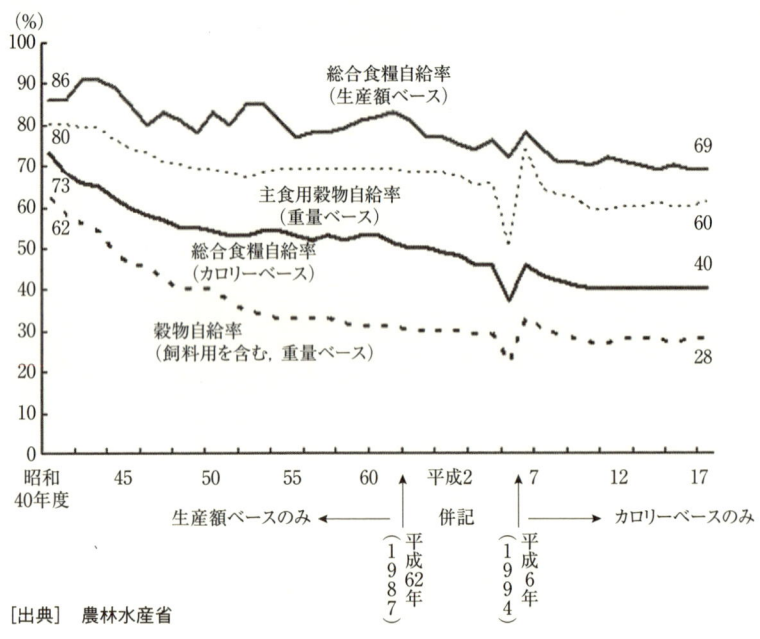

[出典] 農林水産省

図-2.8 農水省発表の食料自給率の変遷

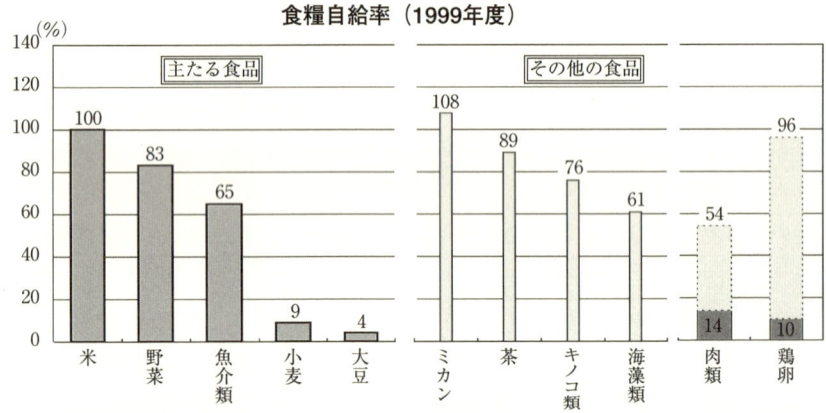

注) 1. 畜産物は、供給熱量ベースの自給率である(農林水産省「食料・農業・農村基本問題調査会答申」参考資料('98年9月))。
2. 肉類および鶏卵の実線部分の数値は、純国内産飼料自給率をもとに算出した国内産の穀物で供給されていると推定出来る数値。(農林水産省からの聞き取りによる)

[出典] 食料需給表(平成11年度)、食料自給率レポート(平成11年度)、農林水産省

図-2.9 分野別食料自給率

2.6　食料自給の問題，海の環境

　食料の一番の問題は米だ。米は，自給率100％なので，今は安心しているが，小麦が高騰していけば，日本人は米に回帰する。稲作で一番の問題は代掻き期の水にあるが，その代掻き期の水に関しては，対策があると前章ですでに解をだした。食糧自給の問題は，タンパクと脂肪をどうするかということだが，これらについては海しかない。

　中国の渤海は死の海と化した。朝鮮日報の報道によると，クマエビ，ハマグリ，ヒラメ，スズキ，イカの宝庫だった渤海からそれらは一切姿を消した。黄河の出口は砂が出てくるだけでなく，上流の汚染工場から猛毒物が流れ出してくる。

　日本は大丈夫なのかというとそういうわけでもない。日本沿岸もやはりよくなく，東京湾で青潮が発生するのは，東京湾の海底に存在する30mクラスのクレーターが原因である。そこに貧酸素水塊が貯まり，それが何かの拍子に出てくると，青潮になって生物を死滅させる。東京湾以外にも人々が見えない海域がこのような状況になっている。

　20年前，日本中の浜辺でアサリが湧いていたが，今はほとんどアサリがいなくなった。現在アサリの自給率は30％である。自給率を議論するときは，このように個別の品種で個別の議論をしなければならない。どんぶり勘定で食料問題をやっていると混乱を招く。さて，ここまでくると，何をすべきかがはっきりしており，まず海域の環境をよくしなければならない。50年間で海域の環境をずたずたにしてきたのならば，50年かけて修復していこうということである。

　図-2.10は，広重の描いた江戸湾であるが，このように江戸湾は魚介類の宝庫であり，江戸湾全体が定置網のようだった。要は，日本列島中を定置網にすればよい。今，遠洋漁業が壊滅的なダメージを受けている。遠洋漁業は，1回マグロを取りにいくのに油代で1億円程度かかる。不漁だったら倒産の危機に陥るため，これからは沿岸漁業や定置網だと思う。定置網はそこに網を置いておいて，魚が寄ってくるだけなのだが，寄ってくるためにはどうしたらいいかというと，その海岸の環境を良くすることだ。海岸環境を良くして，日本列島中を定置網にすべきだと思う。

南品川鮫洲海岸（広重）

図-2.10　広重が描いた江戸湾

　日本列島中のありとあらゆる海域，海岸を良くしていけば，タンパクと脂肪は自然に確保できる．さらに，そうするためには海だけではだめで，美しい海のためには，きれいな人手の入った山林が必要である．きれいな山林が海に栄養分を与えていくため，山が荒れていてはだめなのである．

2.7　下肥の復活

　図-2.11は広重が描いた江戸の新宿通りである．この図の視線が低いのは子供目線から描かれているためで，右隅には馬ふんが描かれている．これは，子供が温かい馬ふんをすぐに拾って小遣い稼ぎをしたためである．それが肥料になったり燃料になったりした．今，リン鉱石がどんどん枯渇しているが，とくに大地震を受けた中国の四川省がリン鉱石の産出地だった．

広重（四谷内藤新宿）

図-2.11　広重が描いた新宿

リン鉱石の寿命予測

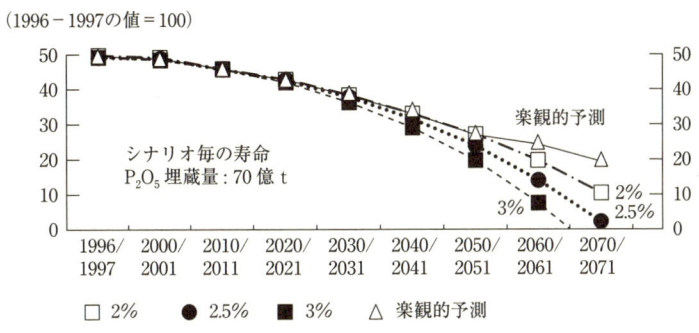

（1996－1997の値＝100）

シナリオ毎の寿命
P_2O_5 埋蔵量：70億 t

楽観的予測

2%
2.5%
3%

□ 2%　● 2.5%　■ 3%　△ 楽観的予測

[出典] 岩井良博，西村洋一，三品文雄：下水道を利用したリン連鎖循環システムの開発と実用化，基データ：CEEP（ヨーロッパ化学工学評議会）

図-2.12　リン鉱石の予測

図-2.12はヨーロッパ化学工学評議会の資料だが，リン鉱石は1996年をピークに，今世紀中になくなっていく。リン鉱石というのは鳥のふんで，取ればなくなる。つまり，今世紀中には化学肥料がなくなっていくため，今世紀中に私たちは，化学肥料に頼らない新しい食料自給のシステムをつくらなければならない。

それへの解決の道は，日本人のメモリーに入っている下肥を使うということである。世界の国々の人々のつらいところは，人々の排せつ物は悪魔だと思っている人が多いことである。疫病を運ぶ悪魔という概念があり，また途上国では，ある集落とある集落の肥だめを一緒にすることさえ拒否する例があるらしい。日本人は自分たちの排せつ物が肥料になることは今でも覚えている。

2.8 太陽エネルギー・水

最後に，エネルギーの話をしたい。

図-2.13に，巨大油田の経年変化(エイモス・ヌル教授)を示す。1935年に巨大油田が発見されて以来，現在ほとんど巨大油田は発見されていない。人類が発見した巨大油田の重心は1960年である。巨大油田が発見されて，ウェルを掘ったりパイプを敷設したりしたことによる生産量のピークが大体50年後である。つまり2010年が生産量のピークとなり，今生きている時代が原油のピークである可能性が強いということが言える。

問題は，供給量がピークになっているにもかかわらず，需要量は上がっていくことにある。そのときに需給ギャップで価格暴騰が起きる。原油が燃料として使えないほど価格暴騰していくこと，これがオイルピーク説である。

アメリカ政府がオイルピークをシミュレーションをしたところによると，2026〜2047年にピークが到来するといっている。今世紀の前半にはピークが来てしまうことをアメリカ政府も考えている。燃料がないと文明は衰退し滅びていく。

そこで，人類に残されたエネルギーを考えると，太陽エネルギーが挙げられる。結論を述べると，太陽エネルギーとしての水が，大きな役目を果たしていく。現在，水力，石油，石炭，LNG，原子力で電気を起こしているが，発電コストの高い水力は人気がない。

巨大油田発見の経年変化

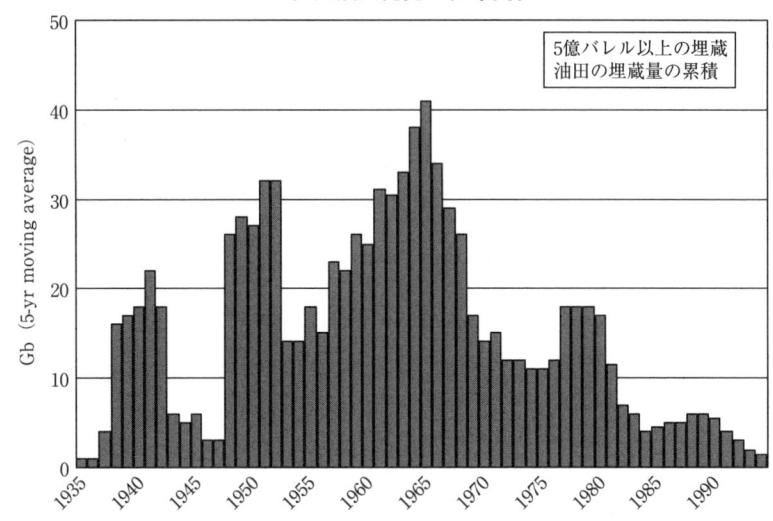

[出典] 石油の将来と現在の戦争―厳しい地球科学からの観点―，スタンフォード大学地球物理学科教授エイモス・ヌル

図-2.13　巨大油田発見の経緯

　日経新聞の記事が発表した1のエネルギーを投入するとどれだけのエネルギーを得られるかによると，原子力は1を投入すると17も得られる。中小水力は，1の投入だと15も得られる。しかし太陽光は，1のエネルギーを投入しても0.98程度である。現在は，太陽光はやればやるほど環境に負荷を与えているが，改良を重ねているため，そのうち1.1程度になるだろう。ともかく，中小水力が大切だ。なぜなら，中小水力は燃料費がただで非常に効率がよい。要は水の流れに水車を入れる。日本列島中を水が流れているため，農業水路などありとあらゆる水の流れの中に水車を置いていくと，日本列島がエネルギー列島に変わっていく。

　日本の国土は70％が山である。70％の国土が山だということは，日本列島の国土の70％が雨水のエネルギーを集める装置である。こんな恵まれた先進国はない。海に囲まれて，年から年中雨が降って，山がその雨のエネルギーを集める装置になる。アジアモンスーン帯の雨が降る地域に，日本列島は位置してい

る。

　もう何十年間後には，石油は入ってこない。そのときに日本列島中で，地方は分散型の自立できるエネルギーで生きていく。大都市は自立できないため，東京，名古屋，大阪には大規模発電所から効率のいい発電を送電していく。大都市には最小限のエネルギーロスで最大のエネルギーを与えていく。電力会社の大きな戦略的なエネルギー供給と，地方が自立していく分散型のエネルギー供給，この２つの組み合わせで数十年後には日本列島が自立して生きていく。それが未来の日本のエネルギーのイメージである。

2.9　流域での持続可能な発展

　食料自給やエネルギー自給，さらに魚を捕っていこうというような話は，全部流域の話なのである。大きな概念で話をしたが，さきほど述べたようなことは全部，健全な流域がなければ話にならない。

　これからの21世紀，エネルギーがなくなり，食料危機が訪れ，温暖化で大きな環境変化がある中で，いかに良い環境を保ちながら自立できる流域にしていくか。「持続可能」というのは何かといつも議論するのだが，ある先生が，持続可能というのは，要は物を動かさないことではないかとおっしゃった。そのとおりである。持続可能というのは，じっとしていることなのだ。じっとして目の前にあるものを食べているのが一番持続的なのである。しかし，それでは情報交換もできないし出会いもない。人間が交流し情報を交換しながらどのように持続可能な社会をつくっていくか。世界の果てから物を持ってくる時代は終わった。日本人は，この日本列島の中で物を食べ，物をつくっていく，というのがこれからの持続可能な流域圏ではないだろうか。

第3章 河川の領域を広げる
―人口減少時代の土地利用再生と都市―

中部電力
松田芳夫

　国土交通省で長年河川の仕事をしており，御当地とのつながりは，平成5年から丸2年間，ちょうど長良川河口堰の運用開始をめぐって世間が大騒ぎしているころ，当時の中部地方建設局の局長を務めていた。私は生まれは東京だが，木曽三川や長良川を介してこちらの地域を自分なりにずいぶん勉強したと思っており，その辺りも踏まえて，今日はせっかく機会を与えて頂いたので，私の考えをお話しする。

3.1　人口減少時代へ

　辻本先生から「流域」というテーマをいただいた時，自分なりに考えたことは，わが国の人口減である。ここ3年程前から日本の人口が減っている。まだ顕著に見えていないが，今後も加速度的に日本の人口が減っていくだろう。人口が減ると年金の掛金を出してくれる若者が減るのではないかという，さもしい根性で議論する人が多く，「日本の人口が減っていったら大変だ」と言うが，日本の人口が減り，あと50年後に人口が1億を切るということはこの狭い国土に住んでいる我々にとって非常に恵まれた，ビッグチャンスであるというふうに思っている。日本の国土をこの際いろいろ再整備していくための絶好の機会ではないか。

第1編 流域圏の背景

　人口問題というのは，国力の消長などと結びつけて，政治的に取り扱われることが多いため，人口が減ったと言っても騒ぎになり，人口が増えたと言っても食料，住宅，教育などの問題から騒ぎになる。昭和初期の日本の戦争というのが何であったか考えると，増えていく日本の人口のはけ口に満州へ出ていく，中国へ出ていくということのかなりの理由になっていたので，増えても大変，減っても大変と，いつも騒がれるテーマになっている。しかし，私は人口減を積極的にとらえていくべきだと思っている。

　図-3.1は，わが国の人口のピラミッドを示しており，近年は年間110万人程度生まれるので，このまま80才，90才まで伸ばすと，110万掛ける80，90で9 000万とか1億という数字になる。

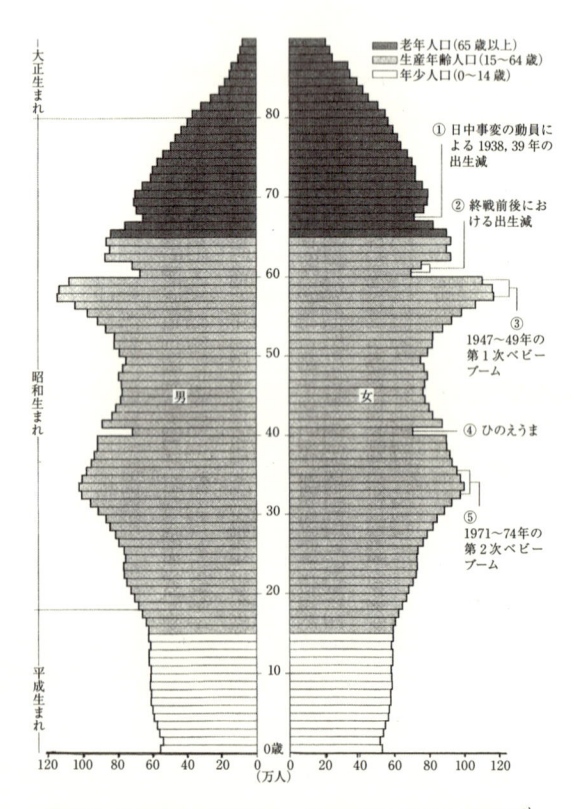

図-3.1　わが国の人口ピラミッド（2006年10月1日現在）[1]

次に，かねてから思っていたことは，現在，我々は毎日の生活の利便性の中に埋もれており，自分の住んでいるところ，自分の活動している土地がどういう由来で出来てきたか，どういう歴史を持っているのかということに非常に無頓着であるということである。土地というと，経済が発展して地価が上がったとか，最近経済成長が悪いから地価が下がったとかいう物の見方しかしていないが，実は，干拓で有名なオランダに限らず，日本人が2000年かかって苦労してつくり上げてきたのが日本の土地，とくに低平地である。

図-3.2は，色の濃い部分が標高100 m以上の山地を示し，薄い部分が100 m以下の低平地を示す。地球温暖化が進んで海水面が上がるとどうなるかという図である。極端なことを言うと，100 m海水面が上がっても日本の国土というのはあまり形が変わらずに，平野がなくなってしまうだけである。ところが，日本

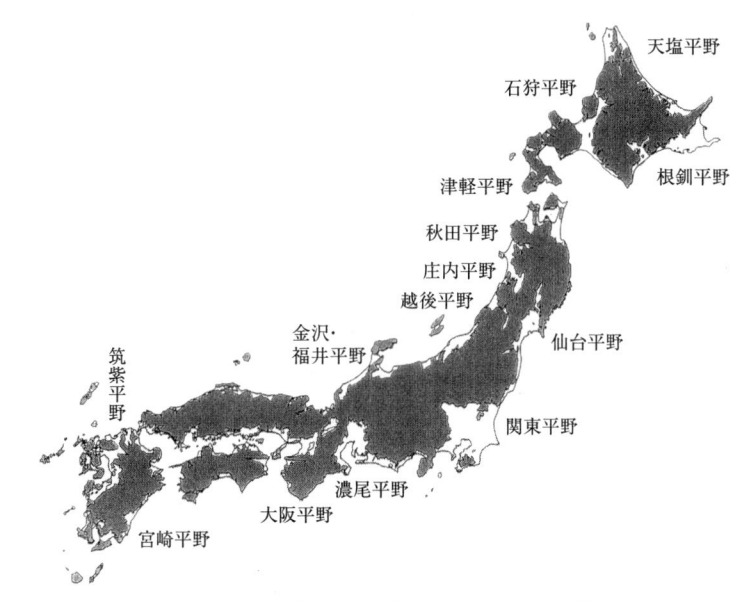

100m沈んだときの日本（濃い色の部分）。日本列島は100 m沈むと急にやせ，200 m，300 mの沈降とそれほど変わらない。
100 m以下の平野が多いことの証である。石狩低地，関東，関西，九州北部（いずれも人口集中地域）でとくに変化が大きいことに注意。

図-3.2 海水が100 m上昇したときの日本の形[2]

人は平野に大部分が住んでおり，平野の面積は国土の 2 ～ 3 割であるが，7 割の山地にはほとんど人が住んでいない。

　北の方から順に平野を挙げると，札幌のある石狩平野，あるいは仙台のある仙台平野，関東平野，御当地の濃尾平野，北九州の筑紫平野など，いろいろあるが，日本に今，政令指定都市というのが 18 都市ほどある。人口がおおむね 100 万以上の大都市を政令指定都市といい，都道府県と同じような行政権限を与えられている都市であるが，その都市をずらっと見ると，ほとんどが平野にある都市であり，内陸部にある政令市は京都だけである。札幌も厳密に言えば内陸部かとも思うが，あえて言えば，札幌と京都と埼玉県のさいたま市くらいである。あとの 10 幾つは，名古屋を含めて，浜松，静岡，東京，千葉，横浜，川崎，北九州あるいは福岡は，全部海岸に面した低い所にある。その大部分は港湾を持っており，海に近いところで港湾を持っていない政令市というと，仙台ぐらいである。あとは皆海に近くて，港湾を持っている。我が民族は，それくらい海に近いところに住んできたわけである。

3.2　国の発展と国土の開発

　我々の祖先はもともと，縄文人と称される人たちが何万年にもわたって住んできて，紀元前後に大陸から弥生人が来たというふうに言われているが，その弥生人が，幸か不幸か稲作の技術を持ってきた。その稲作の技術をもって日本を開拓したということが，低平地にほとんどの人が住みついているという現在の日本の国土の骨格を決めた理由である。

　図-3.3 は主な河川の縦断形です。河川名の書いてあるところが河口であるが，普通の川は皆，少し上流へ行ったら，すぐ山になってしまう。だから，日本の川というのは，これだけ河川が話題になる国だが，世界的に見ればたいした川はないのであり，山の上から海まで数十 km か，長いもので 100 km ぐらい。例外的に 300 km ぐらいの川も信濃川とか利根川などがある。山の上から流れ下ってきて海へすぐ入るので，雨が降ったときはいっぺんに洪水が出る。雨が止んで暫くすると，水が減って細い流れになるという，洪水と渇水が同居しているような川であり国土である。

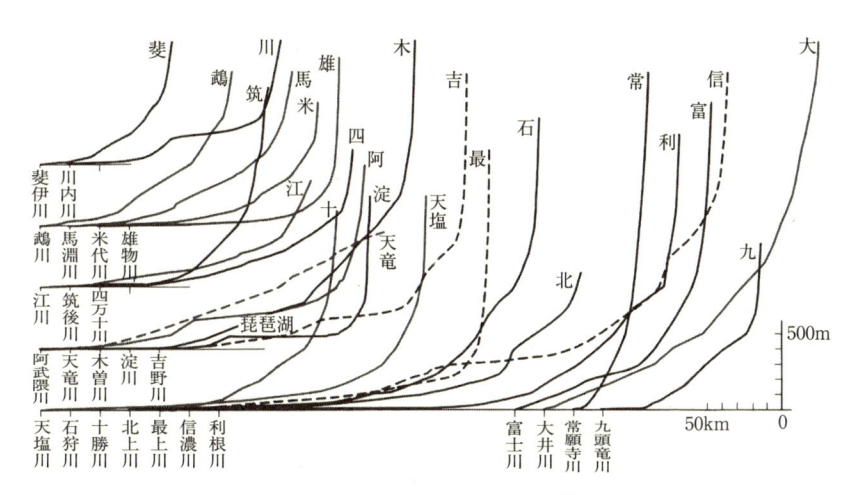

図-3.3　日本の主な河川の縦断形[3)]

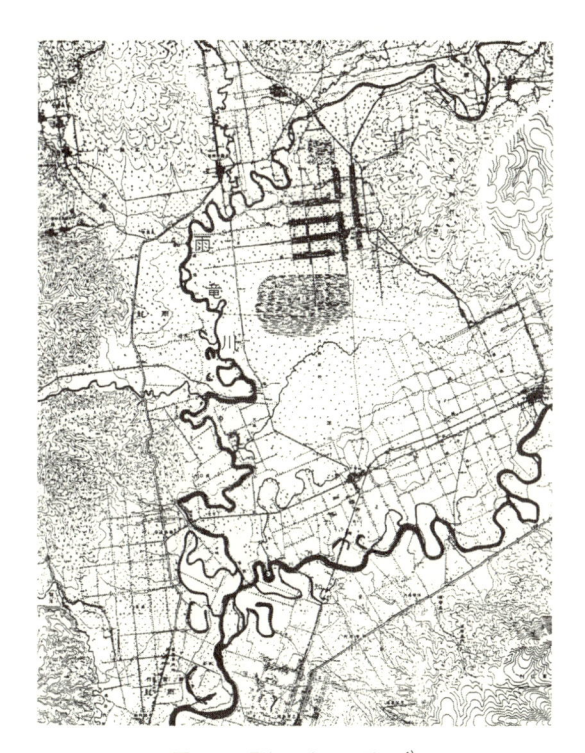

図-3.4　明治42年の石狩川[4)]

その狭い平野に人間が住みつく以前，どのようであったかというと，人間が河川に手を入れる前は，低平地の川というのはぐにゃぐにゃ蛇行していた．今で言えば，シベリアの川とかニューギニアの川とか，アマゾン川でもいいかと思うのだが，そのような人の手が入っていないところの川と同じように，日本の川も昔は手が入っていなかったはずである．

図-3.4は，明治42年，明治末ごろの石狩川である．ここに入っている鉄道は函館本線で，もう少し先へ進むと旭川になる．石狩川の未開の平野に，ちょうど鉄道や道路が敷けて，小さい街ができて，それから平野を開発するための基本的な区割りが始まったところである．

これが現在どうなっているかというと，**図-3.5**のように川はすっかり改修さ

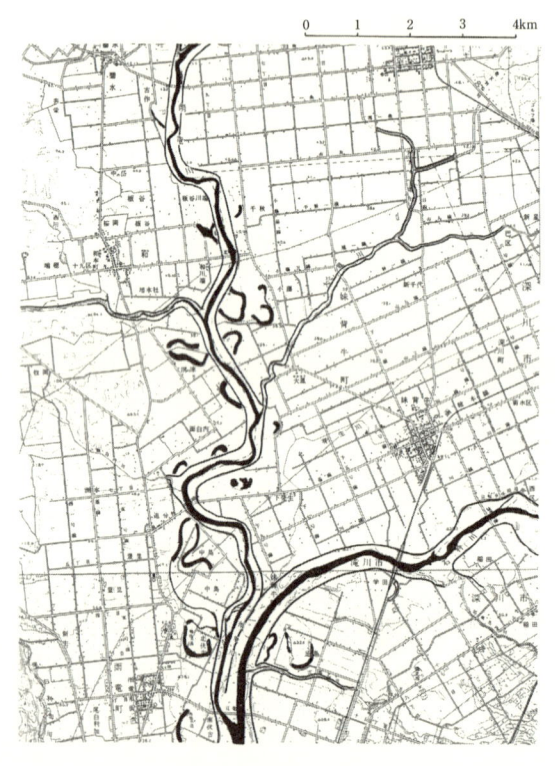

図-3.5　現在の石狩川[4)]

れて，堤防ができて，川筋がほとんど真っすぐ。直線ではないが，だいたい真っすぐになっている。また，背後地の方に取り残されたところがまだ十分埋め切っておらず，いわゆる三日月湖という形で水面が残っている。

図-3.5を見て驚くことは，平野の隅々までが全部農地に開墾され，縦横十文字に農道が走り耕地整理がされ，きれいな耕地になっている。だから，昔の図面と比べれば，日本の土地というのは人間が一生懸命開拓して現在の土地の姿になっていることがわかる。

図-3.6は米どころで有名な山形県の庄内平野の夏の衛星写真である。平野で広く灰色に見えているところが全部水田となっている。河口部の都市は酒田という港湾のある都市で，内陸部の市街地は鶴岡である。図のやや左側を北西に

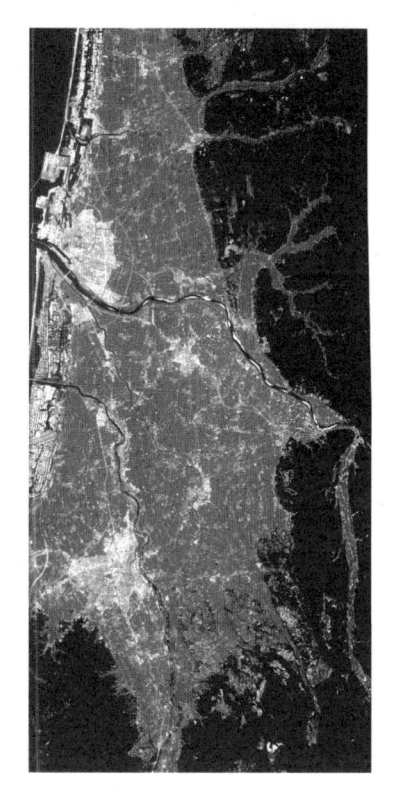

図-3.6 庄内平野の夏(中央を東西に流れる川は最上川)[5]

第1編 流域圏の背景

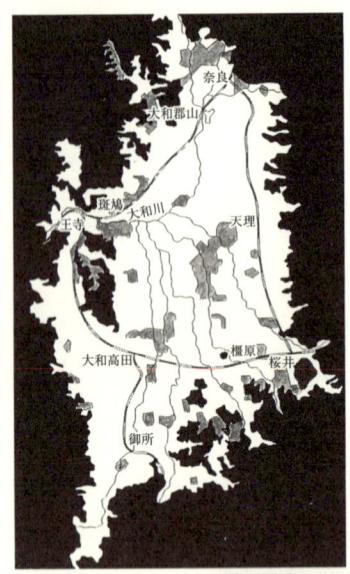

弥生時代初期（B.C.300頃）開発率20％

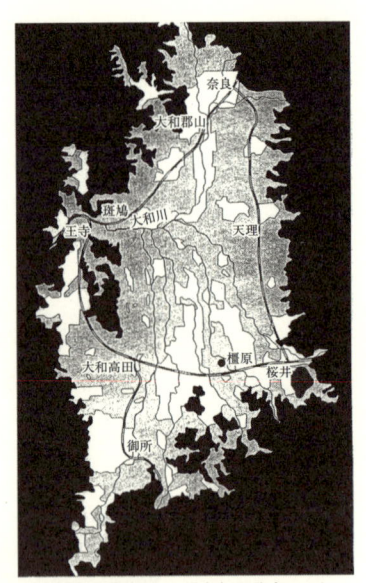

古墳時代（A.D.4世紀）開発率70％

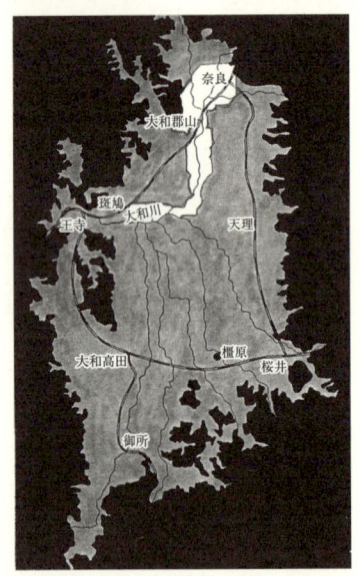

飛鳥時代（A.D.6世紀）開発率ほぼ100％

図-3.7　大和平野の開発[6]

流れているのが赤川で，上の方を東西に流れる川が最上川である。

　ここでも平野の隅々まで，隅々どころか，山地に樹枝状に入り込んだ谷底までもみんな水田にしてしまう。すごい働きぶりだと感心せざるを得ない。なお写真の黒いところは森林である。

　図-3.7は，奈良市のある大和盆地，大和平野の開発の状況である。現在の県庁所在地の奈良の街は一番北の方にある。左側の図の弥生時代の初期，紀元前3世紀ごろ大和平野の20％がもう水田化されているということがわかる。右図の古墳時代の4世紀になると，70％の土地が水田になっている。白いところがまだ開発されていなくて，灰色のところが水田化されたところであるが，下図の飛鳥時代，6世紀から7世紀にかけて，大和朝廷という古代日本国家が成立するころには，奈良の街と佐保川の沿川を除いたところ以外は，事実上全部水田になってしまった。平野を全部開発して余力がついたところで日本国家ができたという言い方もできると思う。昨日や今日ではなく，千何百年前に文化の中心地であった奈良ではこのように開発が進んでいた。

図-3.8　大和平野の新旧の住宅[7]

図-3.8は大和平野の大和高田市の近くであるが，都市化というか，大阪へ通う人たちの住宅が田んぼの中にできてくるという状態を示している。手前は古くから奈良にある，環濠集落と言い，集落の周囲を囲むように堀が掘ってある。図の左を流れている川は大和川の支流の1つである。現代の日本のどこでも見られる古い集落と新しい住宅街の対比である。

3.3 稲作国家の成り立ちとその技術

日本は国土の隅々まで低平地を水田にしてきたと言われているが，恵まれたところを水田にしたわけではなく，時には泥の中で格闘していくような過酷な労働を積み重ねてきた。かつては田んぼが深田というのか排水の悪い湿田になっており，人が泥んこになって作業しなければいけないような水田が多かった。

日本の場合は，低平地に弥生人が来たと申し上げたが，地質学的，地理的に平野がいまだでき上がっていない状態のときに人々が進出して湿地や池沼を埋め立て，埋め立てる土がない時は，湿地の水の中にもろに田植えをするというようなことで頑張ってきたわけである。このような光景は昭和30年代まで全国各地で見られた(**図-3.9**)。

農作業というと**図-3.10**に示すように，今の若い人は御存じないかもしれない

図-3.9 湿田の田植(昭和30年代まで全国各地に見られた光景)[8]

図-3.10　誘蛾燈[8]

図-3.11　ウツルを使った水汲み（2人がかりで水を汲み入れる）[9]

が，化学的な殺虫剤が普及する以前の日本の農家は，害虫退治に蛍光灯みたいな誘蛾燈というのを田んぼの中に電気でつけて，燈りの下に水を張ったり油を張ったりして，集まってくる蛾を退治していた。今のように魚や野鳥も殺しかねないような恐ろしい薬品ではなく，環境にやさしい害虫退治の装置である。今

は田舎の集落にも街灯のようなものがあるが，当時は街灯なんていうものはろくすっぽなく，夜汽車の窓から外を誘蛾燈の明かりが通り過ぎていくというのが昔の夜汽車の旅の風情であった。その当時は夜が暗かったので，とくに田園地域では誘蛾燈というのも燈火の代わりの意味があった。

　これは千葉県の農村での昭和30年代の話になるが，「ウツル」というのは，この図-3.11に示すように2人の人がロープをあやつり，水桶で水を水路から汲んで田んぼに入れるのである。2人の呼吸が合っていないといけない。この作業というのは，すこし計算してみると，この手桶に1回20 l 水が入るとして，1反歩，1 000 m^{2}の田んぼに水深10 cmに水を入れるというと100 m^{3}必要になるが，20 lで100 m^{3}というと，5 000回もこの作業をやる必要がある。

　私が大学を出たころは図-3.12のように，茨城県の潮来や利根川の下流地帯でこのような水汲みをやっていた。用水路から田んぼに水を汲み上げるのに，足踏み水車で水を入れていた。日本で水田耕作が盛んになったのは，雨や川の水に恵まれたということがあるが，洪水のとき以外は，川の水位はそんなに高くないから，低い田んぼに水を入れるということは，自然流下ならよほど遠くの

図-3.12　足踏水車による水汲[9]

山から水路で引いてくるか，あるいは人力で低い水面から田へ水を汲み上げて農業用水を確保したのである。

　流域の話というより，農作業の話になってしまったが，土地の成立を勉強すると先人たちのこういう苦労を思い出す必要があるということを私は申し上げたい。

　図-3.13に示すものは，唐箕（とうみ）と呼ばれる江戸時代からの農業機械である。これがまたおもしろい装置で，三角形のじょうごのような上部から入れるのは，脱穀した籾ガラと玄米が入り混じったものである。右側の丸いところがドラムになっており，このハンドルをグルングルンと回すと風が起きる。籾ガラと米粒の混じったものが下へ落ちていくとき，横からこの風が出てくるので，籾殻は左の出口から外へ飛び出し，米粒だけが下の口へ落ちてくる。これは，私も子供のころ見ていて，非常におもしろかった。唐箕によっては，出口を2つにして，粒の実った上質米を右側の口から，軽くて品質の落ちる米は左側の口から落ちるよう仕分けができるものもあった。唐箕の「唐」という字は，唐から入ってきたということで，江戸時代の中期に入ってきたようであるが，私がいつも

図-3.13　唐箕（とうみ）[9]

驚くのは，このような原始的手作業を昭和30年代近くまで日本の農家でやっていたということである。

図-3.14は，東京のど真ん中にある迎賓館の裏側の台地に食い込んだ谷間で，明治天皇の皇后が田植をごらんになっている絵画である。日本の天皇家というのは，つい先週に天皇が宮中で田植えをされたように，わが国は有史以前からの稲作国家であるため，皇室は稲作の管理をされる象徴的な存在で，田植えをしたり稲刈りされたり，農民の作業をごらんになったりするわけである。

この絵でのポイントは，この場所は谷間なので，本来一番低いところに流れがあるはずである。しかし，水田を水平につくることによって，流れを左手の道路の下あたりへ追いやっている。これは日本の丘陵地の谷のどこにでも見られる景色である。土地を水田にするということは，実は，非常に労力を要し，畑地と異なり地面の表面を平らにしなければならない。これだけの山国であるから，山と海との間の土地というのは斜面がついていて当然なのだが，日本ではみんな水平である。広い範囲で水平にしきれないときに，石垣を積んで段々に

図-3.14 明治天皇の皇后（のちの昭憲皇太后）が田植えを御覧になられている光景[10]

区切って水平にしてしまう。その極端な例が棚田である。琵琶湖の周辺の水田を電車の窓から見ていると、山の傾斜線と水田の水平線とが鋭い角度で交差している。あれを見るたびに、2000年がかりで日本人は山のふもとまで平らにしたと、その長年の労働の成果にいつも感激する。

これはその後の話になるが、先に述べたような湿田生産性を高めなければ日本の農業の明日はないということで、戦後、農林省主導で土地改良事業というのが大規模に行われ、乾田化が進んだ。

3.4 国土の変遷と土地改良事業

図-3.15 は仙台平野の北の方に位置する古川という街で、北上川の支川の江合川という川の流域が土地改良事業で大規模水田になったところの光景を示す。蛇行していた川の一部が取り残されているのがわかる。日本のいたるところで湿田に水路を入れたり排水ポンプをつけ乾田化したり、農道を入れて耕地の交換分合をすすめ、農作業の効率を高めるということが行われた。これが日本の戦後の土地改良事業の一大功績である。

図-3.15 江合川沿いの大規模水田(宮城県)[11]

第1編 流域圏の背景

　日本の平野というのは，地質学的に十分完成しないうちに人間の利用が始まったと申し上げたが，この**図**-3.16は越後平野の6000年前ごろの地形を示している。陸の中にあるのは今の長岡市だけで，今の新潟市などは海の中になっている。

　図-3.17は昔の関東平野で，灰色のところが台地である。今の東京湾から60kmぐらい奥地まで海になっていたという，非常に複雑な形をしている。

　図-3.18は大阪で，河内の地域は何千年かさかのぼると海の中である。まん中の半島を上町台地というが，その先が大阪城であり，大阪城の裏側の中小河川の流れているところ（今の寝屋川）は，昔は河内の海であった。だんだん海が小さくなって陸地化し，現在では，河内という地名は有名でも，河内が海だったなんていうことは，地理学者以外にはあまり知られていないようである。

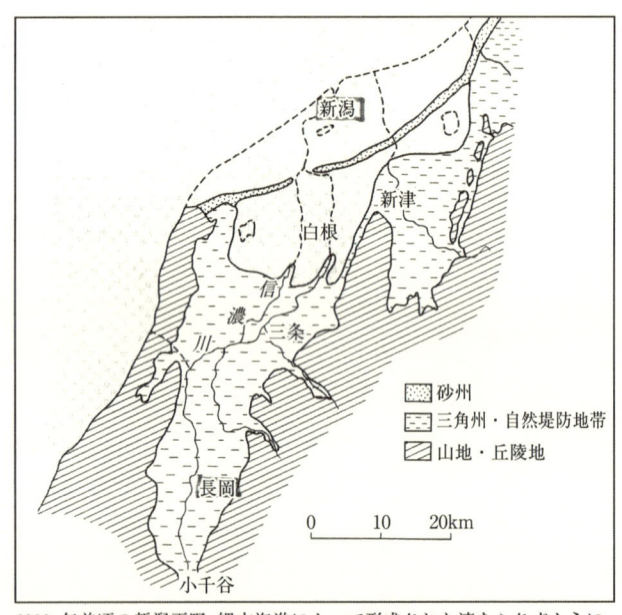

6000年前頃の新潟平野。縄文海進によって形成された湾をふさぐように，長い砂州がのびて潟湖をつくり，その中を信濃川が南から鳥趾状三角州をつくりながら埋め立てていった。海退とともに砂州の上には砂丘がつくられ，海岸平野がひろがっていった。

図-3.16　6000年前の越後平野[2)]

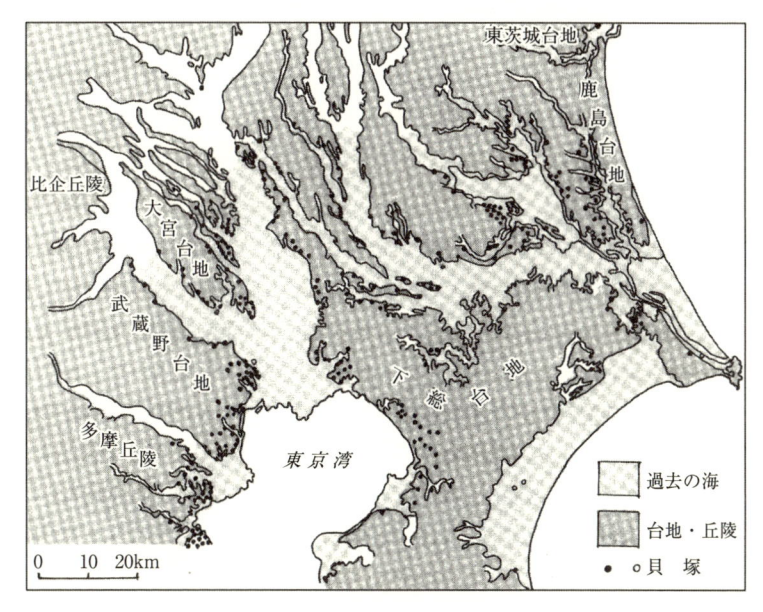

河川の領域を広げる―人口減少時代の土地利用再生と都市― 第3章

図-3.17 昔の関東平野[2]

凡例：
- 過去の海
- 台地・丘陵
- ● ○ 貝塚

(a) 約5000〜4000年前

(b) 約3000〜2000年前

(c) 約1800〜1600年前

凡例：
- 山地・丘陵・台地
- 低地
- 砂州
- 海域
- 沿海州

6000年前以降の大阪平野の形成史。縄文海進によってできた内湾（河内湾）が，湾口砂州の成長によって潟湖となり，湖となって次第に陸化していく様子がわかる。

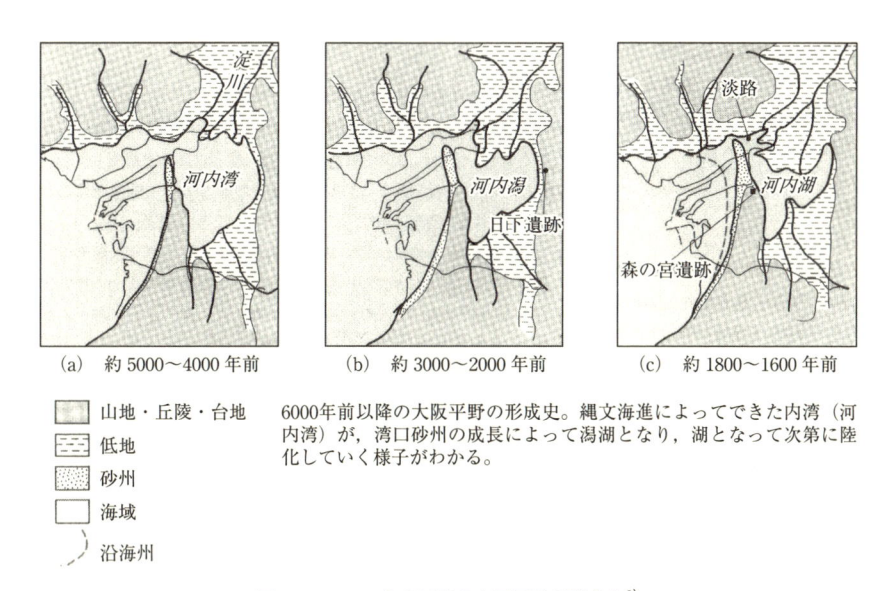

図-3.18 6000年前以降の大阪平野の形成史[2]

47

濃尾平野の鳥瞰と東西断面図。濃尾平野は養老断層をさかいに沈降し，西下りの傾動運動を続けてきた。そのため平野をつくる厚い第四紀層は，西へ傾くとともに西部で厚くなっている。東縁の隆起部は猿投（さなげ）山（629 m）から北へ連なる山稜となっている。

図-3.19　濃尾平野の鳥瞰と東西断面図[2]

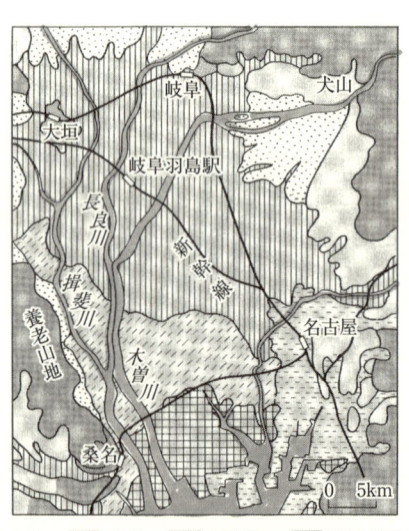

図-3.20　木曾三川のつくる濃尾平野の地形[3]

さて，当地の濃尾平野の話になるが，**図-3.19**で名古屋の東側は，猿投山丘陵で濃尾平野を挟んで西側が養老山地である。これは何十万年というオーダーで継続的に養老山地のところが断層で持ち上がり，東側の平野は沈んでいくという構造になって，名古屋から桑名の方へ向けて地層は一方下がりになり，地表面も西へ向かって低くなっていく。そういったことで一番土地として低いのが養老山地の手前のところであるから，木曽川，長良川，揖斐川の木曽三川は，この濃尾平野の西の方に集まってくる傾向がある。

図-3.20の平面図を見ると，確かに木曽三川はみんな西の方に寄っていることがわかる。名古屋駅の東南部の木曽三川の下流域，日光側流域，庄内川の最下流部の点々の範囲が三角州と分類されているが，実は，この辺は一番地盤が悪くて，地盤沈下も一番進行しているところでゼロメートル地帯となっている。

図-3.21は，この地域の地盤高を図示したもので，十四山村あたりが標高がマ

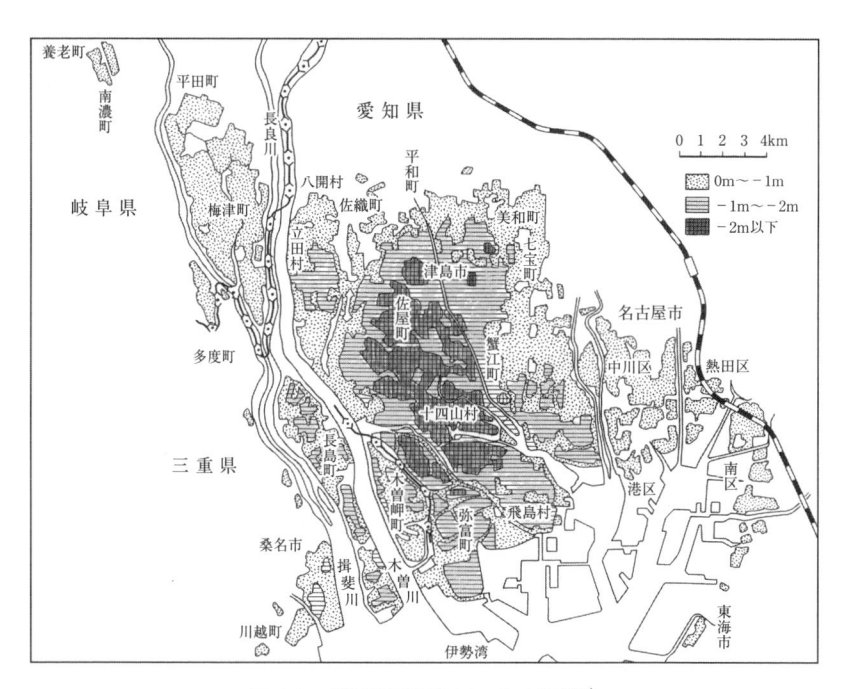

図-3.21　濃尾平野のゼロメートル地帯[12]

イナス2m以下の非常に低いところになっている。これは，昭和34年の伊勢湾台風のときに高潮で水が入ってきて水没した土地ともだいたい一致しているということである。ゼロメートル地帯の広さというと日本最大である。

　図-3.22に示すのは輪中と言い，木曽川，長良川，揖斐川，いわゆる木曽三川の中下流域は，集落ごとに堤防で囲んでいた。ここは標高の低い平野のため，ちょっと大水になるとすぐに水が来るため，地域ごとに堤防で四方を囲んでいた。輪のように堤防で囲んでいるので「輪中」と呼ばれており，最盛期には100近い輪中があったようである。その中で一番有名なのが，現在の海津市を中心とする高須輪中で，ここには江戸時代，高須藩という有名な藩があった。また，三重県長島町(現在は桑名市に合併)の長島輪中もよく知られている。

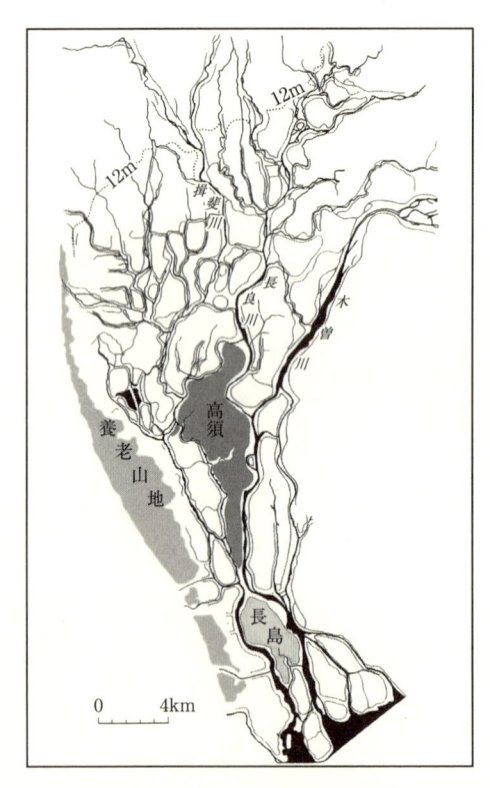

図-3.22　木曾三川下流域の輪中群[3]

図-3.23の写真は高須輪中の一部である。この写真で何を見てもらいたいかというと，田んぼが短冊型になっている。なぜかというと，田面の標高が低いため，地下水面も高く，少ない雨でも浸水するということで，米の収穫が悪いわけである。戦後の土地改良事業で言えば，大規模にどこからか土を持ってきて地上げするのが根本解決である。しかし，大規模な土工機械や農業土木技術がない時代に地元の人たちでやったことは水田にある間隔を置いて水路をわざわざ掘り，この水路の土を水田に乗せて高くすることによって，湿地の中に水田をつくっていった。地元では「堀田」と呼ばれている。実は関東地方でも，条件の悪い土地にはこれと同様のものがあり，私がそこで聞いた用語では，「かきあげ田」と言っていた。土砂やヘドロを水底からかき上げて田んぼにするから「かきあげ田」と言うようである。

図-3.24は「堀田」の現在の姿である。土地改良事業によって模範とするほどの立派な大規模水田地帯になっている。この土地改良事業というのは昭和29年から始まり，最近の長良川河口堰事業による浚渫土砂まで使われたりと，数十年間も継続している。かつては米の収量が悪かったところが，今では非常に豊かな穀倉地帯になり，また一部は畑に転換して野菜やイチゴなどの栽培も盛んになっている。

図-3.23　輪中地帯の短冊型の田んぼ（「堀田」）[13]

図-3.24　土地改良後の圃場[13]

　「堀田」の時代には水面としてのつぶれ地が耕地面積の40％もあったとのことで，全部客土して水面を埋立て立派な田んぼにすれば，農地が6割以上も増える結果になるため農家も豊かになった。
　このように，濃尾平野の輪中地帯というのは，個人の歴史的苦労もあったと思われるし，島津藩がお手伝い普請として治水工事をやったということもあるだろうし，戦後の農林省による土地改良事業や建設省の河川の浚渫事業によってなど，大勢の人々の努力の成果として豊かな農地が出来上がってきた。農地や国土をつくるのはオランダ人の特技ばかりではなく，日本人だって一生懸命やったのである。

3.5　国土と水害

　さて，ここで水害の話しをしたい。姫川という川を御存じだろうか。北アルプスの白馬岳のふもとから流れ出てきて，新潟県の糸魚川市で海に入っている，長さの短い急流河川であるが，平成7年7月に大水害があった。**図-3.25**は洪水前の姫川の，白馬村の写真である。下方の右の鉄橋は大糸線といって，松本の北から出て糸魚川まで行っているローカル線である。

図-3.25 水害前の姫川と白馬村（昭和62年）[14]

図-3.26 姫川の氾濫（平成7年）[14]

　この美しい谷が平成7年7月の洪水で**図-3.26**のように土砂に埋まってしまった。日本の山間の谷底平野というのは，何十年か何百年に一遍の大規模洪水が来れば，このような事になる可能性を秘めている。

　図-3.27は，災害復旧が終わった平成10年の写真である。この鉄橋は継ぎ足しされているが，川幅が5割程広がったような感じである。夢のようなきれいな谷が災害に遭い，その後の災害復旧工事を経て，もとの景色に戻るのは何年後のことだろうか。災害復旧工事というと**図-3.27**にも見られるようにコンクリー

図-3.27 災害復旧後の姫川（平成10年）[14]

中学校のプールが流され校舎も危険にさらされた。（新井市）
図-3.28 洪水による河岸の崩壊[15]

ト護岸が使われることが多い。コンクリート護岸というのは近年嫌われ，なぜコンクリート護岸にするんだと住民のクレームもあるが，やはり洪水時に河岸が削られることを防ぐのがコンクリート護岸の最大の役目である。

図-3.28は，水害に遭った中学校の写真である。実は写真のこの手前にはコンクリートの立派なプールがあったがそっくりどこかへ流されてしまい，本体の校舎も危険にさらされた。ひとたび護岸が破壊され流失してしまうと水当たりのよい河岸が削られるのは当たり前で，この河岸は玉石交じりの土砂でできている。これは河川が長年にわたり運んできた堆積土砂である。こんなもろい河岸に洪水時の流水が当たるとすぐ崩壊流失するのである。

図-3.29は，先ほどの平成7年の姫川の洪水で被害をうけた鉄道の写真である。河岸が崩壊し，鉄道線路が垂れ下がっている。このような河岸崩壊をとめるためには，どうしてもコンクリート護岸とかコンクリートブロック積などの強度のあるものにしなければいけないが，天気のいいときに見ると何でこんな殺風景な護岸だということになる。コンクリート護岸の役目というのは河岸決壊を防止するという重要な意味合いを持つ。ただ，もう少し見栄えのいいものにするために天然の岩石を積むなど，技術的な工夫の余地はいろいろあるかと思う。

最後に，私が申し上げたいことは，やはり日本においての土地利用の原点は水田から始まっており，水利用は川から農水を取るということからスタートしている。河川の流域，とくに平野に人間が住みつき，現代もほとんどすべての大都市がそういう低いところにある。工業国家になったといいながら，人間の住み方というのは，歴史的な経過の結果であるから，我々が稲作を推進した弥

図-3.29　洪水による河岸の崩壊(糸魚川市)[14]

生人の末裔であるという事実から逃れようがない。それで，水害に遭い，水田や都市に水を引くため，水路を造ったり山中にダムをつくったりするわけであるが，そのようなことを現代の我々は農業が衰退したためかあまりにも知らなさ過ぎる。世の中というのは経済や景気だけで動いているわけではない。そういう土地の歴史をもう少し復習することが，その土地を理解する上での大事なことだろう。

◎文　献
1) データで見る県勢，矢野恒太記念会
2) 貝塚爽平他：日本の平野と海岸，岩波書店
3) 阪口豊他：日本の川，岩波書店
4) 北海道開発局石狩川開発建設部資料
5) ナショナルジオグラフィック特集号
6) 麻生優：日本の自然8，造り変えられた自然，岩波書店
7) 週刊朝日百科，世界の地理47，日本中部，朝日新聞社
8) 竹内啓一編著：日本人のふるさと，岩波書店
9) 下谷の歴史，干潟のゆくえ，新松戸郷土資料館
10) 聖徳記念絵画館資料
11) 東北地方整備局資料
12) 国土地理院資料
13) 平岡昭利他編：中部Ⅰ，地図で読む百年，古今書院
14) 長野県土木部資料
15) 新潟県土木部資料

第2編

流域圏の構造（流域と湾）

第4章 伊勢湾流域圏の自然共生型環境管理技術開発

名古屋大学大学院工学研究科
辻本哲郎

4.1 流域圏研究プロジェクトの始まり

　本章では，今年3年目を迎えた現在我々が取り組んでいる「伊勢湾流域圏の自然共生型環境管理技術開発」研究プロジェクトを紹介する。

　よく知られているように，10年近く前に立ち上がった総合科学技術会議は，科学技術の8分野に対して戦略的な重点化を図った。これは，イニシアティヴと言われるもので，図-4.1に示す8つの国家基盤技術の中で，4～5つ絞込んでの重点化が2001年に行われた。環境は③に入っており，この環境分野の中にもいくつかのテーマがある。地球温暖化，ごみゼロ化あるいはここで議論している自然共生型流域圏・都市再生の問題，その他，地球水循環変動研究まで挙げられている。科学技術基本計画のⅡ期（2001～2005年）では，これらのイニシアティヴと題した研究の重点化が行われ，各省庁の研究所を中心にこれらに取り組まれてきた。そして，2006年から科学技術基本計画の第Ⅲ期に入り，水・物質循環と流域圏研究領域というのが位置づけられ，これらは2つのイニシアティヴの後継として考えられた。

　それと同時に，2006年度の文部科学省科学技術振興調整費の課題として，重要課題解決型研究に，国際競争力があり持続的発展ができる国の実現という重要課題が出てきた。この解決のために，課題2-2として，持続可能な流域圏管

```
総合科学技術会議の重点課題(2001.7)
 科学技術の8分野の戦略的重点化　イニシアティヴ
 国家基盤科学技術
  ①ライフサイエンス
  ②情報通信          ┌─環境分野──────────────┐
  ③環境              │ ①地球温暖化              │
  ④ナノテクノロジー  │ ②ゴミゼロ型・自然循環型技術 │
  ⑤エネルギー        │ ③自然共生型流域圏・都市再生 │
  ⑥製造業            │ ④化学物質リスク総合管理技術 │
  ⑦社会基盤          │ ⑤地球水循環変動研究        │
  ⑧フロンティア      └────────────────────┘
 科学技術基本計画第Ⅱ期(2001-2005)           東京湾再生シナリオ
  自然共生型流域圏構築・都市再生イニシアティヴ
  地球規模水循環変動研究イニシアティヴ
                                        自然共生型流域圏構築・都市再生WS
 科学技術基本計画第Ⅲ期(2006-2010)
  水・物質循環と流域圏研究領域
```

図-4.1　総合科学技術会議の重点課題

理技術の開発というテーマで募集があった。20を超えるチームから応募があり，結局我々のところが幸いにも1つ選ばれ，この研究を2006年から実施している。

課題2-2に書かれているように，テーマは限定されている。「持続可能な」という部分を，我々は「自然共生型」に置きかえた。それから，流域圏のところに伊勢湾流域圏というものをくっつけた。

湾の水環境を鏡にした流域圏管理というのは，東京湾，大阪湾をはじめすでに総合科学技術会議の第Ⅱ期，計画の第2期でかなり取り組まれていた。第Ⅲ期にあたり，そういう流れの中で振興調整費で流域圏の課題があり，残された伊勢湾が1つテーマになった。後述するように，この地域は，ほとんど都市圏だけに占有されている東京圏に対して，自然，生産緑地，都市圏のバランスがとれている。そのような意味で，日本の他流域のモデルにもなり得るし，場合によっては，東アジア，東南アジアのモデルとしても汎用性があるというところを考えて，国土のさまざまな場面で関与されている省庁の研究所と連携してこのプロジェクトを立ち上げた。

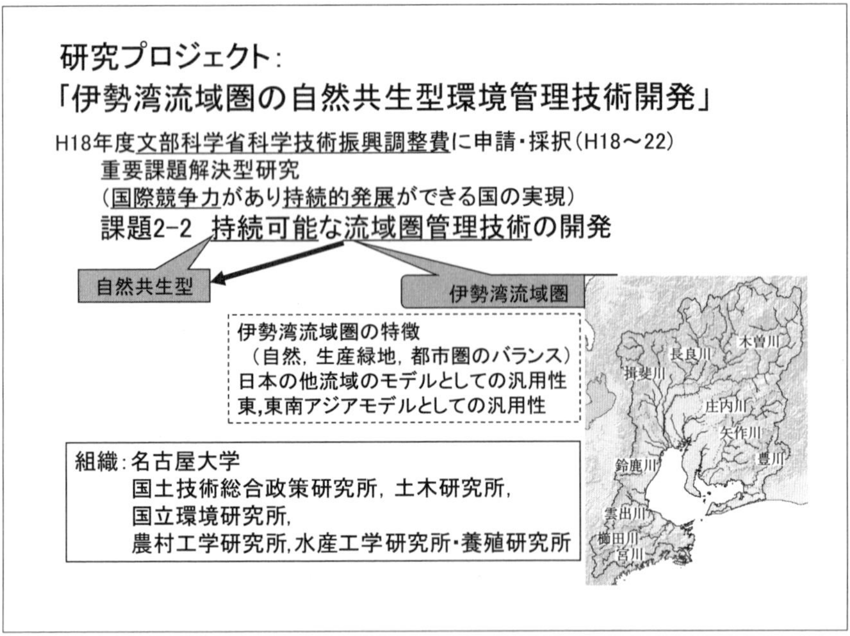

> **第2編** 流域圏の構造（流域と湾）

図-4.2 「伊勢湾流域圏の自然共生型環境管理技術開発」

4.2 流域圏の課題

　流域とは，水循環の中で降ってきた雨を受ける単位である。その水循環が駆動力となって土砂が運ばれ，物質が運ばれ，生態系ができているという単位が流域で，それは湾域に流れ出ている。そういう1つの湾を取り囲むように，実は都市ができ，いくつかの流域が接している。

　我々は従来から流域に落ちる水循環にドライブされる物質・生態系サービスといったものを享受しながら発展してきたが，都市圏が発達するにつれ，横の流域と連携するために，上水道，下水道や灌漑水路などをつくって，つながりをつくってきた。そういった人間活動は湾域に影響するため，湾の水質や水環境が悪化し，問題が顕在化してきたというのが流域圏の問題である。

　現実には，こういった1つの湾に注ぎ込む流域，複数の複合体だけでなく，い

図-4.3 流域圏の概念

```
流域圏とは？   Global
  降雨  蒸発散    降雨・蒸発散

  流域（分水嶺で囲まれた領域）   いくつもの流域        流域圏
  水系によるフラックス            水系
  水循環（降雨→流出）
  流砂系                                              都市圏
  物質循環                  人工系フラックス網         都市の拡大・拡散
    さまざまな物質                           他                ↓（農村の都市化）
    とくに、「生元素」に注目                 流              ↓生産緑地の拡大
      窒素、リン、炭素、酸素ほか             域              ↓
      無機物、有機物、生態の間で行き来       圏              水開発・収奪
  生態系
              沿岸域
              湾域（閉鎖性水域）          流域圏
                    外洋                    フラックス
```

水循環の陸域の「単位」としての流域が，水循環に駆動される
システムを利用して「風土」形成→「自然共生型」社会
<u>複数流域に囲まれた湾域に都市発展（疲弊→再生）</u>
←人口とそれを支えるシステムとして
　　自然の機能，フラックス網に，人工機能と<u>人工フラックス網</u>を追加
→他流域との<u>連携</u>　→「流域圏」形成

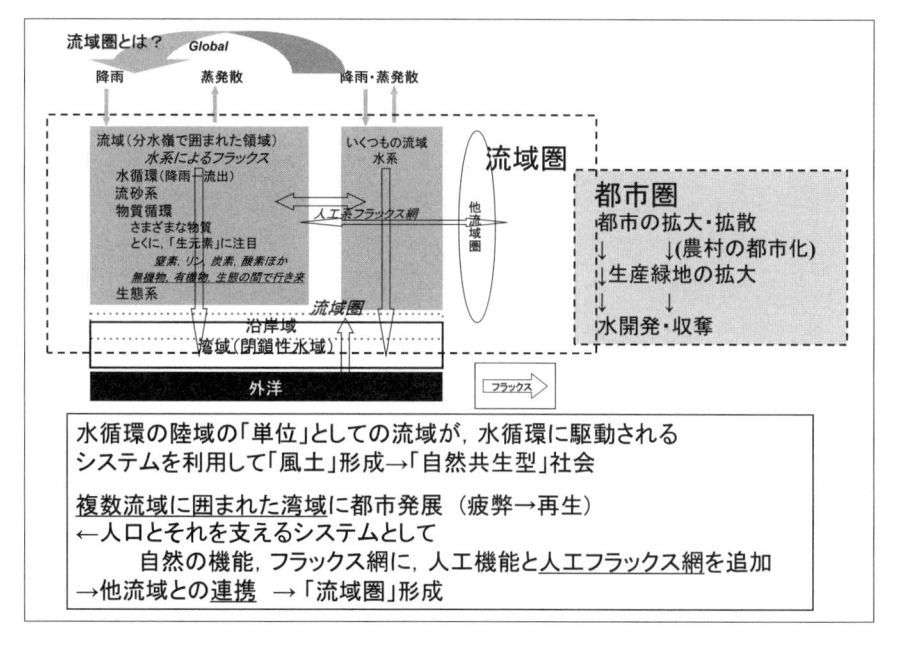

図-4.3　流域圏の概念

ろいろな流域と我々は連携している．例えば，食糧の依存というのも，ある意味では水路をつくるのと同じように流域間の連携である．

　こういった中で流域圏の問題を考える視点は，流域という自然のシステムが1つのリファレンスで，人間活動の発展のために，我々は流域の中にさまざまな生態の機能を代替する人工施設をつくったり，隣の流域あるいは流域圏と結合して，そこから物を持ち込んだりすることによって，発展してきた．その発展の最たるものが，都市の拡大と拡散と呼んでいる．

　拡大というのは都市が自ら拡大することで，そのために必要な食糧供給のために生産緑地が大きくなり，生産緑地にまで都市と同じような発展を促すことによって都市の拡散も起こってきた，ととらえている．

　我々が与えられたテーマの中で，持続性を自然共生型に呼びかえて応募したというのは，自然共生こそが持続可能な我々のシナリオだと考えたからである．自然共生するということは，この流域の持つ水循環，流砂系，物質循環，生態

系という仕組みがもたらす生態系サービスを享受していることと定義すると，先ほど述べたように新たに人間がつくった機能を持つ施設や人間がつくった通路（水路・輸送路も含めて）を全部代替したとしたら，どれぐらい化石燃料が代替できるだろうか。このような意味で，自然共生とは生態系サービスを享受することだという形で定義した。すなわち，水循環に駆動される総合系が生み出す仕組みによって持続可能性を探ろうとした。

当然，これに並行するシステムとしては，技術を導入するやり方の先端技術型や社会システムまで変革するやり方の循環型があるが，通常は対峙しながら，あるいは並列しながら，連携しながら持続可能性を探る。ただ単なる並列でなく，ここでは自然共生を前面に出して，それをどのように先端技術が補うか，どう循環型で代替するかといったような考え方を持つことにした。

4.3 流域圏の環境管理

流域圏の管理の仕方は，第Ⅱ期で得られたような従来の東京湾，大阪湾のタイプでは，流末にある湾の水環境をもって流域圏は健全なものになったというシナリオであった。「湾をきれいにするために，流域でも努力しましょう」という標語になるが，それだけでは現実的でない面がある。そこで我々は，水循環が駆動するシステムが健全であることによって，生態系サービスが生み出されている流域圏の環境に着目した。

このように流域のいろいろなところで水，流砂，あるいは物質のフラックス網が健全化され，いろいろなところで生み出される生態系サービスやそれにかかわるフラックスの変化が湾域にもたらされる。それが湾域の水環境を改善すると同時に，湾域での生態系サービスも生む。このようなトータルな仕組みを管理すべきという視点に立った。

もう1つは，なぜ伊勢湾に注目したかということである。伊勢湾流域圏は，すべてが都市に収奪されているわけではなく，近くに大きな生産緑地や自然域も残されている中で，ここほど自然共生が的確なシナリオになる場所はないと考えたからである。

図-4.5に示すように，伊勢湾流域は生態系サービスとしての食物生産の機能

```
流域圏の環境管理とは？

 従来の考え方:
   流域圏の「流末」は「湾域」
   よって, 湾域の環境（水環境, 生態系）は流域圏環境の「鏡」

   流域圏の環境管理＝流域圏陸域の環境負荷低減
   環境指標＝湾域の水質（生態系あるいは水産資源）

 われわれのチームの考え方
   流域圏の環境は, フラックス網の健全性
           （水, 土砂, 物質（とくに生元素）, 生物）
   陸域のさまざまな場所で, 適切な フラックスφ変化
     流れてきたフラックスの一部をさまざまな地先で利用 Δφ
     Δφの効用＝環境劣化, 環境改善の機能
   「生態系サービス」の質・量→環境指標　陸域の生態系の質向上
     流域圏生態系を「鏡」とする
   流末環境の変化（←陸域でのΔφの結末）→湾域水環境←外洋の影響
             →沿岸域生態系（水産資源）への着目
                「生態系サービス」として評価
   陸域, 沿岸域のあらゆるところでの施策実施, 総合評価
```

図-4.4　流域圏の環境管理

がきわめて大きい。漁獲高や農業生産も，五指に並ぶ強い機能を持っている。その一方で，これらに従事する人たちの高齢化が進んでいる。また，水質基準というものを湾域に設定しているが，伊勢湾ではその達成度が低く，なおかつ緊急の課題になっている。これは，伊勢湾が浅いこと，流域での負荷が大きいこと，また家畜の頭数が多いことなどに起因する。さらに，水田，森林面積が大きいといったことが特徴でもある。

また，伊勢湾と東京湾を比較した窒素負荷量の内訳は，まず東京湾ではほとんどの水や処理すべき水が下水処理場から出ており，かなりの物質のフラックスの輸送が人工的なものにすでにゆだねられている。それに対して，伊勢湾ではいまだに生活系あるいは自然・農水系が多いことが特徴的である。このような場での流域管理のあり方というのは，日本の他流域，あるいは東アジア，東南アジアにも同じ類型が存在し，我々の技術移転が可能だということが言えよう。すると，国際的戦略や貢献という，どちらの視点から見ても有意な技術になり得るものだと考えた。

なぜ，伊勢湾流域に注目するのか？　東京湾ではないのか？

伊勢湾流域は，生態系サービスとしての食物生産の機能がきわめて大きい

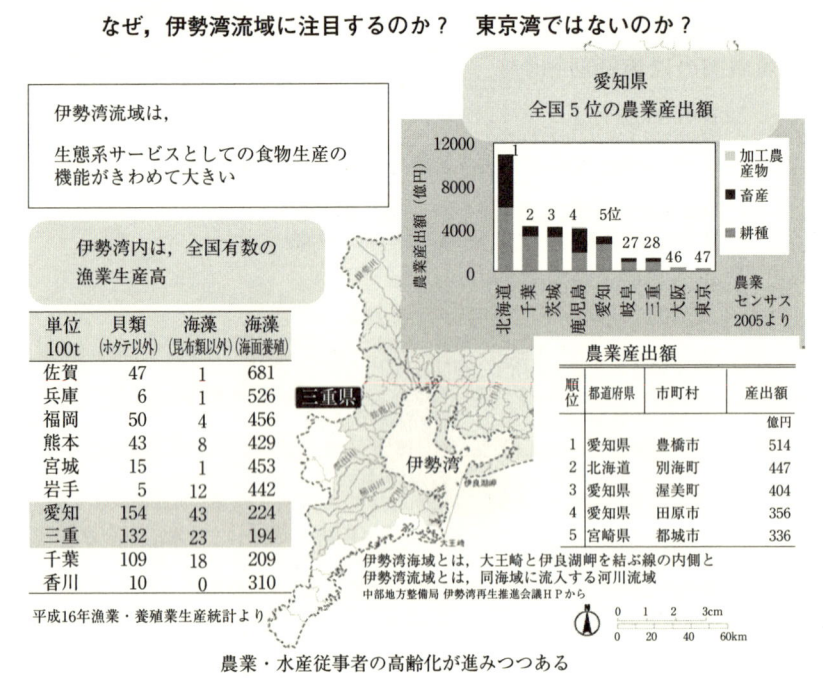

伊勢湾内は，全国有数の漁業生産高

単位 100t	貝類 (ホタテ以外)	海藻 (昆布類以外)	海藻 (海面養殖)
佐賀	47	1	681
兵庫	6	1	526
福岡	50	4	456
熊本	43	8	429
宮城	15	1	453
岩手	5	12	442
愛知	154	43	224
三重	132	23	194
千葉	109	19	209
香川	10	0	310

平成16年漁業・養殖業生産統計より

愛知県 全国5位の農業産出額
（加工農産物／畜産／耕種）
農業センサス2005より

農業産出額

順位	都道府県	市町村	産出額 (億円)
1	愛知県	豊橋市	514
2	北海道	別海町	447
3	愛知県	渥美町	404
4	愛知県	田原市	356
5	宮崎県	都城市	336

伊勢湾海域とは，大王崎と伊良湖岬を結ぶ線の内側と
伊勢湾流域とは，同海域に流入する河川流域
中部地方整備局 伊勢湾再生推進会議HPより

農業・水産従事者の高齢化が進みつつある

図-4.5　伊勢湾流域圏

4.4　伊勢湾流域圏研究の目的と目標

　本研究の目的は，自然が持つ物質循環機能の最大活用によって，経済を含む人間活動の周辺環境への影響を軽減するとともに，このような機能を提供している生態系を維持できる，そういう流域形成のための技術体系を開発することと位置づけた。

　さらに，研究としてのミッションを次に述べる。水循環に駆動される流砂系，物質循環，そして生態系につながるシステムから我々が得るものを生態系サービスと呼ぶとするならば，それをキーワードにして自然共生を考えていこう。しかし，それに対する自然環境アセスメント技術を持っていなければ，評価もできず，施策もとれない。アセスメント技術に加え，環境修復，すなわち生態系サービスの再生の技術を開発することも重要なミッションである。これらを，研

```
研究の目的
   目的:自然が持つ物質循環機能の最大活用によって
        経済を含む人間活動の周辺環境への影響を軽減するとともに，
        上記機能を提供している(在来種からなる)生態系を維持できる
        流域形成のための技術体系を開発

研究のミッションステートメント
        生態系サービスをキーワードとした自然環境アセスメント技術と，
        自然共生シナリオでの環境修復(生態系サービス再生)技術を開発し，
            以上を研究期間(5年間)前半で確立
        自然共生型社会像を提示しつつ，その実現への自然共生化への戦略
        アセスメント手法を示す
            つまり後半の2年で，社会実験等を通した実証を通じ，自然共生型
            流域圏構築へのシナリオを示す
```

図-4.6 伊勢湾流域圏研究の目的

究期間5年間の前半で達成することをミッションステートメントに書き込んだ。

その後，自然共生型流域圏を構築するには，その社会像を提示し，自然共生化への戦略アセスメントの手法を示さなければならない。その手法として，社会実験，すなわちいろいろなことを流域で経験することによって，我々のアセスメント技術，修復技術を実証し，それをシナリオへと展開していこうとしている。

このような目標を達成するためには，まず「生態系サービス」の評価方法が大きな課題となる。これを使って2番目には，自然共生型の環境アセスメント手法，すなわち生態系サービスが評価できたら，それをどのようにアレンジしたら自然共生型の流域圏が実現されていくのかということを評価する手法というものを確立する必要がある。次に，その生態系サービスを我々が享受できるようにするためには，どのように生態系を再生していかなければいけないのか，という修復技術の開発。最後に，このようなものを社会活動，環境保全を両立するシナリオとしてやっていかなければならない。すなわち，自然共生型指標だけでは不十分で，安全・安心指標や経済的指標など，そのほか社会的バックアップといったものを加味したシナリオにしていかなければならない。この部分が研究の後半部分を受け持つ。以上のような　研究目標を達成するためにまず，我々はさまざまな組織の研究者との連携とその仕組み(図-4.7)を考えた。

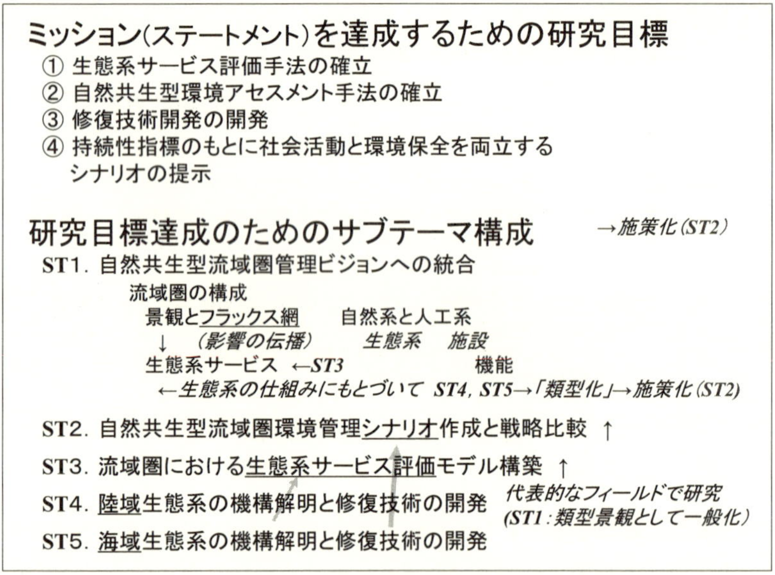

第2編 流域圏の構造（流域と湾）

```
ミッション(ステートメント)を達成するための研究目標
 ① 生態系サービス評価手法の確立
 ② 自然共生型環境アセスメント手法の確立
 ③ 修復技術開発の開発
 ④ 持続性指標のもとに社会活動と環境保全を両立する
   シナリオの提示

研究目標達成のためのサブテーマ構成        →施策化(ST2)
 ST1. 自然共生型流域圏管理ビジョンへの統合
        流域圏の構成
         景観とフラックス網    自然系と人工系
          ↓ （影響の伝播）    生態系  施設
        生態系サービス ←ST3         機能
         ←生態系の仕組みにもとづいて ST4, ST5→「類型化」→施策化(ST2)
 ST2. 自然共生型流域圏環境管理シナリオ作成と戦略比較 ↑
 ST3. 流域圏における生態系サービス評価モデル構築 ↑
 ST4. 陸域生態系の機構解明と修復技術の開発   代表的なフィールドで研究
 ST5. 海域生態系の機構解明と修復技術の開発   (ST1：類型景観として一般化)
```

図-4.7　研究目標とサブテーマ構成

　ST1 は，自然共生型流域圏管理ビジョンへ向けて，いろいろな意味での戦略を統合していく。シナリオや戦略を立て，いろいろなところでの議論そのものあるいは成果を統合していかなければ，流域圏の問題は解決しない。多くの重要課題では，区分されたサブテーマやサブトピックスを達成すれば，確実に実現できるものがよく課題になっているが，自然共生型流域圏を構築していくという中では，さまざまなものをフィードバックしなければならず，相互に関連しているということで，それのドライビングの役割をするところをST1とした。そのためには，流域圏の構成が何かを考えなければいけないし，ST1ではこれについての議論を重ねてきている。

4.5　流域圏の構成と研究テーマ

　流域圏の構成を考えると，まず景観とフラックス網，つまりネットワークからなっている。景観というのは，流域の中にさまざまな機能を持った部分，例

えば森林や扇状地の湿地といった部分である。それが，実は，水，流砂，物質というフラックスでつながれていることによって影響が伝播する。この景観が生態系サービスを生む場となっている。

一方，流域の中では自然系のものだけでなく，人工系を負荷してきた。例えば，景観のかわりにさまざまな施設をつくってきた。さまざまな自然的な景観がいろいろな機能を担ってきたが，それを明確化するために，我々はさまざまなインフラを整備してきた。先ほど述べたように，自然の水循環に駆動されるフラックス網を持っているにもかかわらず，それ以外のネットワークもつくってきた。上下水道や灌漑用の用排水路，あるいは食糧を運ぶ輸送網，道路や鉄道そのものなどの人工のフラックス網である。フラックスというのは通路だけでなくて，運ばれる量も関係する。川は，運ばれる通路であるとともに，物を現実に動かす。道路は，道路という通路があることと車や列車という形で運ぶものも必要になる。つまり，フラックス網といったときに，自然の部分はその両方を自然がうまく満たしている。しかし，輸送網になると，運ぶ物質の変換もそれを運ぶものもおのおので必要になる。このような仕組みを考え，我々は生態系サービスを指標に，それをどれだけ再現できるかを考えていくことにした。

生態系サービスを理解するためには，生態系の仕組みを理解する必要がある。生態系の仕組みを伊勢湾流域圏のおのおのの場で知ろうとすれば，至るところで研究しなければならないのかというと，けっしてそうではないと我々は判断した。それが類型化である。あるところで研究した生態系のメカニズムあるいは生態系サービスを生む仕組みは，別のところにも同じような仕組みで動いている自然があるというように考えた。

例えば木曽川の扇状地の部分と矢作川の扇状地の部分は似ている部分がある。だから，同じような生態系のメカニズムが期待され，同じような生態系サービスの出方があり，だからこそ同じような施策がとれる。こういった類型化の仕組みを持ち込むことにした。この部分はST1が担当する。

ST2では，すでに述べたようなシナリオが施策群として出てくることに対して，どれが有利なのか，どういうふうにすればそれは効果的なのかというものを評価する。ここでは，施策を戦略的に組み合わせることで施策群化することも重要である。

ST3では,キーワードになっている生態系サービスの評価手法の標準化を受け持つ。

そして,ST4に陸域,ST5に海域と分けて,機構の解明と修復技術というところをフィールド研究を通じて明らかにしようという形で組んだ。これらは,単なるフィールド研究ではなく,先ほど述べたように類型化する必要があるため,このフィールドが典型的であり,ある類型を代表するものでないといけない。この視点が,ST1からST4,5に課している大きな宿題である。

サブテーマから見ると,このように研究が生まれるが,我々の研究というのは,いくつもの異なる組織の複合体として成っている。振興調整費研究というのは,さまざまな面で評価・チェックされ,七つの研究機関の連携というのも1つの課題となっている。サブテーマの分割と研究テーマを図-4.8に示すように割りつけているが,実は輻輳している。このような組織の体制だけでは,研究の中の仕組みを同時に動かすというのは非常に難しいため,頻繁に調整しながら研究を進めている。それは流域にかかわる研究だけでなく,きっといろいろ

研究目標を達成するための組織体制
研究体制図

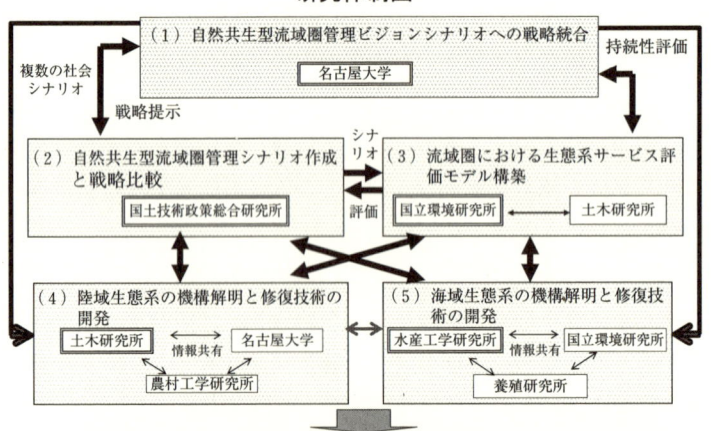

(1) 自然共生型流域圏管理ビジョンシナリオへの戦略統合 — 名古屋大学

(2) 自然共生型流域圏管理シナリオ作成と戦略比較 — 国土技術政策総合研究所

(3) 流域圏における生態系サービス評価モデル構築 — 国立環境研究所 ↔ 土木研究所

(4) 陸域生態系の機構解明と修復技術の開発 — 土木研究所 ↔ 名古屋大学 / 農村工学研究所(情報共有)

(5) 海域生態系の機構解明と修復技術の開発 — 水産工学研究所 ↔ 国立環境研究所 / 養殖研究所(情報共有)

→ 生態系機能を活用した自然共生型流域圏形成のための技術体系の構築

サブテーマ分割と担当研究チームは,課題の性格上輻輳している。各チームはさまざまな課題にまで研究は拡大する一方,サブテーマがミッション達成の構成を有するかたちに調整研究実施会議や運営会議さらに中核機関によるヒアリングを実施

図-4.8 研究実施体制図

なことをやっていく中で，このような仕組みづくりやテーマ設定，また組織体制といったことが輻輳しながら物事が成り立っていくというのが流域の問題の非常に特徴的なところである。この難しさを，研究を通じながら味わっている。

4.6　5つのサブテーマの連携

図-4.9 は，ST1のまとめとなる。図に示す「だんご」のようなものが先ほど言った景観で，それを自然のネットワークがつないでいる。さらに，その上を破線で示す人工系がつないでいる。さまざまな地先で，「ES」と書いたのは生態系サービスを表すが，これが景観ごとに生まれ，それをカウントする必要がある。そして，生態系サービスを生み出したかわりに，ここで流れているフラックス，水の流れ，土砂の流れ，あるいは物質の流れは変化しているはずである。これをきちっとフラックス網の中でカウントし，カウントしたものが湾域に出て，さらに沿岸域に影響するという仕組みをST1はつくった。

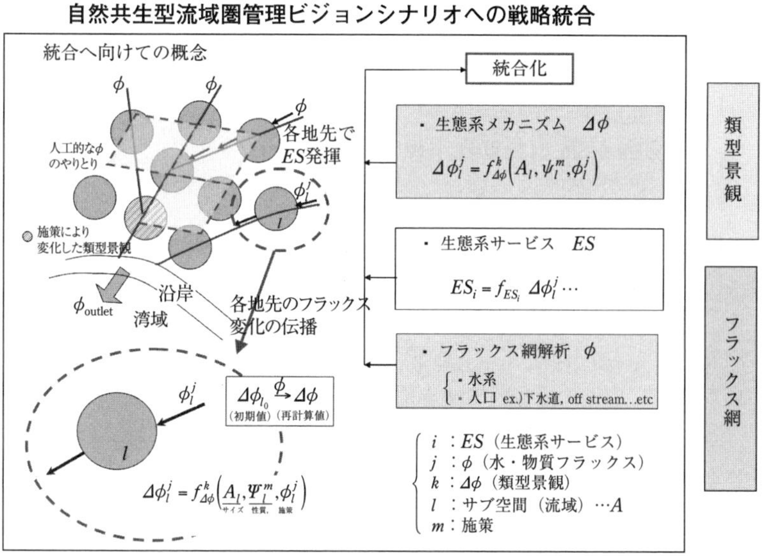

図-4.9　サブテーマ1の役割

ST2では，流域圏の過去から現在の変遷を示す。将来的には，シナリオ群が出てきたら，それを評価するというところを追うのだが，現在のところは，変遷を把握しどのように自然環境が劣化してきたのかというところから，政策群のシナリオを立てようとしているところである。

ST3では，生態系機構に基づく生態系サービス評価を受け持つ。生態系とは，物理基盤と物質循環の側面と生物相の3つの側面からなっている。物理基盤は，生息場を提供し，物質循環は生物に対してエネルギーを供給する。これによって，生物相はバイオマスを増やしたり減らしたりしている。これが実は，物理基盤とかあるいは物質循環のところに何らかの反作用をしてくれる。これが生態的機能で，あるときには生態系サービスに効いてくる。この仕組みを生態系のメカニズムの解明に基づいてモデル化し，生態系サービスを各地先で類型景観ごとに評価できる仕組みを我々はつくろうとしている。

ST4には，森林，農地，都市域と隣接する河川がある。さまざまな農地との連結型，あるいは畑地，池，水田，河川が連携しているところ，さらに人工系フラックスによる食べ物の運搬が窒素動態に与える影響なども我々の研究テーマになっている。

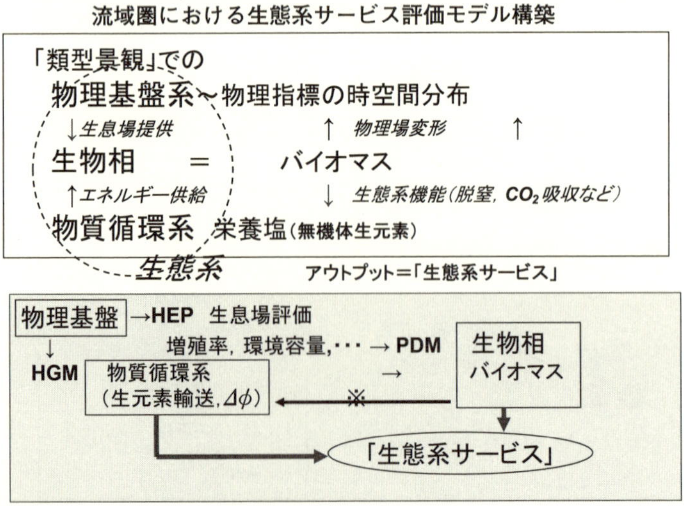

図-4.10 生態系サービス評価モデル

ST5では，海域と簡単に言ったが，河川からフラックスとして流出されるものがいったん湾域に出て，湾域の中で流動という現象を起こす。この流動が沿岸域にフィードバックされて，この地域で非常に注目されているアサリの生息場の機能性をいろいろ変化させる。一方，アサリの生息自身は，二枚貝の機能として，湾の水質にプラスの効果をもたらすとも言われている。こういった仕組みを評価していくことがST5である。

　これら5つのサブテーマを連携させながら，自然共生型としての流域管理の，現在のところはとくにアセスメント技術を確立しているところである。

第5章 木曽川流域と黒潮に連動する伊勢湾生態系の応答

三重大学大学院生物資源学研究科
関口秀夫

5.1 はじめに

　伊勢湾生態系と書いているが，もちろん御存じのように，生態系というのは，その中核に生物群集と環境があり，その相互作用の結果，自己展開していくのが系である。厳密に言うと，他の系とは独立的に自己運動を展開している系であるが，実際に自然界にそういう系はない。しかし，モデルとして考えると，自然界のいろいろなダイナミクスが理解しやすいということで生態系概念を使って解析をするわけである。

　本章では，木曽川流域と伊勢湾の外海にある黒潮に連動する伊勢湾生態系の応答ということで話題を提供する。海という生産構造の場の特徴，伊勢湾の外にあって，日本の太平洋沿岸の海況に非常に大きな影響を持つ黒潮の特徴，黒潮がどういうふうに伊勢湾に影響するのか，等々である。

　一方，伊勢湾の奥で，主として木曽川流域の莫大な量の淡水が伊勢湾に影響を与えている。伊勢湾は，大きく見ると，一種の河口域であり，汽水域なので，湾の奥の木曽川流域と湾外の黒潮によって伊勢湾の海況は非常に影響され，この2つによっておおまかに環境が決定されている半閉鎖的な海域である。

5.2 海の生産構造

図-5.1は地球を回っている人工衛星に搭載したカラースキャナーで調べた，全地球的な海の表層1～2mの植物プランクトンのクロロフィルaの濃度の分布を示す。海は地球表面の4分の3を占め，平均水深3700mであるが，そこでつくり出され，動物の究極的な餌になる植物プランクトンによる有機物の年間生産量は，地球表面の4分の1を占めるにすぎない陸の生産量の半分にも達しない。それはひとえに3700mという平均水深を持つ海の生産構造によって決まっている。

陸上では，草も木も死ねば地上に倒れ，そこで分解され，最終的に無機の栄養塩になれば，ただちに根から吸収されて生産に利用される。いわゆる再生生物生産が進行している。ところが海は，赤道海域のような非常に透明度の高い海でさえ，植物プランクトンが光合成をするのに十分な光量は，せいぜい深くても水深110m程度までである。この伊勢湾になれば，それはせいぜい10mよ

Plate 1 Global distribution of chlorophyll estimated from the colour of the oceans as observed by satellites having colour scanners. Regions in the middle of the ocean have the lowest biomass of phytoplankton and presumably the lowest productivity. Higher productivity is found along the equator and in bands lying poleward of the mid-ocean gyres. The highest values are found in the coastal upwelling regions off the west coasts of the Americas and north and south Africa. Some of the high values in coastal and northern regions may not be due to chlorophyll but suspended organic and inorganic particles, or ice. Reproduced from the original colour image, courtesy of NASA and the University of Miami.

図-5.1 人工衛星搭載のカラースキャナーで観測した海洋表層のクロロフィルa濃度の分布（Mann & Lazier, 1991）

りも浅いところである。植物プランクトンは通常，海洋の生物生産の大部分を占めるが，地域的にはアラメ，カジメという藻場による生産が非常に高いところもある。しかし，全地球的に見れば，圧倒的に1 000分の1 mmから1 000分の100 mm，つまり1から100ミクロン前後のサイズを持つ植物プランクトンによって海の有機物が生産されている。

いずれにしても，植物プランクトンは周りの海水よりもやはり比重が重いので，最終的には100 mよりも深い暗黒の深海に沈んでいく。ということは，充分な光の届かない深海で粒子状有機物は最終的に分解され無機物になり，そこに栄養塩がプールされているわけなので，海の表層の生産は，この深海にプールされた栄養塩がいかにして表層の有光層に上がってくるかにかかっている。

御存じのように，陸上では熱帯域に発達する熱帯雨林を中心として，南北方向に見れば熱帯域で最も植物の生物量が大きく，生産量が高い。海は逆で，生産力が高い海域は図-5.1の青色の部分になる。赤色の海域は植物プランクトンのクロロフィルa濃度が極端に低いところで，黒色の海域はデータがないところになる。中緯度から高緯度の海域，それから沿岸の一部の海域で，クロロフィルa濃度が高いところがあるが，それはアフリカ西岸沖，ペルー沖，カリフォルニア沖である。これにはいろいろな物理学的機構が関与しているのだが，これらの海域は深海の海水が湧昇として表層に上がってくる場所である。

海の表層のクロロフィルa濃度の分布パターンが，なぜ図-5.1のようになるかというと，海の生物生産は，とくに植物プランクトンの有機物の生産は，陸上とは反対に，熱帯海域で低くて，中緯度や高緯度の海域に行くほど高くなるからである。これは，南北方向に見れば，陸上の植物の生産が第一義的に光量によって律速されているのに対して，海では，植物プランクトンの生産が，光量ではなくて，深海にプールされた栄養塩を表層に上げる海水の鉛直混合によって決定されているからである。したがって，海の生産には，再生生物生産と新生物生産の2つがある。光量が十分ある表層にとどまって，陸上と同じように，有機物が分解された再生栄養塩によって新たに有機物を生産するのが，再生生物生産である。一方，新生物生産は，海水の鉛直混合の機構によって進行する。すなわち，夏に表面が温められて軽い水が表面を占めて鉛直混合が妨げられ，やがて冬になって，表面が冷やされて海水が重くなって沈んで，これを補償する

ように深海から表層に栄養塩の豊富な海水が上がってくるという鉛直混合の機構，つまりこのような過程によって，中緯度から高緯度の海域の生産が高くなっている。

したがって，太平洋の真ん中から陸岸方向に，伊勢湾，東京湾の方に近づいて来れば，当然，海底水深が浅くなる。海の栄養塩の供給は川を通してであるので，当然，沿岸域の生産力は高くなってくる。

5.3　沿岸域の海況と黒潮の関係——イセエビを例に——

図-5.2は黒潮を含む日本周辺の海流図を示す。黒潮は，御存じのように黒潮続流としてハワイ沖の方へ行って，北アメリカ大陸にぶつかれば，1つは北上してアラスカ海流となり，1つは南下してカリフォルニア海流になって，やがて北緯15度ぐらいで西方向に方向転換して東から西に流れる北赤道海流になる。次に，この北赤道海流は，フィリピンのルソン島にぶつかって北上して，それが黒潮になる。

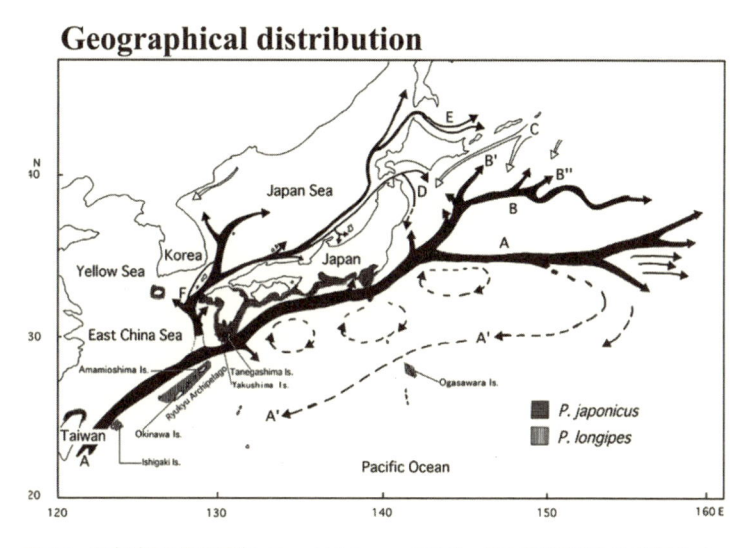

図-5.2　日本近海の海流図（Sekiguchi & Inoue, 2002）　黒太線は黒潮とその分枝，白太線は親潮とその分枝

人工衛星追跡ブイを使った調査結果によると，ブイは大体8年ぐらいで北太平洋の亜熱帯循環系を1周することがわかっている．その中に，3つの亜循環系がある．そのひとつである黒潮亜循環系は，黒潮と，その南側を反対方向に流れる黒潮反流で構成されている．

　図-5.3はイセエビのフィロゾーマ幼生の輸送・分散図を示す．沖縄の方には，イセエビは生息していないが，イセエビに近縁なカナコイセエビが生息している．海の生物が陸の生物と違う一番大きい特徴は，海の大部分の動物が，卵から孵化した直後はプランクトン，いわゆる浮遊生物という非常に遊泳力の小さい，海水の流動に翻弄される浮遊幼生をもつことである．

　おもしろいことに，イセエビの仲間の浮遊幼生（フィロゾーマ幼生）は1年ぐらいの期間にわたって浮遊する．夏に親から生み出されたフィロゾーマ幼生は黒潮に運び出され，次に黒潮反流に入り，やがて琉球と台湾の東方海域からもう一回黒潮に入って稚仔が本邦の各海域や台湾沿岸域にばらまかれて，イセエ

Early life history of *Panulirus japonicus* within the Kuroshio Subgyre as related to its larval recruitment.

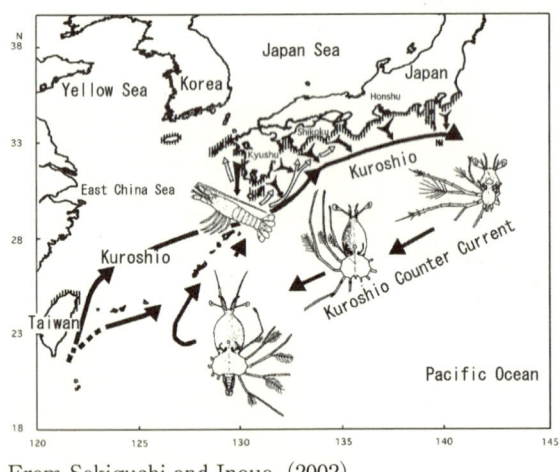

P. japonicus phyllosoma larvae may be flushed out from coastal waters into the Kuroshio, then transported through the Counter Current south of the Kuroshio into the water east of Ryukyu Archipelago and Taiwan where they attain the subfinal/final phyllosoma or puerulus stages, again entering the Kuroshio and dispersing into coastal waters.

From Sekiguchi and Inoue (2002)

図-5.3　イセエビの初期生活史における長距離輸送・分散と黒潮亜循環系

ビの個体群が維持されている。現在までの研究によると，イセエビの日本の漁獲量は年間1000t近くであるが，この年変動は，その3〜4年前に帰ってくる，黒潮によって供給されるイセエビの稚仔の量によって決定されている。

このように，沿岸域は，黒潮や沖合と切っても切れない関係にある。沿岸で生み出されたフィロゾーマ幼生は，約1年間かかって日本の沖合の黒潮亜循環系を巡回する。これは薩南半島近くの黒潮に投下した人工衛星の追跡ブイによっても実証されており，実際に琉球と台湾の東方海域でイセエビのフィロゾーマ幼生が多数採集されて，この仮説は検証された。

黒潮は，よく知られているように，本州に沿って直進する流路と，紀伊半島付近で沖側に蛇行する2つの流路がある（図-5.4）。黒潮が，なぜこの2つの流路をとるかということは，海洋物理学的に解明されている。ただ，いつ流路が直進型になって，いつ蛇行型流路になるかは，まだ予測はできていない。しかし，黒潮が蛇行したときには，紀伊半島の沖に冷水塊が形成され，人工衛星の写真を見ればわかるが，紀伊半島の東側の沿岸域に伊勢湾系の濁水が急激に広がる。つまり，伊勢湾の海水の外海沿岸域への流出，それから遠州灘，熊野灘の外海沿岸水の伊勢湾内への流入は，その沖合の黒潮の流路の変動と密接に絡んでい

Kuroshio Current Index (KCI)

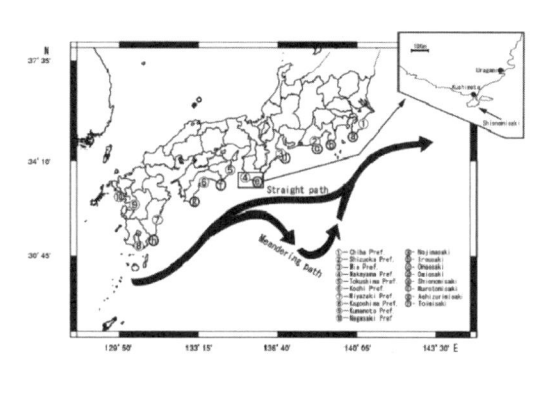

In the present study, we compiled the data on the tidal level difference (i.e. Kushimoto minus Uragami) between Kushimoto and Uragami. The tidal difference tends to be large at the straight pass of the Kuroshio. On the other hand, the difference tends to be small at the meandering path.

図-5.4　黒潮流路の変動 (Inoue & Sekiguchi, 2009)

る。

　これは後でまた述べるが，おもしろいことに，紀伊半島を境にその東西で，沿岸域に供給されるイセエビの稚仔の量は異なっている。図-5.5では，横軸に紀伊半島の潮岬の東側の県のイセエビの漁獲と，縦軸に西側の県のイセエビの漁獲を10年単位で分けて相関関係を調べているが，こういう分けかたをしたのは，次のような理由による。今は地球温暖化で騒いでいるが，北太平洋ではオホーツク海高気圧の冬期の変動と絡んで，レジームシフトというかたちで，ほぼ10年規模の周期で海水温が1度上がったり下がったりという非常に顕著な変動をしている。このレジームシフトによって，北太平洋全体の海況が大きく変動する。

　図-5.5のデータの意味するところは，潮岬を挟んで東西のイセエビの漁獲量はシーソー関係にあるということである。要するに，黒潮の流軸が蛇行するかしないかによって，潮岬の東西の沿岸域に供給される，つまり，沿岸域の海況が黒潮によって影響を受け，そこに供給されるイセエビの稚仔の数が変動することによって，潮岬の東西の沿岸域のイセエビ資源量の年変動が決まってくる。

　今述べたように，漁獲量の年変動から見れば，潮岬を境に東西の漁獲量はシーソー関係にあり，日本のイセエビ集団はあたかも2つの個体群から構成されて

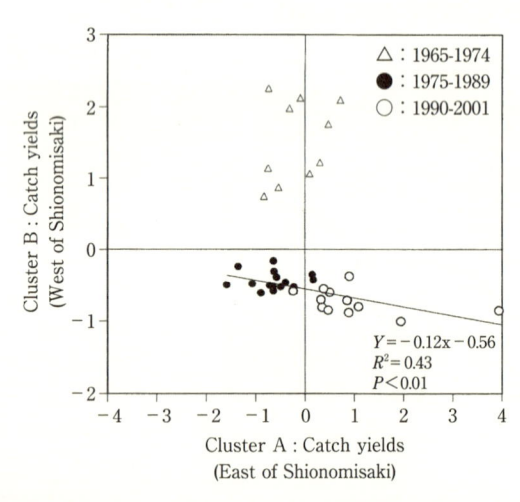

図-5.5　紀伊半島南端の潮岬を境にした東西のイセエビ漁場の漁獲量の関係（Inoue & Sekiguchi, 2009）

いるように見える。

　図-5.6は，イセエビのミトコンドリアDNAの中のCOI領域の遺伝子型の構成と地理分布を示している。イセエビのゲノムを構成するものは51あるが，稚仔の供給源が違えば，当然各地のイセエビ集団の遺伝子型は違ってくる。この図-5.6を見てわかるように，各地の遺伝子型が特定の地理分布パターンを示すことなく，団子状になって繋がっている。ということは，漁獲量の変動パターンから見れば，日本のイセエビ集団は2つの個体群から構成されているように見えるが，実際はひとつの個体群であり，日本のイセエビ集団は全部，各地の由来の遺伝子が混じっているということである。つまり，黒潮反流域においてフィロゾーマ幼生が混合して共通にプールされ，それが黒潮を通ってもういっぺん各地に供給されているということである。わかりやすい例として，イセエビを挙げたが，こういうふうに沿岸の生物は，みんな沖合の海況と非常に緊密な関係にある。

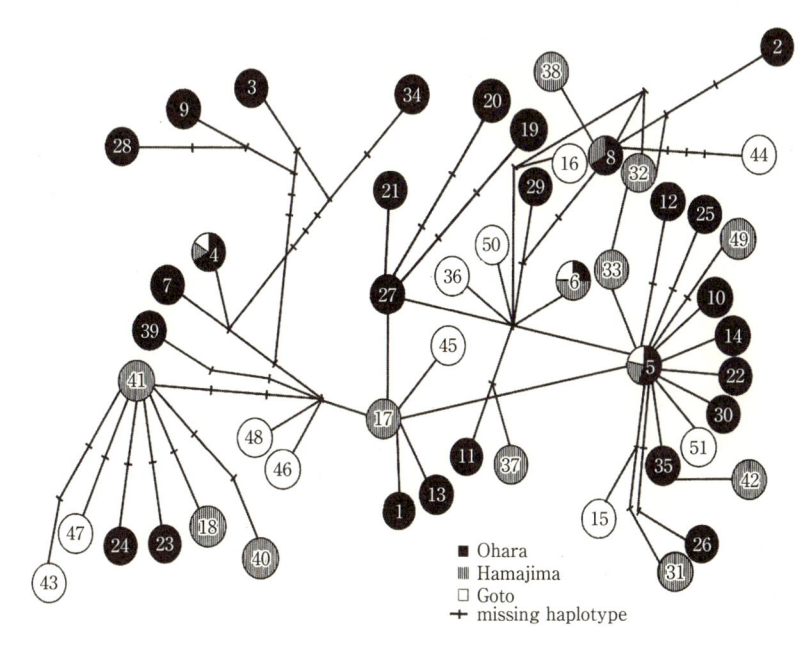

図-5.6　日本各地のイセエビ漁場のイセエビ稚成体のハプロタイプの地理分布（Inoue *et al.*, 2007）　数字は個々のハプロタイプ

5.4 伊勢湾の概況

図-5.7は伊勢湾を示している。日本は森林面積がほぼ7割で，残りの3割は平地であり，人口は低地の沖積平野に集中している。日本の人口1億2 000〜3 000万人がこの低地に集中するので，当然環境問題は起こる。東京湾，伊勢湾，大阪湾，有明海，瀬戸内海も見てわかるように，これらの海湾は，いずれも入口が半閉鎖的で，外海との海水の交流は少なく，湾の一番奥に大都市圏と大河川があって，そこに汚染源がある。つまり，陸域からの汚染物質が湾内にもともと滞留しやすい構造にあり，環境問題が発生しやすい地形的，地理的特徴をもっている。

伊勢湾の奥に木曽三川があって，入口に幅11 kmの伊良湖がある。鳥羽と答志島のあたりも広いが，水深が2〜3 mと浅いために，外海との湾内水の交換は，水深が100 m前後の伊良湖水道を通って起こる。伊勢湾の奥や西側には，一級河川の木曽三川，雲出川，櫛田川，宮川が集中している。水深が一番深いの

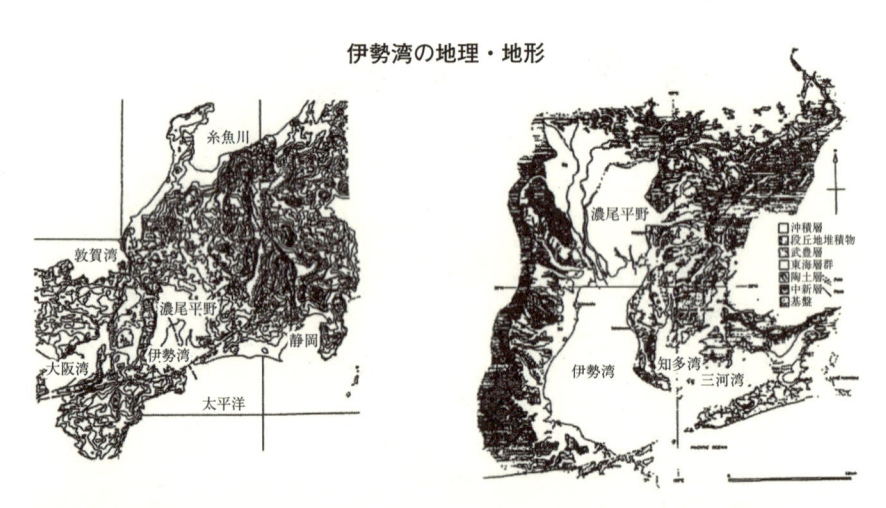

伊勢湾の地理・地形

伊勢湾周辺の地形・地質，左図は伊勢湾周辺の地形，MTL：中央構造線，SU：鈴鹿山脈，KA：笠置山地，I：生駒山地，K：木曽山脈，E：恵那山，B：屏風山，S：猿投山，D：段戸山，F：本宮山，HA：幡豆山地，右図は伊勢湾周辺の地質

[出典] 日本海洋学会沿岸海洋研究部会：日本全国沿岸海洋誌，東海大学出版会，1985

図-5.7 伊勢湾の地理・地形

は伊勢湾中央部で，大体35mぐらいになる。底質から言うと，松阪と師崎を結ぶ線の北側の底土は，ほとんどシルト－クレイ，つまり微粒子によって覆われている（**図-5.8**）。

図-5.9は藻・海草場の分布を示す。通常アラメ，カジメのような大型藻類の藻場は，伊勢湾の西側では外海の影響の大きい鳥羽，東側では師崎から野間にかけての区域に分布する。あとはすべて淡水の影響の強い海草場である。干潟の面積は後でデータを出すが，最近20年間で非常に減って，伊勢湾西側の河川の大きいところ，木曽三川の河口域に干潟がだいたい集中する。それから，もう1つ無視できないのは，伊勢湾の西側に砂浜海岸が集中しているということだ。

とくにこの地域は，冬に伊吹おろしが北北西から，鈴鹿おろしが西から，中国大陸からの季節風に由来する強風が吹き，伊勢湾の海水の鉛直混合に寄与する（**図-5.10**）。もちろん冬は寒いので，伊勢湾の表面水を冷やすことにも寄与する。

図-5.11は，伊勢湾の奥の木曽三川から持ち込まれる淡水の流入量の変動である。こういう格好で莫大な量の水が伊勢湾に持ち込まれる。淡水流入量には，もちろん季節変動もあるが，年変動が著しい。季節変動に加え，この年変動は伊

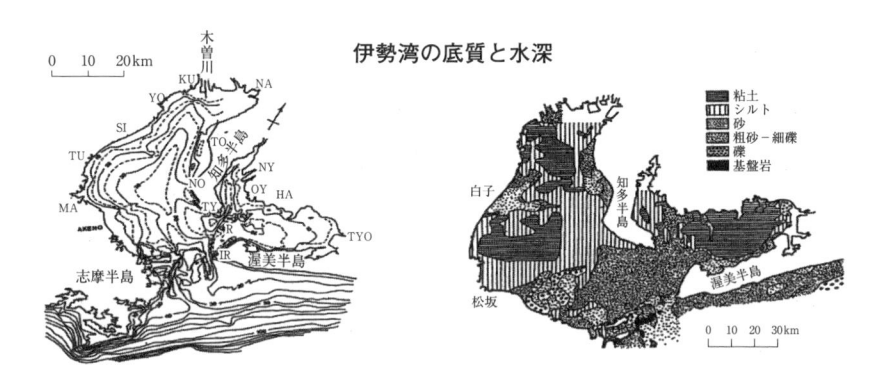

伊勢・三河湾周辺の海底地形・底質，左図は伊勢・三河湾周辺の海底地形，HA：幡豆山地，IR：伊良湖，KU：桑名，M：師崎，MS：松阪，NA：名古屋，NO：野間，NY：矢作川，P：佐久島，Q：日間賀島，R：篠島，S：菅島，T：答志島，SI：白子，TO：常滑，TU：津，TY：豊浜，TYO：豊橋，右図は伊勢・三河湾周辺の底質

[出典]　日本海洋学会沿岸海洋研究部会：日本全国沿岸海洋誌，東海大学出版会，1985

図-5.8　伊勢湾の底質と水深

伊勢湾の藻場と干潟

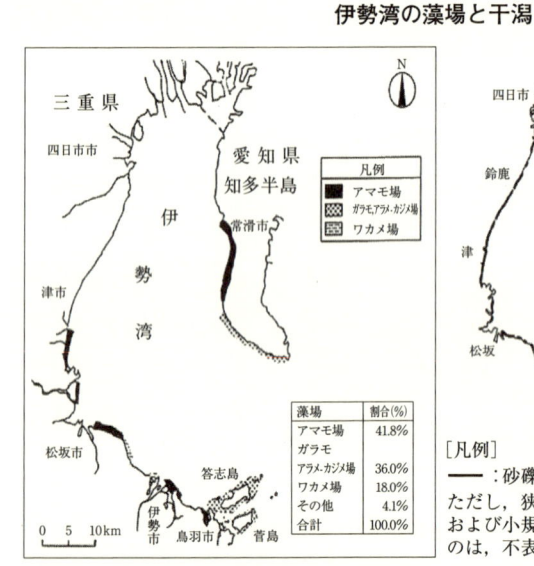

藻場	割合(%)
アマモ場	41.8%
ガラモ場	—
アラメ・カジメ場	36.0%
ワカメ場	18.0%
その他	4.1%
合計	100.0%

凡例
■ アマモ場
▨ ガラモ,アラメ・カジメ場
▧ ワカメ場

伊勢湾(狭義)沿岸部の藻場分布状況(平成5年)

[出典] 中国国際空港・愛知県：中部国際空港建設事業及び空港島地域開発用地埋立造成事業に関する環境影響評価書, 1999

[凡例]
―― ：砂礫海岸
ただし，狭いものおよび小規模のものは，不表示

伊勢湾における砂浜の分布

[資料] 環境庁：第4回自然環境保全基礎調査海域生物環境調査報告書 第1巻 干潟

図-5.9 伊勢湾の藻場と干潟

勢湾の海水交換，伊勢湾の流れに大きな影響を持つ．

　細かい数字になるが，**図-5.12** は東京湾，伊勢湾，大阪湾，有明海の環境を比較したものになる．面積は，東京湾が 960 km^2，伊勢湾が大体2倍ぐらいの面積であるが，平均水深は大体同じようなものである．潮位差は，有明海はいろいろな地形の効果の関係で5m近くになるが，他の海湾はたいてい2m前後になる．各海湾の容積もだいたい似たようなものになる．ただ，他の海湾に比べて，流域面積は伊勢湾が断トツに大きい．すると，東京湾の方が人口は集中して高いので，ここで言う流域人口は，当然，東京湾が一番大きくて，伊勢湾と有明海は小さい．

　COD負荷，つまり1日に陸上からどのぐらい有機物がCOD単位で持ち込まれるかというと，伊勢湾流域の人口は非常に小さくて，東京湾の4分の1程度にし

伊勢湾周辺域の風系

冬の濃尾平野における「伊吹おろし」(A)と伊勢平野における「鈴鹿おろし」(B)の模式図
［出典］　大和田(1994)：伊勢湾海岸の大気環境，名古屋大学出版会.

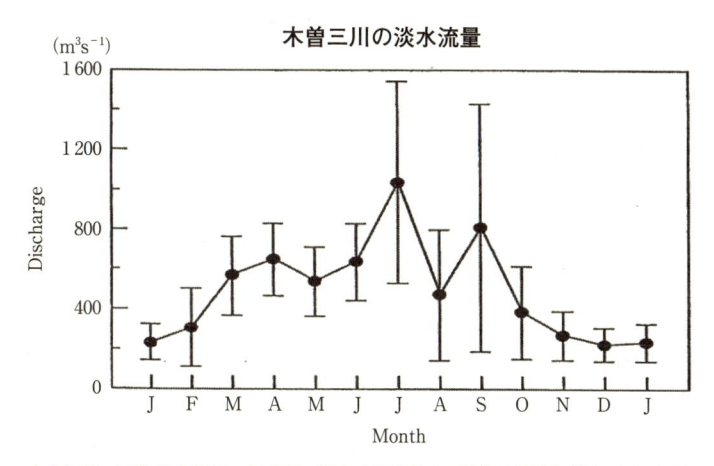

図-5.10　伊勢湾周辺域の風系

木曽三川の淡水流量

木曽三川の平均月間流量の月変化，黒丸は平均値を，縦線は標準偏差を示す．資料は 1982 年から 1991 年までの資料である．
［出典］　Fujiwara et al(2002)：Estuarine, Coastal and Shelf Sci, 54, pp.19-31.

図-5.11　木曽三川の淡水流量

(a) 東京湾，伊勢湾，大阪湾および有明海の環境の比較

海湾	面積	水深	潮位差	容積	流域面積	流域人口	COD負荷量	淡水流入量
	km²	m	m	km³	km²	万人	ton/day	m³/s
東京湾	960	18	2.03	17.9	7 540	3 500	286（16.0）	186
伊勢湾	1 730	19	2.47	39.4	17 675	800	351（9.0）	617
大阪湾	1 450	29	2.33	41.8	5 737	1 934	352（8.4）	305
有明海	1 690	20	4.95	33.8	2 860	320	47（1.4）	275

注）COD負荷量の欄の（　）内の数字は ton/km³day を表す。淡水流入量は一級河川の流量の合計である。表中のデータは関口・石井（2003）より引用している。

(b) 東京湾，伊勢湾，大阪湾および有明海の環境の比較

海湾	面積	浅海	干潟	消滅干潟	藻場	COD	T-N	T-P
	km²	%	km²	km²	km²	mg/L	mg/L	mg/L
東京湾	960	18.6	16.40	157	2.29	3.3	2.46	0.182
伊勢湾	1 730	4.2	13.95	79	2.07	3.0	0.46	0.040
大阪湾	1 450	0.9	0.15	85	0.12	3.2	0.82	0.053
有明海	1 690	20.0	207.13	58	3.12	1.5	0.46	0.069

注）浅海（％）は水深5m未満の面積の割合，COD，T-N（全窒素量），T-P（全リン量）は湾中央部表層水中の平成7年度平均値，藻場はアマモ（海藻）藻場である。消滅干潟の面積は1945年以前から1993年までに埋立，干拓，浚渫等により消滅した面積である。表中のデータは関口・石井（2003）より引用している。

図-5.12　伊勢湾，東京湾，大阪湾および有明海の環境の比較（関口・石井，2003）

かならないのに，逆に伊勢湾の方が陸上から持ち込まれるCOD負荷は大きくなっている。これは図-5.12の(b)からわかるが，(b)の表面海水のCOD，TN，TPに着目すると，逆に倍以上も東京湾の方が濃度は高くなっている。

名古屋を別にすれば，伊勢湾を取り囲む地域は，公共下水道の整備率が全国平均を下回っている。東京湾周辺はほぼ100％であるので，COD単位つまり有機物量で考えると，東京湾は有機物をかなり削減している。しかし，無機物は除いていないので，海に入れば，無機物の窒素・リンを使って植物プランクトンが増えるから，内部生産をしてしまうわけである。伊勢湾は逆に垂れ流しに近いような状態であるので，CODで考えると，東京湾よりも伊勢湾の方が汚濁負荷が大きいのは奇妙なことであるが，実際に持ち込まれて，最終的に湾の中に入ってしまうと，東京湾に比べて伊勢湾の濃度が半分ぐらい薄いということである。

この問題が東京湾周辺の下水道の関係機関で今非常に問題になっている。排

水を高度処理して無機物のN, Pを除去すれば，この問題は解決するのだろうが，今はお金の問題などと絡んで，それが実現していない。

ここで大きい問題は，これも東京湾，伊勢湾，大阪湾および有明海の環境の比較である(図-5.12)。図-5.12に示すのは，これまで消滅した干潟や藻場の面積である。実は，東京湾の干潟はもう千葉県側にしか残っていないし，大阪湾は干潟がほとんどない。伊勢湾と東京湾の干潟面積は大体14～15 km^{2}前後であるが，消滅した干潟は，東京湾が157 km^2，伊勢湾が79 km^{2}と広大な面積である(図-5.12)。干潟や藻場による自然浄化率の測定データは，まだそう多くない。とくに伊勢湾については，測定データはほとんどない。多くの測定データは，瀬戸内海と東京湾のデータである。

少なくともこれらのデータを使う限りは，伊勢湾では，陸上から持ち込まれる汚濁負荷の4％ぐらいは，干潟と砂浜で自然浄化をしている。しかし，失われた干潟面積80 km^{2}近くを算入しても，最盛期でも干潟全体として陸域から持ち込まれる汚濁負荷量のせいぜい1割ぐらいしか浄化に寄与していない。しかし，局地的に見れば，藻場，干潟がある場所では，環境への自然浄化の影響は非常に大きくなる。誤解ないように言えば，陸上から持ち込まれる汚濁負荷の自然浄化に期待して，干潟，藻場を保全・再生したとしても，これぐらいの保全・再生の規模では自然浄化の大きな寄与は期待できない。したがって，我々人間が陸上から持ち込む汚濁負荷量を減らさない限りは，もともと自然界にあり得ないような汚濁負荷を我々は与えているわけなので，それを自然界の自然浄化に期待するのは，もともと無理な話である。

5.5　伊勢湾のエスチュアリー循環と富栄養化

次に問題になるのは，何で伊勢湾，東京湾，瀬戸内海はこんなに汚れているのかということになる。その鍵は，伊勢湾，東京湾の海水の滞留時間がどうなっているかということである。先ほど言ったように，湾の中で一番大きい流域面積を持つのは伊勢湾であるので，当然，伊勢湾に入ってくる淡水量は大きくなり，それに応じて海水交換量も大きくなるはずである。このデータ(図-5.13)は九州大学の柳博士がいろいろなモデルを用いて計算した例である。この後いろ

東京湾，伊勢湾および大阪湾の淡水と塩分の収支

湾	淡水供給量 km^3/month	降水量 km^3	蒸発量 km^3	淡水流出量	淡水存在量	平均滞留時間 month	海水交換量 km^3/month	平均塩分 psu
東京湾	0.67	0.12	0.11	0.68	0.7	1.0	15.7	32.4
伊勢湾	3.00	0.25	0.15	3.10	2.7	0.9	35.3	30.7
大阪湾	0.77	0.16	0.20	0.73	1.4	1.9	21.5	32.4

図-5.13 東京湾，伊勢湾および大阪湾の淡水と塩分の収支（柳，2006）

いろな研究がやられているが，ほぼみんな同じような値になっている。木曽三川から伊勢湾に持ち込まれた淡水は，ほぼ0.9ヶ月程度で湾外に出ていく。もちろんこれは先ほどデータで示したように，年変動や季節変動があるため，当然この値は変動する。

図-5.13のデータは何を意味するかというと，伊勢湾や東京湾規模でも，湾の奥に淡水が入ってくれば軽い淡水が表面に浮いて拡散するので，それを補う形で底の方から，沖合から河川に向かって底層水が湾奥へ向かって移動し，湾奥で表面に上がってくる。これが，いわゆる湾規模のエスチュアリー循環である。したがって，湾に栄養塩（窒素・リンも）が持ち込まれ，湾外に出ていくまで，だいたい1か月ぐらいかかる。その間に，これらの栄養塩を使って植物プランクトンが増えて，粒子状有機物になって一部は湾底に沈む。当然，窒素・リンの有機物として海底へ沈むので，淡水がエスチュアリー循環で湾の外に出ていくのに比べれば，窒素・リンの滞留時間は水よりも長いはずである（**図-5.14**）。すると，木曽三川から持ち込まれた淡水の平均滞留時間に対して，窒素・リンがどれだけの滞留時間をもつかは，この表層から内部生産された粒状有機物がどれぐらい海底に除去されるかにかかっている。

ここでは一応，淡水の平均滞留時間は，伊勢湾は0.9か月になっている。海水交換量は35 km^3/月であり，これを伊勢湾の容積で割るとすると，だいたい1年近くになる。

淡水の滞留時間が短くなれば，当然湾内水の滞留時間は短くなる。ということで，もし持ち込まれる淡水量をダムとか何かの手段で減らせば，湾規模のエスチュアリー循環も弱めるため，エスチュアリー循環を弱めるということは，湾

東京湾，伊勢湾および大阪湾の窒素の収支

湾	流入量		流出量		脱窒	湾内沈降	平均濃度 μMol	平均滞留時間 month
	河川	降雨	淡水	海水交換				
	10^6 μMol/month							
東京湾	489	5	26	298	78	92	38.0	1.2
伊勢湾	296	10	45	236	15	10	14.4	1.4
大阪湾	269	7	10	188	54	24	13.7	1.9

東京湾，伊勢湾および大阪湾のリンの収支

湾	流入量		流出量		湾内沈降	平均濃度 μMol	平均滞留時間 month
	河川	降雨	淡水	海水交換			
	10^6 μMol/month						
東京湾	17.3	0	1.0	7.98	8.4	1.50	1.3
伊勢湾	14.5	0	2.6	11.0	0.9	0.831	1.5
大阪湾	11.9	0	0.6	9.1	2.2	0.803	2.2

図-5.14 東京湾，伊勢湾および大阪湾の窒素とリンの収支（柳，2006）

半閉鎖的海域の外洋起源の全窒素の割合

	東京湾	伊勢湾	大阪湾	瀬戸内海（大阪湾を含む）
外洋の濃度 (mg/l)	0.20	0.20	0.20	0.20
各海域の濃度 (mg/l)	1.05	0.36	0.51	0.27
河川起源 (%)	81	43	60	28
外洋起源 (%)	19	57	40	72

半閉鎖的海域の外洋起源の全リンの割合

	東京湾	伊勢湾	大阪湾	瀬戸内海（大阪湾を含む）
外洋の濃度 (mg/l)	0.018	0.018	0.018	0.018
各海域の濃度 (mg/l)	0.084	0.038	0.048	0.027
河川起源 (%)	78	54	63	33
外洋起源 (%)	22	46	37	68

注）　各海域の濃度は1999年の上・下層の平均濃度である（環境省環境管理局水環境部：「広域総合水質調査」，平成15年度）。
　　　伊勢湾は三河湾を含む広義の伊勢湾である。

図-5.15　半閉鎖的海域の外洋起源の窒素とリンの割合（柳，2006）

の海水の鉛直混合を弱めるわけであるから，淡水と栄養塩の滞留時間を長くし，当然湾内水を汚すという方向に働く。

私たちは，伊勢湾も東京湾も，湾の中の栄養塩は全部河川から来ていると考えがちである。ところが，伊勢湾も瀬戸内海も東京湾も，どうもそうではない。

今ここに挙げてある東京湾，伊勢湾，大阪湾，瀬戸内海の場合でいろいろな計算をやってみると（**図-5.15**），海域のN・P総量規制がよく効いて，瀬戸内海は総量規制で陸域からの汚濁負荷の削減が成功しているので，必然的に外洋起源の窒素・リンが全体の6割か7割になる。しかし，伊勢湾の場合は，陸上起源の汚濁負荷の削減があまり進んでいないため，必然的に外洋起源の窒素・リンが全体の4割か5割になっている。この数値は，もちろん精度にいろいろ問題あるが，少なくとも我々が陸上の汚濁負荷を削減しても，そう簡単に伊勢湾，東京湾の水質はきれいにならない可能性があることを示唆している。

次に問題になるのは，外洋起源の窒素・リンが湾内に持ち込まれる機構である。

伊勢湾（夏季）の水温・塩分の分布

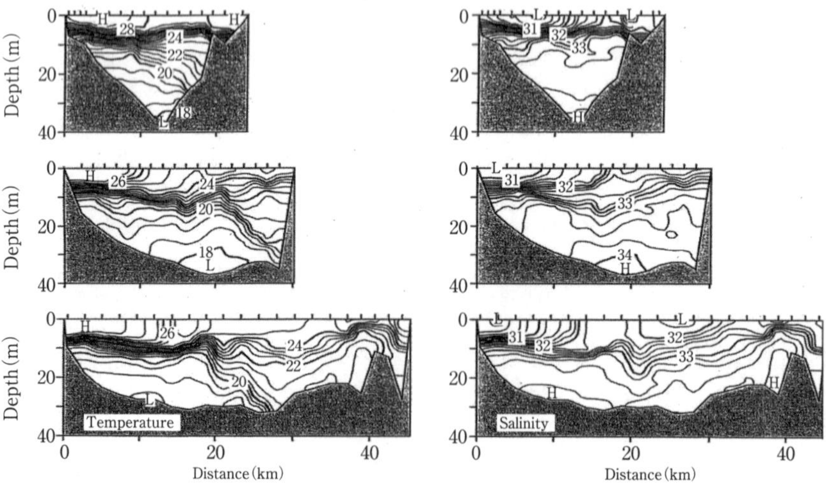

夏季の伊勢湾の水温・塩分の鉛直分布，左図は塩分を，aは白子−常滑ライン，bは津−野間ライン，cは松坂−伊良湖ラインである。

[出典] 藤原（2002）：日本プランクトン学会誌，49，pp.114-121．

図-5.16

図-5.16 は伊勢湾の白子，津，松阪から対岸の知多半島に向けての横断の水温と塩分の鉛直断面のデータである．とくに一番下の図に示すように，伊勢湾西側の三重県側に冷たい高塩分の海水がある．結果的に，湾口を通して伊勢湾に入ってきた海水は，一番古い水が三重県側に滞留し，その区域を伊勢湾スケールで見れば，貧酸素水塊が頻発する海域とほぼ一致する．

5.6 伊勢湾の漁獲量変動と黒潮

伊勢湾の生物群集はさまざまあるが，陸上の生物と違って，海の生物の一大特徴は，卵から孵化したときに浮遊幼生の時期があるということである．**図-5.17**では，右側の部分は捕食や成長が効いている底生期である．

左側の幼生期の部分との関係で，親はいつどこでどれぐらいの量の子供を生むか．生み出された子供は，海流によって，潮汐によって拡散して，やがて何

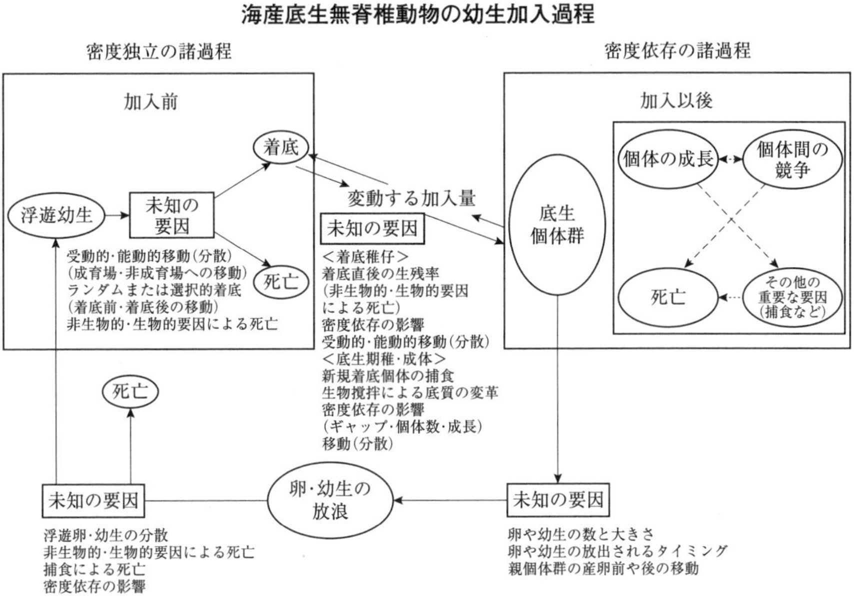

海産底生無脊椎動物の幼生加入過程

図-5.17 海産底生無脊椎動物の幼生加入過程

か月の後，あるいは1年の後に帰ってくる。海の底生生物の浮遊幼生はこういう一連の輸送・分散をするために，陸上のモンシロチョウのようにキャベツ畑に卵塊を生むのと違って，どれぐらいの量がもとの親の生息域に帰ってくるのかが予測不能である。つまり，こういう諸過程が関与するために，生活期の初期に環境の影響を著しく受けるので，陸上の生物に比べて，海の生物の資源量の年変動は非常に激しくなる。

例えばイセエビは，生育したメスは大体70万ぐらいの卵を生む。雌単位で考えると，1個の卵が生き残れば，親世代と同じ量が維持できるので，ほんのちょっと生活史初期に生残率が上がれば，莫大な量が増えるわけである。

伊勢湾の漁獲量を**図-5.18**に示すが，漁獲量を通して見た伊勢湾の大型生物の特徴は何かというと，富栄養化が進んだ結果，貧酸素水塊が出現し，それによってベントスと言われる底生生物がほとんど死んでいるということである。アサリやヤマトシジミの一部を除けば，ほとんど全部の底生生物が貧酸素水塊によって殺されるので，結局，漁獲の主体は何かというと，カタクチイワシ，マイワシ，イカナゴの3つの浮魚，それもプランクトン食性の生物が主体である。逆に有明海は，むしろ浮魚よりも，アサリやタイラギなど，その他さまざまな底生生物が漁獲の主体である。それは，有明海が閉鎖的な湾であるにかかわらず，4～5m近くの潮位差による潮汐混合によって湾の底まで海水が混ざるので，海底上でも酸化的な環境が維持されるからである。もっとも，この2～3年は貧酸素水塊の出現でそうはいかないのであるが。

伊勢湾の漁獲データ(**図-5.18**)は1965年から始まっているが，年変動が大きく，伊勢湾の漁獲データには一定の増減傾向が認められていない。これらの漁獲データを先ほどの外海の黒潮の流軸の変動と結びつけると，マイワシ，カタクチイワシ，イカナゴの3つについては，黒潮の流軸と漁獲量の変動の間には明らかな相関関係がある(**図-5.19**)。

黒潮の流軸と漁獲量変動の間に，なぜ相関関係が認められるかと言えば，イカナゴは伊勢湾の湾口が産卵場であり，カタクチイワシは遠州灘外海の岸に近い沿岸水域が産卵場であり，マイワシは，カタクチの沖合で，黒潮フロントの内側の沿岸水域が産卵場の主体だからである。したがって，マイワシが伊勢湾内に入ってくるということは，黒潮系の水の影響が伊勢湾内にあるということ

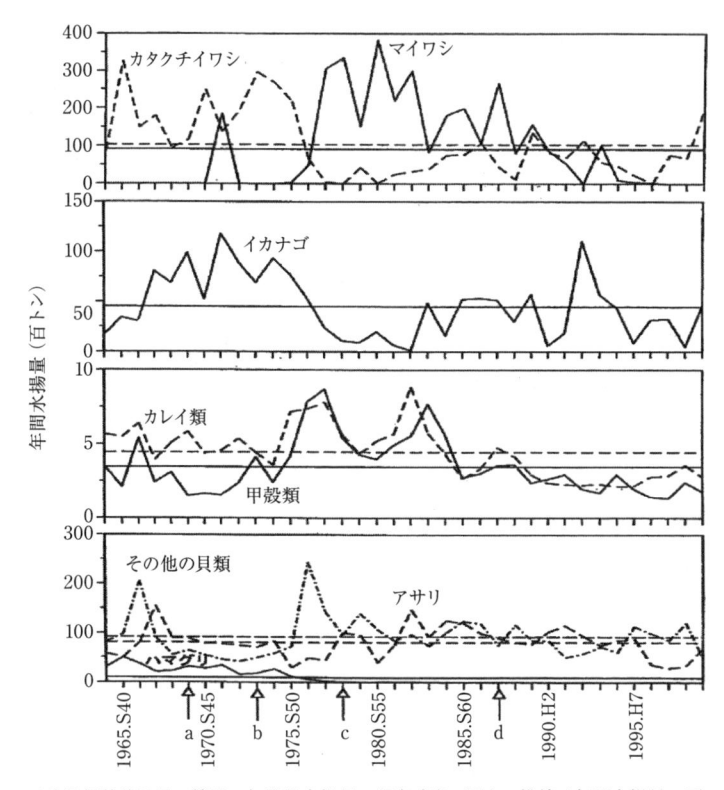

三重県伊勢湾地区の種別の年間総水揚量の経年変化，図中の横線は年間水揚量の平均値を示す。a：新全国総合開発計画，b：第1次オイルショック，c：第2次オイルショック，d：リゾート法（バブル経済勃発）。

[出典]　成田ら(2002)：日本プランクトン学会誌 49, pp. 127-135.

図-5.18　伊勢湾の漁獲量の経年変化

である。逆に，カタクチイワシやイカナゴが漁獲の主体を占めれば，むしろ黒潮の影響は伊勢湾内に少ないということである。したがって，黒潮の大蛇行と絡めると，マイワシとカタクチイワシあるいはイカナゴの2つの漁獲量は逆相関にあって，いずれにしても強い相関が出る。

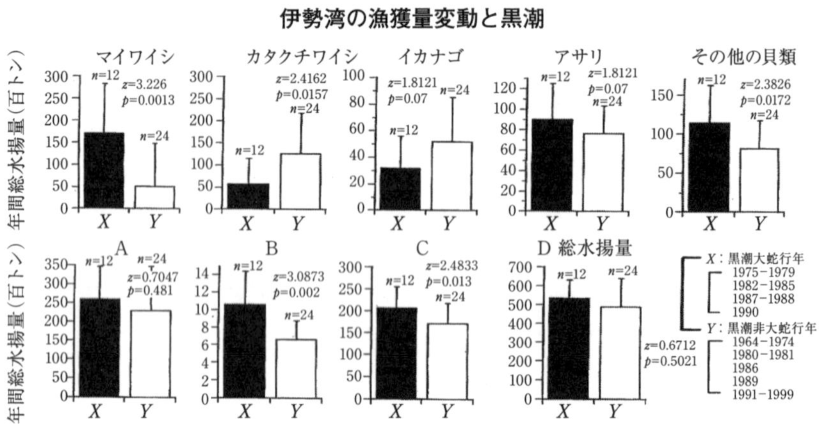

伊勢湾の漁獲量変動と黒潮

伊勢湾の各漁獲対象種の年間総水揚量と黒潮大蛇行・非大蛇行の関係，A はプランクトン食性魚，B は底生捕食動物，C は濾過食性二枚貝，D はその他の水揚量，n は標本数，z，p はそれぞれ U 検定における z 近似値と棄却率を示す。

[出典] 成田ら（2002）：日本プランクトン学会誌49，pp.127-135.

図-5.19 伊勢湾の漁獲量変動と黒潮

5.7 伊勢湾の富栄養化と貧酸素化現象

　伊勢湾に入ってくる陸域からの汚濁負荷は，先ほど述べたように公共下水道の整備率が非常に悪いために，陸域から持ち込まれる汚濁負荷は，COD で言えば6割は愛知県からのものである。もちろん，それには人口の問題がかかわる。残りの汚濁負荷の半々ずつが，岐阜県と三重県からのものである。

　図-5.20 を見てわかるように，汚濁負荷の主体は以前は工業排水であったが，今は逆に家庭用排水の方が工業排水より若干多くなっている。家庭用排水の下水道施設の整備率が悪いということで，逆に工場の方は水の再利用が進んで，こういう結果になったということである。もちろん伊勢湾の奥の木曽三川は淡水量が大きいので，当然それから持ち込まれる窒素・リンの汚濁負荷が大きい（**図-5.21**）。

　もう1つ大きい問題は，渇水期には，木曽三川の淡水量の半分以上の量は農業の灌漑のために引き抜かれている。それは河川に戻らない。戻る場合も，途

伊勢湾への汚濁発生負荷量

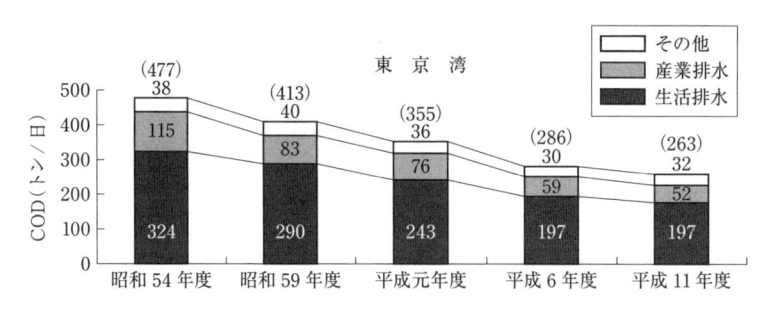

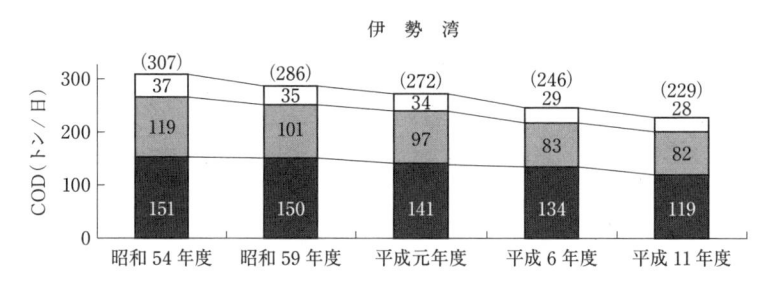

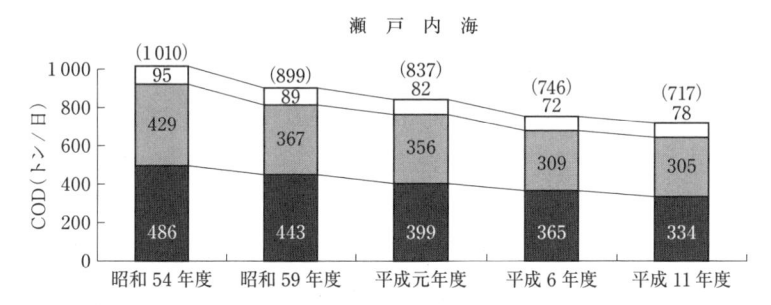

東京湾

年度	生活排水	産業排水	その他	合計
昭和54年度	324	115	38	(477)
昭和59年度	290	83	40	(413)
平成元年度	243	76	36	(355)
平成6年度	197	59	30	(286)
平成11年度	197	52	32	(263)

伊勢湾

年度	生活排水	産業排水	その他	合計
昭和54年度	151	119	37	(307)
昭和59年度	150	101	35	(286)
平成元年度	141	97	34	(272)
平成6年度	134	83	29	(246)
平成11年度	119	82	28	(229)

瀬戸内海

年度	生活排水	産業排水	その他	合計
昭和54年度	486	429	95	(1 010)
昭和59年度	443	367	89	(899)
平成元年度	399	356	82	(837)
平成6年度	365	309	72	(746)
平成11年度	334	305	78	(717)

注）昭和54年～平成6年度は実績値。平成11年度は削減目標量。平成6年度については渇水の影響を受けている。
東京湾，伊勢湾，瀬戸内海の発生源別の汚濁発生負荷量
［出典］ 環境白書 平成11年度版

図-5.20 伊勢湾への汚濁発生量負荷量

中で蒸発，地下水浸透ということで，現在の木曽三川，それから西側の一級河川全部含めて，ダムその他の貯留・取水施設によって，この20年を見れば，河

伊勢湾(狭義)へは木曽三川および庄内川,三河湾へは矢作川からリンの流入負荷量が多い。その内訳は,生活系・産業系・その他系ともに類似している。

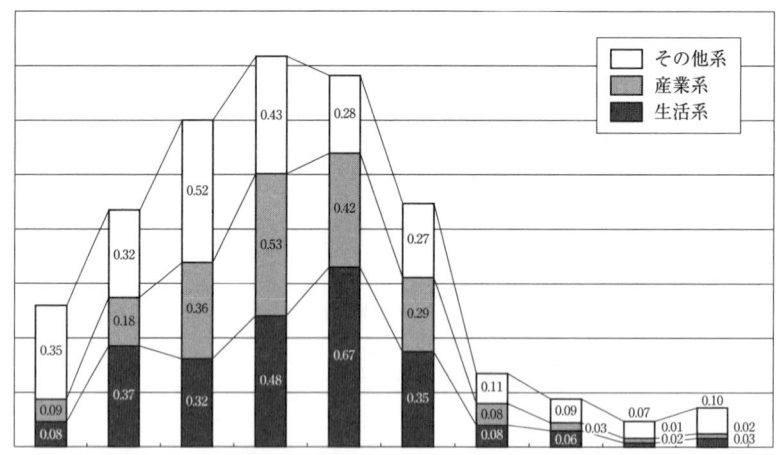

[資料] 環境庁：平成7年度 発生負荷量等算定調査報告書

図-5.21　伊勢湾に流入する主要河川のリンの負荷量(平成6年度)

川から伊勢湾に持ち込まれる淡水量は激減している。これは何を意味するかというと，湾内のエスチュアリー循環の弱化に結びつき，湾内水の滞留時間を長くする方向に働き，窒素・リンの滞留時間を長くする方向に働く。

　もう1つの問題は雨である。一番最初にこれが大きく問題になったのはチェサピーク湾の例だが，三重県側で海水中の窒素がどういう経路で来るかを調べると，もちろん陸域から来るが，1つは，車両の排気ガスがNO_Xというかたちで雨に取り込まれて，それが河川に入っていくことになる。チェサピーク湾の場合は，正確なデータは手元にないが，少なくとも海水中の濃度の1割～2割ぐらいは車両排気ガスのNO_X起源の窒素になる。実際に四日市あたりで酸性雨の問題と絡んで，降雨中のリンの測定データはほとんどないが，降雨中の窒素のデータはある。**図-5.22**を見てわかるように，環境基準の1 mg/*l*を超えるような窒素濃度の雨が，四日市だけでなく，全国的に都市に降っている。これの寄与する窒素量が，海域の富栄養化問題において無視できないようになってきている。

降水中の窒素濃度

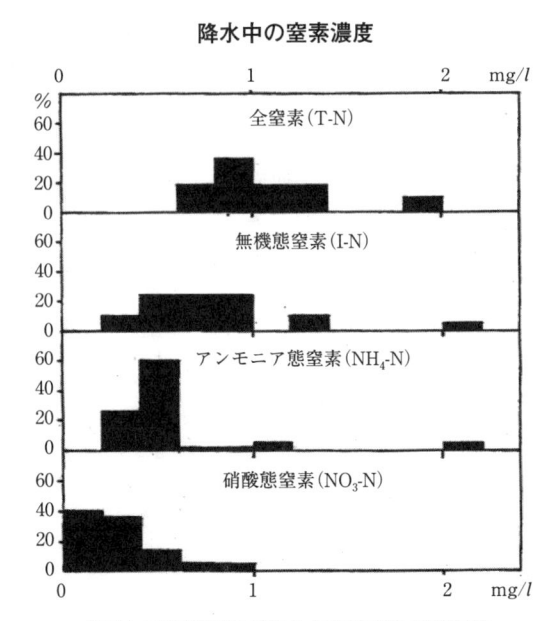

降雨中の窒素濃度の頻度分布(国内各地の平均値)

[出典]　田淵・高村(1985)：集水域からの窒素・リンの流出，東京大学出版会.

図-5.22　降水中の窒素濃度

　これは遠州灘，熊野灘，東京湾，大阪湾，瀬戸内海もそうであるが，海に接する県あるいは水産県は農水省の助成金のもとで，毎月1回ずつ全域の海況調査をやっている。これは最近50年ぐらいまで延々と続いており，環境問題を考えるとき，これが実にすばらしいデータになる。これが農林水産省にある一方，環境省は環境省で年4回別々に環境調査をやっていて，お互いにデータを利用すればいいのであるが，これほどのデータを利用しきれていない。

　図-5.23はその環境調査データの一部を我々のグループで作図したものであるが，伊勢湾の海底上1mの海水中の溶存酸素量の分布を示す。貧酸素の定義である2ppm，つまり，1.4cc/lになってしまうと，どんな生物も死ぬ。これをここでは黒いメッシュで示している。その隣の両側にある薄いメッシュの部分は溶存酸素量3ppmになる。この溶存酸素量では底生生物は半分ぐらい死ぬ。**図-5.23**の縦軸は年を，横軸は月を示す。すると，毎年温かい時期に貧酸素水塊が

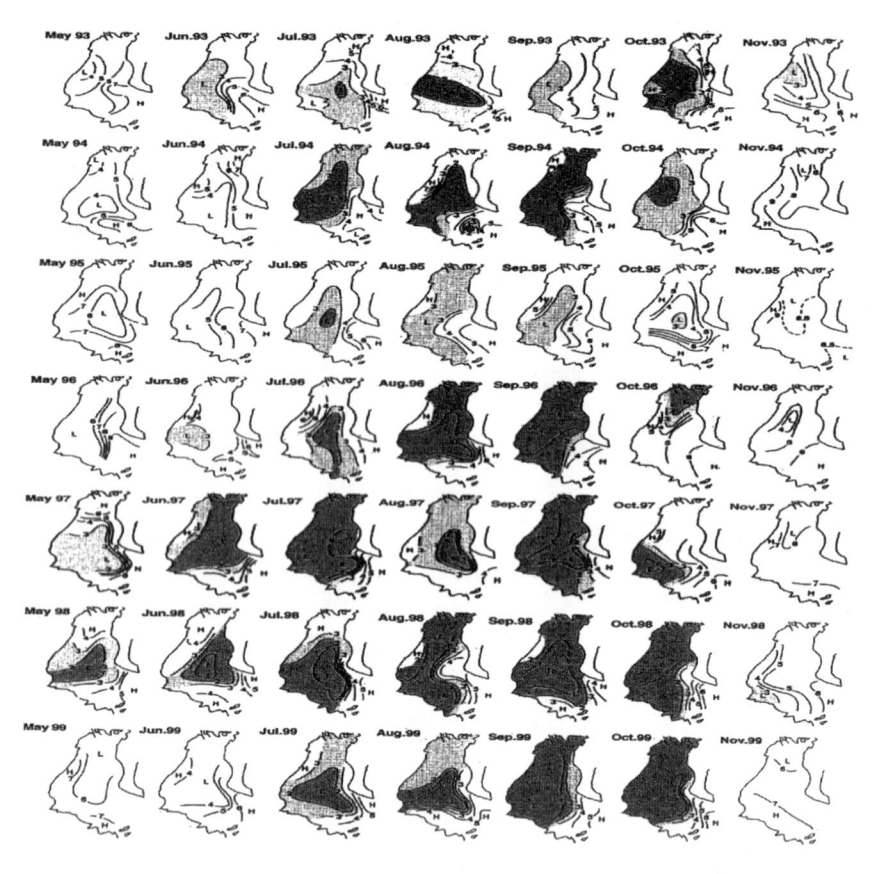

図-5.23 伊勢湾の貧酸素水塊の消長　黒色部分，灰色部分はそれぞれ溶存酸素濃度 2ppm と 3ppm 未満の貧酸素水塊

海底直上で発達し，やがて秋，冬に中国大陸からの季節風が吹くことによって海水が冷やされて，鉛直混合することによって海底に酸素が送り込まれることになって，貧酸素水塊が解消する。年によって貧酸素水塊の発達規模に差があるのは，気象条件による。暑い夏のときには表面の海水を温めて，軽い海水が表層に居座って成層を強め，冷夏のときには海水の鉛直混合が進み貧酸素水塊の発達を妨げるので，当然冷夏かどうか，季節風とか台風が来て海水がかき回されるかどうかによって，貧酸素水塊が発達するかどうかが決まる。

図-5.24に示すように，下の写真はアカガイの死骸で，上の写真は伊勢湾で最も多いスナヒトデの死骸である。夏季に底引き網を引くと，このように大量の死骸が毎年揚がってくる。これは陸上からもちろん見えないため，毎日漁をやっている漁師さんにはなじみの現象である。

ただ，言い方は悪いのだが，インドネシアやジャカルタなどの熱帯域へ行けば，1年中貧酸素水塊が発達した状況である。この前ジャカルタへは行ってきたが，1年中熱帯で成層が強化されているため，海底上の貧酸素水塊で底生生物も棲めない。ただ，伊勢湾の場合は，冬に鉛直混合で海水がかき回されて，海底に酸素が送り込まれるため，大部分の底生生物は，浮遊幼生として一時避難的に水中にいるので，貧酸素水塊が解消した後に着底して生存できる。

したがって，昔に比べれば富栄養化が進んで貧酸素化現象が進むために，貧酸素に弱い底生生物は死ぬ。底生生物で言えば，アサリぐらいしか生き残って

貧酸素水塊による大量斃死

図-5.24　伊勢湾の貧酸素水塊による大量斃死　上はスナヒトデ，下はアカガイ

いない。漁獲の主体は浮魚になる。漁獲の対象にならない底生生物もたくさんいるが、いずれにしても富栄養化が進んだ海湾の底生生物の寿命は短くなる。毎年毎年、底生生物は貧酸素水塊で死ぬので、2歳、3歳あるいは4歳まで生き残る機会は非常に少ない。そうすると、生き残るのは、アサリのように貧酸素に強くて、なおかつ浅場にいて貧酸素水塊の影響を受けない場所に生息する生物か、汽水域にいるヤマトシジミのような生物である。

図-5.25は青潮の例であるが、海底上が貧酸素状態になってくると、海底が浅いため、風が吹くと、この貧酸素水塊が表面に運ばれ、この水塊の中には生物がいないので、よそ目から見れば非常に澄んだ水であるが、結局、その中は無生物である。この青潮が伊勢湾、とくに三河湾では頻発している。

貧酸素水塊がどういう機構で形成されているかというと、図-5.26に2つ挙げている。ひとつは琵琶湖の事例で、他は半閉鎖的な海湾の事例である。夏の成層強化によって、上下層の水の混合がとまれば、底層の溶存酸素が消費されて、底層は短期間で貧酸素状態になる。

一方、伊勢湾の場合、伊良湖水道は非常に潮汐混合が強いため、外海の高塩

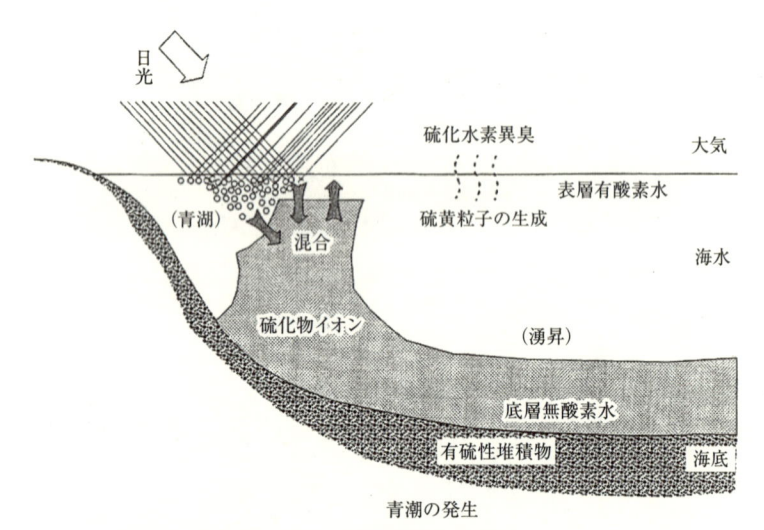

［出典］ 大阪湾新社会基礎研究会：海域環境創造事典改訂版，1997.3

図-5.25　青潮の発生機構

貧酸素水塊の発達過程の模式図

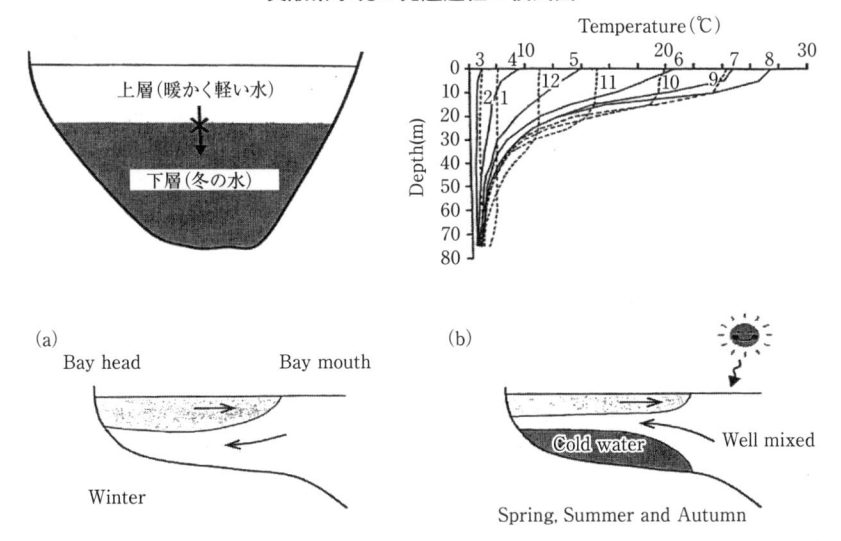

貧酸素水塊の発達過程の模式図，上左図は琵琶湖における貧酸素水塊の発達の湖沼タイプを，上右図は各月の水温の鉛直分布を示す。下左図と下右図はそれぞれ伊勢湾の寒期と暖期におけるエスチュアリー循環の模式図を示す。

[出典] 藤原(2007)：月刊海洋，39，pp. 5-8.

図-5.26 貧酸素水塊の発達過程の模式図

分水がここで潮汐混合を受けて伊勢湾の海水と混じり，結果的には冬の場合は底層を，夏の場合は中層を通って外海の黒潮系の水が伊勢湾内に入ってくる。

先ほどの海の生産構造を考えてほしい。表面近くの光量が十分ある層では，植物プランクトンの光合成によって栄養塩濃度は低く貧栄養的な状態である。しかし，50-100 m 以深では，そこは有機物が分解された栄養塩のプールになる。伊良湖水道を通って入ってくる外海沿岸水，つまり先ほど述べた伊勢湾で規制されている環境基準をはるかに超えた栄養塩濃度の海水が入ってくる。これは人為的汚染を受けた海水ではない。これを先ほどの計算で言うと，外海起源の栄養塩濃度は伊勢湾で全体の5割になる。

伊勢湾の海水中の栄養塩の起源は，窒素・リンでもいいのだが，河川を通した陸域から持ち込まれたもの，伊勢湾の中で再生されたもの，外海の遠州灘・熊野

灘から入ってきたものの3つである。この3つの量は、ここでは間接的な手法で推定されているが、直接的な手法で推定することができる。窒素には同位体というものがあるので、窒素同位体を使って窒素の各起源を識別することができる。事実、伊勢湾の外海起源の海水中の窒素は、全部遠州灘系の外海の沿岸で再生された海水である。

　伊良湖水道で海水が鉛直混合で混じって、ある重い密度を持った海水が、冬は中層を、夏は底層を通って伊勢湾に入ってくる。**図-5.27**は何を意味するかというと、伊勢湾湾口で形成された海水の比重と、伊勢湾の中央の底層の溶存酸素量は明確な相関関係を持つ。海水が古くなれば、当然、酸素消費が進んで、非常に単純な手法で、伊勢湾の貧酸素水塊の発生の予測ができる。この予測結果は(**図-5.28**)、生態系モデルを使った再現結果とも定性的にも一致する。

　伊勢湾も含めて、第六次総量規制で窒素の規制も始まっている。なぜ総量規制に最近窒素・リンが入ったかというと、CODやBODだと、有機物の指標になっても、これが分解されて無機物になって、またこれがふたたび有機物にな

伊勢湾口の海水密度と底層酸素濃度の関係

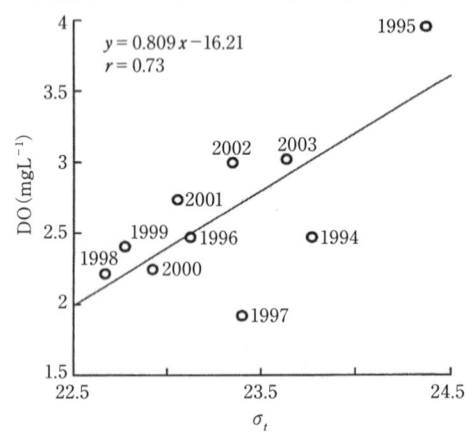

$y = 0.809x - 16.21$
$r = 0.73$

夏季の伊勢湾湾口域の海水密度と伊勢湾中央域底層の溶存酸素濃度の関係。図中の数字は観測年を、rは相関係数を、実線は回帰直線(Y)を示す。

[出典] 筧・藤原(2007)：月刊海洋, 30, pp. 15-21.

図-5.27 夏季の伊勢湾湾口の海水密度と伊勢湾中央域底層の溶存酸素濃度の関係

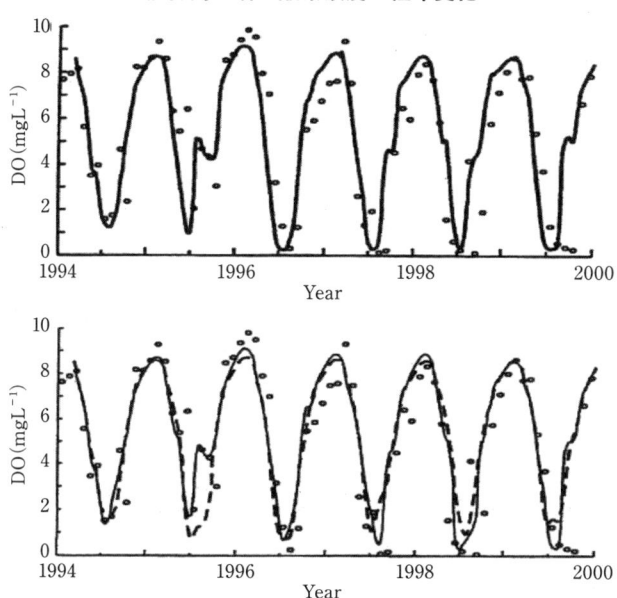

伊勢湾底層の酸素濃度の経年変化

伊勢湾中央域底層（海底直上1m）の溶存酸素濃度の経年変化．図中の白丸は実測値を，実線と破線はそれぞれ「流動モデル」による計算値を示す．上図の実線は伊勢湾湾口域の海水密度の変動のみを与えた場合，下図の実線と破線はそれぞれ伊勢湾湾口域の海水密度と河川流量の変動を与えた場合の計算値である．

［出典］ 筧・藤原（2007）：月刊海洋，39，pp. 15-21．

図-5.28　伊勢湾底層の溶存酸素濃度の経年変化

るということで，海，陸，川一体となった規制をするには，どうしても窒素・リンあるいは炭素という単位で，共通の物差しを使わないとできない．したがって，もし海の水質もしくは環境を制御しようとするなら，生態系モデルを組むにしても，窒素・リン，炭素という単位で扱わないと，一体として扱えないということである．

　図-5.29は横軸に東京湾や伊勢湾の表層水中の濃度，縦軸に陸域から持ち込まれる汚濁負荷量，上から下へCOD，窒素・リンです．陸上で汚濁負荷を削減すれば，当然それに応じて湾の表層水中の濃度は減ってくる．事実，東京湾は陸域から持ち込まれる汚濁負荷のCODも窒素もリンも非常にうまく削減できてい

汚濁負荷量と窒素・リン濃度

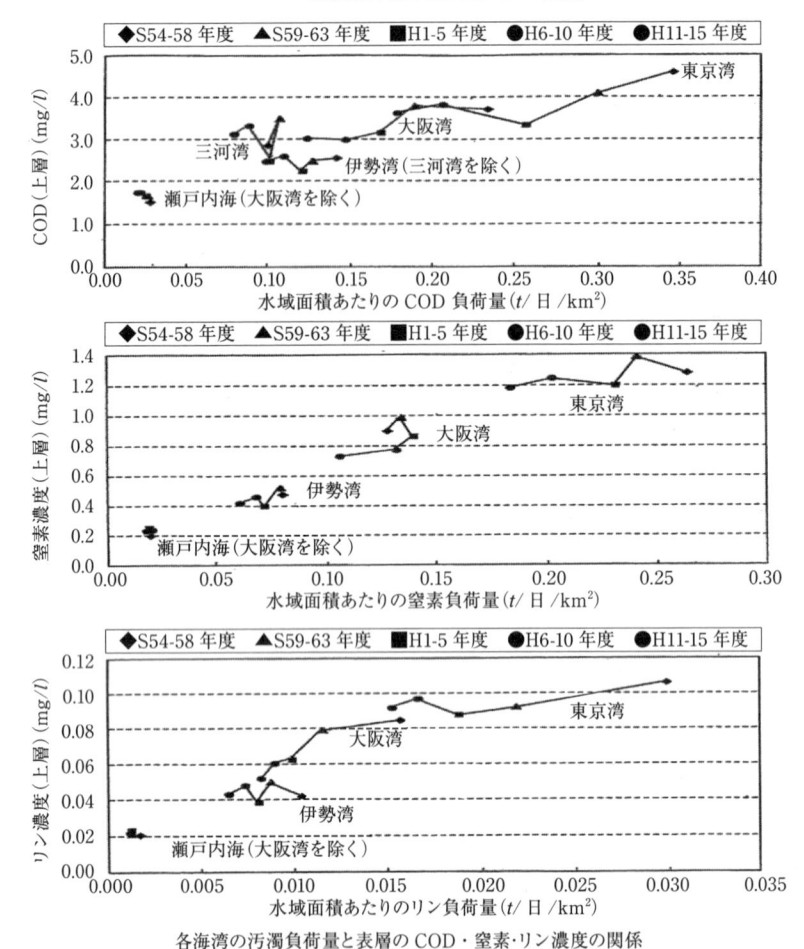

図-5.29 半閉鎖的海湾の汚濁負荷漁と窒素・リン濃度の関係

[出典] 中央環境審議会水環境部会総量規制専門委員会：第6次水質総量規制の在り方について，総量規制委員会報告，2005

るので，湾の表層水中の濃度は減ってきている。ただ，伊勢湾では，両者の間に増減の対応はない。では，なぜ伊勢湾では対応が悪いのだろうか。

ここで詳しくは述べないが，おそらくは，陸上から持ち込まれる総量負荷量

を推定する場合の原単位の問題と関係がある。机上の計算上で、これだけの汚濁負荷量を削減したとするわけであるが、実際にそれがそのとおりになっているかどうかという検証はされていない。

5.8　木曽川水系河川整備計画とヤマトシジミ

先ほど木曽三川から持ち込まれた淡水が伊勢湾の海況に、エスチュアリー循環を通して非常に大きな影響を与えると述べたが、**図-5.30**は木曽三川の河口域の地理が歴史的にどういうふうに変遷してきたかを示したものである。1890年から、河口域の地理は驚くべきことに猛烈に変わってきている。広い干潟ができたり、つぶれたりしながら、木曽三川の河口域は現在に至っているわけである。**図-5.31**は我々が調査した現在の木曽三川の汽水域を示す。

ここで何を言いたいのかというと、**図-5.32**は河口域の環境を示している。図の上から3番目は溶存酸素量である。横軸は1月から始まっている。夏季に、揖

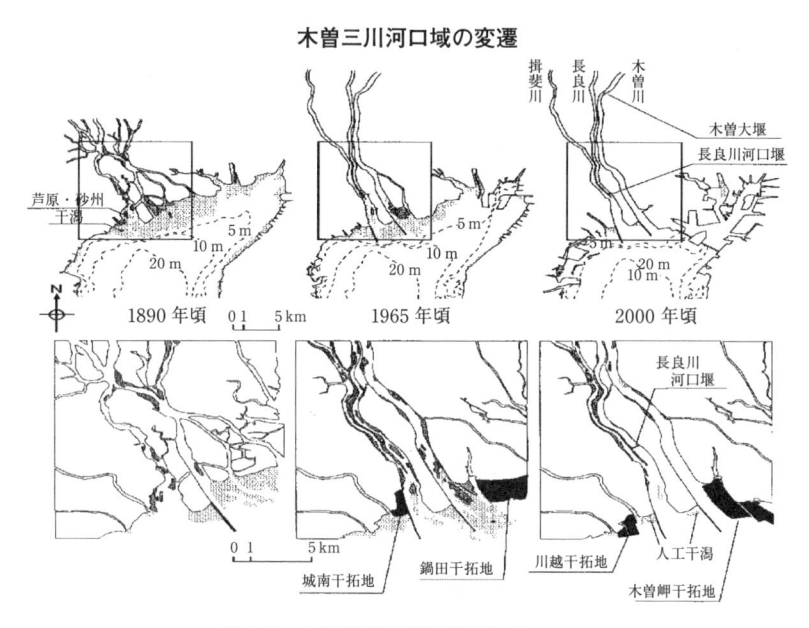

図-5.30　木曽三川河口域の変遷（水野, 2006）

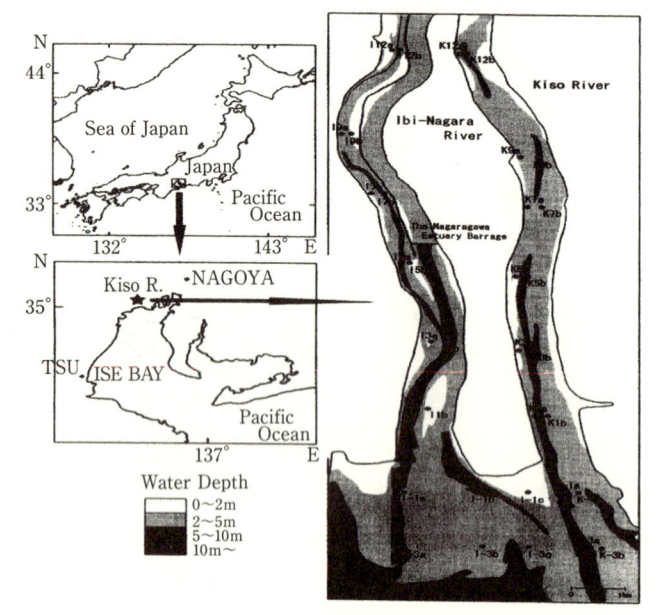

Map of the Kiso estuaryes (Ibi-Nagara Estuary, Kiso Estuary), central Japan, showing the sampling locations.

図-5.31　木曽三川の汽水域と水深(Nanbu et al., 2005)

斐川，木曽川とも河口から上流4kmぐらいまで底層を貧酸素の海水が頻繁に遡上して，底生生物を大量に斃死させている。揖斐川は，今の長良川の河口堰のあるところぐらいまでは頻繁に貧酸素水塊に覆われる，そこはヤマトシジミの漁場である。一方，木曽川では，上流9km前後のところが漁場になっているため，この貧酸素水塊の影響を受けない。木曽三川の汽水域は日本全国で有数のヤマトシジミの漁場であり，伊勢湾だけに限っても，ヤマトシジミの漁獲量は，アサリの漁獲量を上回る。

　図-5.33は何を意味するのかというと，横軸に塩分，水温，それから貧酸素水塊を黒丸にして，全測定日，大潮日，小潮日にデータを分けている。大潮のとき大量に海水が遡上してきているが，海水は鉛直混合してしまうので，成層は崩れる。小潮のときは，遡上して海水量は小さいが，成層が崩れないので，底層に貧酸素水塊がそのまま保持され，むしろ小潮のときにヤマトシジミが死ぬ

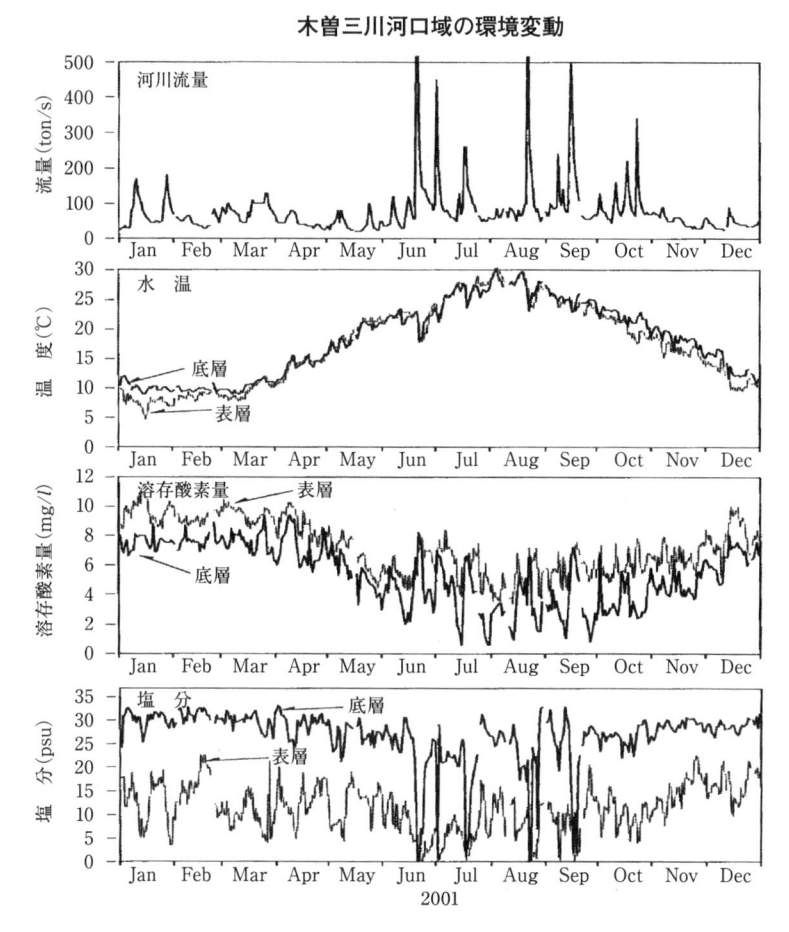

図-5.32 木曽三川河口域底層の環境変動（Nanbu et al., 2005）

ということになる。

　図-5.34は1955年以降の日本全体と木曽三川でのヤマトシジミの漁獲量の変動である。漁獲量の大きいところは，最初は利根川だったが，最近は伊勢湾と宍道湖である。木曽三川では，最初はかなりの量のハマグリの漁獲量があったのだが，とり過ぎでハマグリ資源が潰れ，漁獲努力がヤマトシジミに集中したのでヤマトシジミの漁獲量が一時増えたが，1995年にヤマトシジミの主漁場の

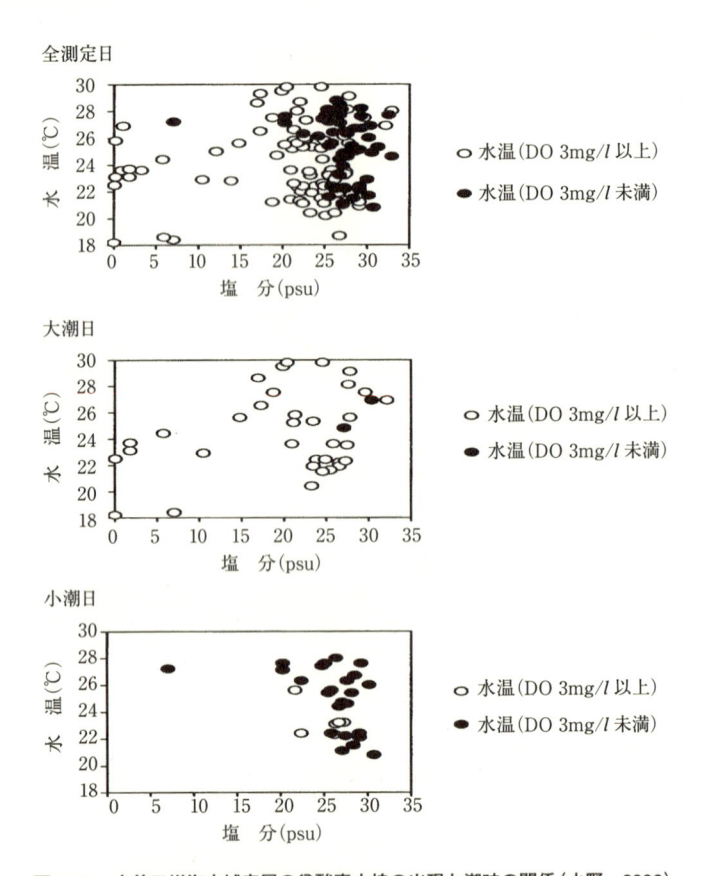

図-5.33 木曽三川汽水域底層の貧酸素水塊の出現と潮時の関係（水野，2006）

1つである長良川の河口堰が閉まって漁場が失われ，木曽三川全体の漁獲量が減った。

ヤマトシジミの生活史を示したものが，図-5.35である。親から生み出された浮遊幼生は，いったん伊勢湾に出ていく。次に上げ潮に乗って汽水域に帰ってくるが，そのときに採集した試料の中のいろいろな浮遊幼生を同定して調べるわけである。

すると，ヤマトシジミの浮遊幼生は，河口域を中心に考えると上流の7～9kmのところに濃密に着底する（図-5.36，5.37）。図-5.36，5.37の横軸は年度を示

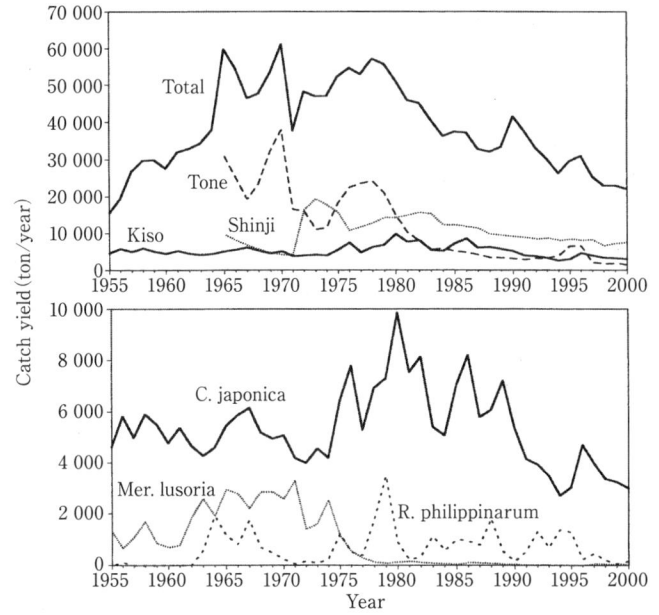

Changes in annual catch yields of Corbicula japonica in Japan(upper) and of 3 dominant clams in the Kiso estuaries(lower), central Japan(modified from Mizuno et al. 2005). Upper : total catch yields of Japan and the first 3 regions in rank, Tone : Tone Estuary located along the Pacific coast north of Tokyo, Shinji : the brackish Lake Shinji located along the Japan Sea corst of central Japan. Lower : catch yields of 3 clams(Mactra veneriformis, Musculista senhousia and Ruditapes philippinarum) commercially inportant to the Kiso estuaries.

図-5.34 全国および木曽三川河口域のヤマトシジミの漁獲量の経年変化

す。ヤマトシジミの浮遊幼生は汽水域の上流域に，アサリの浮遊幼生は海よりの河口域に着底し，貝の種によって着底する場所が違う。とくにヤマトシジミの浮遊幼生の着底場所は汽水域の上流側である。

　ヤマトシジミは，浮遊幼生が着底してから漁獲対象の殻長12 mmになるまでに約2年かかる（**図-5.38**）。ヤマトシジミの漁獲量は，1年前の殻長1 mmの稚貝量によって決定されている。この殻長1 mmの稚貝の分布域はどこかというと，先ほどの浮遊幼生の着底場所と一緒である。ヤマトシジミの浮遊幼生の飼育実験を参考にすると，この場所は非常に塩分のうすい場所であると考えられる。ご

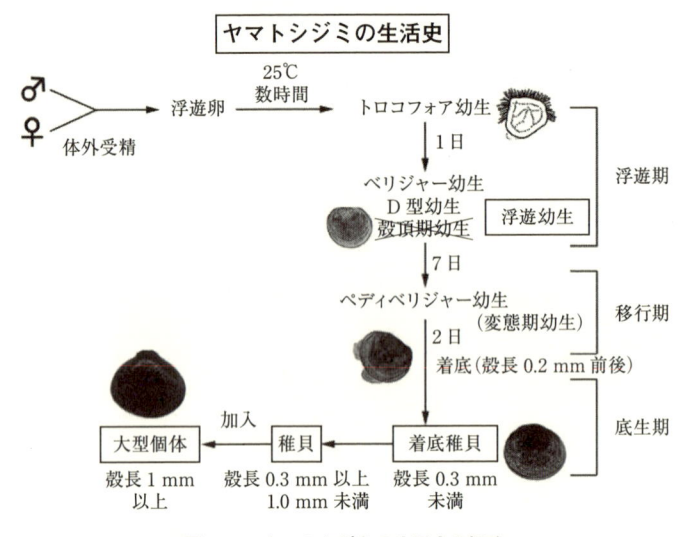

図-5.35 ヤマトシジミの生活史の概略

存じのように，河口域の汽水域であるから，潮汐の混合，淡水の流量の変動によって，底層の塩分くさびの流程距離は変動するはずである。

私たちの今の目標は，何とかして塩分くさびの流程距離を予測して，ヤマトシジミの浮遊幼生の着底場所の関係を明らかにすることである。ただ，私どもは直接その関係を把握する手法を持っていないため，何をしているかというと，今はヤマトシジミの着底稚貝の貝殻の中の元素成分を分析しているところである。魚の場合の耳石もそうだが，貝殻を分析してストロンチウムとカルシウムの比率を知ることができれば使うと，貝殻を形成する時点で淡水の影響を受けたのか，海水の影響を受けたのかということの判定ができ，貝殻から初期生活史と環境履歴を復元できる。実際に浮遊幼生の着底場所であり，稚貝の生息場所の環境を測定するのは，その環境が川底上の1 cm以内であるので，CTD測定器具を使ってもなかなか難しいため，貝自身に聞いてみようということで今やっているが，もうすぐ結果が出るだろう。

そのようなことも含めて何が言いたいかというと，ヤマトシジミの例で言えば，浮遊幼生が帰ってきて着底して殻長1 mmのときの稚貝の分布と量は，汽水

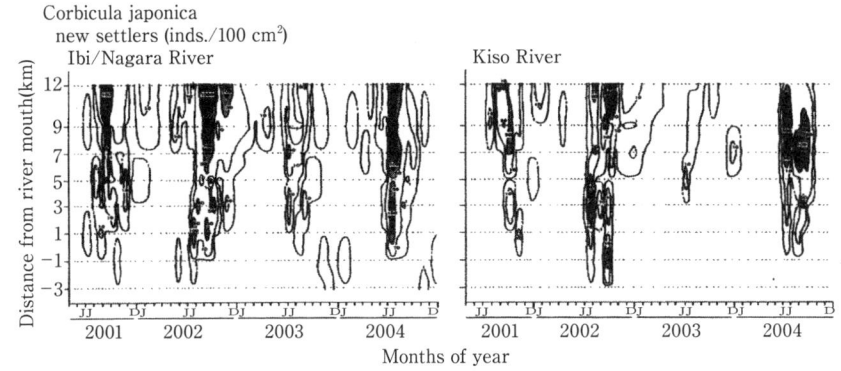

Corbicula japonica
new settlers (inds./100 cm^2)
Ibi/Nagara River   Kiso River

Spatio-temporal distributions of new settler densities of Corbicuta japonica in the Kiso estuaries, central Japan.

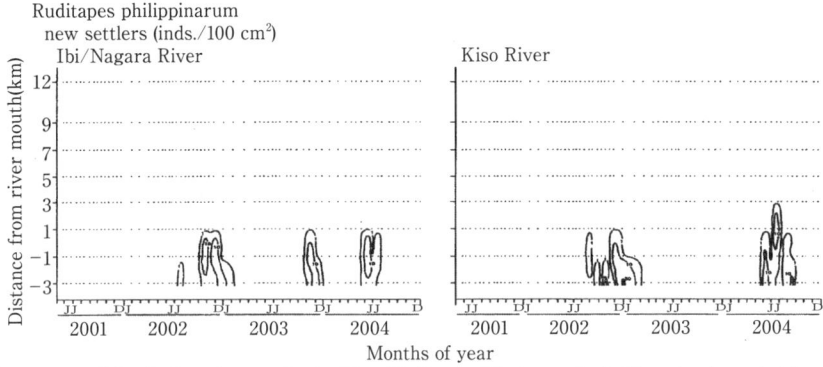

Ruditapes philippinarum
new settlers (inds./100 cm^2)
Ibi/Nagara River   Kiso River

Spatio-temporal distributions of new settler densities of Ruditapes philippinarum in the Kiso estuaries, central Japan.

図-5.36 木曽三川汽水域におけるヤマトシジミとアサリの着底稚貝の分布（南部ら，2006） 黒色部分は高密度域

域の塩分くさびの流程分布と絡んでいる。この塩分くさびの流程分布は，理論的に考えても，大潮や小潮の上げ潮のたびに上がってくる海水量と，もう1つは潮位差と，また当然流入する淡水量の変動に応じて変わってくるはずである。いろいろな河川整備計画でダムをつくって河川流量を減らせば，当然ヤマトシジミの漁場もしくは塩分くさびの流程距離に影響するはずだ。つまり，もしヤマトシジミに対する工事の影響をきちっと押さえるために環境アセスメントをするなら，この底層の塩分くさびの流程距離が河川の流量とどう連動しているかを解明しなくてはならない。

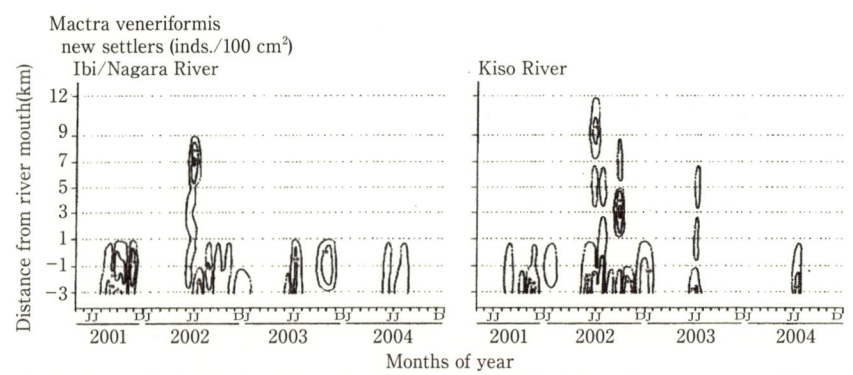

Mactra veneriformis
new settlers (inds./100 cm^2)

Spatio-temporal distributions of new settler densities of Mactra veneriformis in the Kiso estuaries, central Japan.

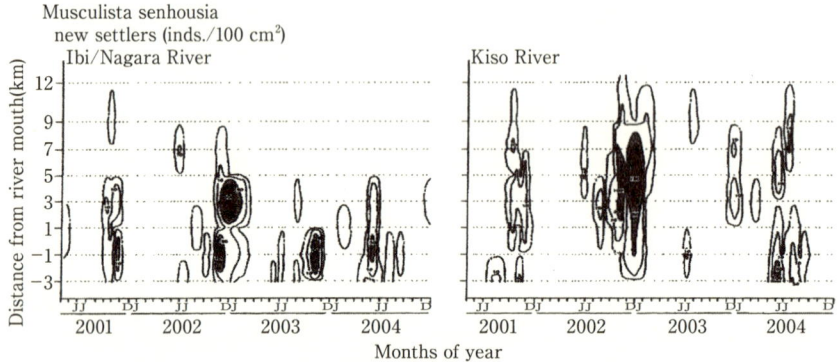

Musculista senhousia
new settlers (inds./100 cm^2)

Spatio-temporal distributions of new settler densities of Musculista senhousia in the Kiso estuaries, central Japan.

図-5.37 木曽三川汽水域におけるシオフキとホトトギスガイ着底稚貝の分布（南部ら,2006）　黒色部分は高密度域

　結局，伊勢湾というのは，湾の奥の木曽三川と湾外の黒潮の狭間にある境界域であるため，黒潮の流路変更の影響さらには湾奥の木曽川流域の変動をもろに受けるので，木曽川流域で各種の公共工事を実施する際にはその影響を慎重に検討したいということである。

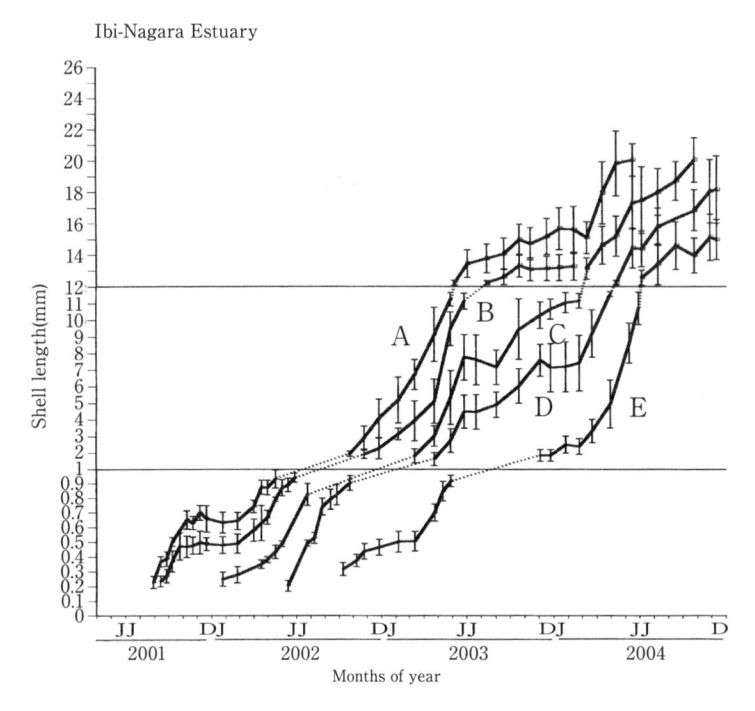

図-5.38 木曽三川汽水域のヤマトシジミ各コホートの成長曲線（Nanbu et al., 2008）　D, Jはそれぞれ12月と1月を指す

第6章 里海の再生と創出をめざして
―内湾・内海の水環境保全―

環境生態工学研究所
須藤隆一

6.1 はじめに

　本章のタイトルに含まれている，とくに沿岸，内海，内湾というのは，汚れている，あるいはきれいになっていない，魚がとれないなどさまざまな現象が現われている。そういう海域全体に「里海」という概念を入れて，もう一回再生し直そうという提案をさせていただきたい。

　水環境というと，昔はよく「水質，水質」と呼んでいたが，水質というと，水に含まれている物質の濃度のようなものを言うので，今では生き物や底の泥の状況，さらには水辺の状況，水量の問題，水循環の問題などさまざまな水全体の環境を総合して水環境と呼んでいる。

　そこで本章では，現在の水環境はどうであるのか。一般には内湾・内海を閉鎖性海域と呼ぶが，閉鎖性海域が劣化をしているので，それを再生しなくてはいけないということ。里山と対比させて里海という最近よく使われるようになった概念を紹介し，今後その再生をどういうふうに進めたらいいのか，それを今後の課題にまとめさせていただきたい。

6.2 内湾・内海の水環境

図-6.1に見られるように,閉鎖性海域の大きな問題は赤潮である。もちろん伊勢湾でも見られるし,瀬戸内海,東京湾,大阪湾,日本中の閉鎖性海域は,一時よりは少なくなったが,それでもピークのときの2分の1か3分の1ぐらいの頻度で赤潮が発生している。図-6.2の写真は東京湾の底の状況を示したもので,左の写真に見られる白いものがイオウ細菌で,深さ20mぐらいに見られる。右の写真はヒトデだが,酸素がないと動物は生きていけないので,岩の上にどんどんよじ登って,ここだけでも10匹ぐらいのヒトデが集まっている状況である。つまり,酸素がなくて苦しい状態ということで,貧酸素と専門的に呼ぶのだが,貧酸素水塊が形成されているということである。

水環境を評価するときには基準値が設けられている。

環境基本法に基づいて,水には健康項目と生活環境項目があり,健康項目と

横浜沖に赤潮の帯

[出典] 朝日新聞,2001.5.21

図-6.1 横浜沖での赤潮

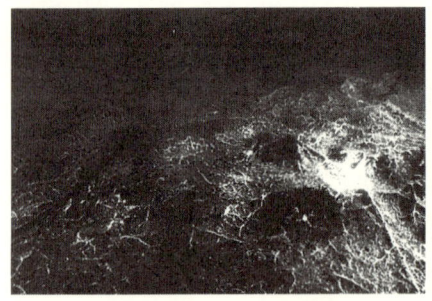

海底に繁茂したイオウ細菌 　　　　　　　上方へ逃げようとしているヒトデ

図-6.2　東京湾底の状況

いうのは，人の健康に関する基準値である。それが現在では26項目（図-6.3）にわかれており，その26項目の達成率は99.3％なので，大ざっぱに言えば水は安全である。海であれ，湖沼であれ，河川であれ，大ざっぱに言うと，水は人にとって安全であるということが言える。

　一方の生活環境項目は，河川，湖沼，海域に分けて9項目が測られている。とくに今日は海の話が中心であるので，海を見るとそれはA，B，Cと3類型（図-6.4）にわかれている。その有機物はCODという指標で測られる。富栄養化はTN，TP，すなわちリンと窒素があり，これは4類型にわかれている。

　CODは2 mg/l以下，3 mg/l以下，8 mg/l以下が基準値となるが，地元の伊勢湾はほとんどの水域がAで決められているため，2 mg/l以下をちょっと超えたら基準が達成しないことになる。窒素は，0.2 mg/l以下から1 mg/l以下の間，リンは，0.02 mg/l以下から0.09 mg/l以下の間で4段階をとっている。

　海域の環境基準の達成率は74.5％というなか，伊勢湾の状況を見てみると

水質環境基準の健康項目

1970〜1975年に決まった従来の項目	1993年に追加された項目	1999年に追加された項目
カドミウム，シアンなど8項目	トリクロロエチレン，チウラムなど15項目	亜硝酸および硝酸性窒素など3項目
全体で26項目		

図-6.3　水質環境基準の健康項目

生活環境の保全に関する環境基準（海域）

ア

類型	利用目的の適応性	水素イオン濃度 (pH)	化学的酸素要求量 (COD)	溶存酸素量 (DO)	大腸菌群数	n-ヘキサン抽出物質 (油分等)
A	水産1級，水浴，自然環境保全およびB以下の欄に掲げるもの	7.8以上8.3以下	2 mg/l以下	7.5 mg/l以上	1 000 MPN/100 ml以下	検出されないこと
B	水産2級，工業用水およびC以下の欄に掲げるもの	7.8以上8.3以下	3 mg/l以下	5 mg/l以上	－	検出されないこと
C	環境保全	7.0以上8.3以下	8 mg/l以下	2 mg/l以上		

イ

類型	利用目的の適応性	全窒素	全リン
I	自然環境保全およびII以下の欄に掲げるもの（水産2種および3種を除く）	0.2 mg/l以下	0.02 mg/l以下
II	水産1種，水浴およびIII以下の欄に掲げるもの	0.3 mg/l以下	0.03 mg/l以下
III	水道2種およびIVの欄に掲げるもの	0.6 mg/l以下	0.05 mg/l以下
IV	水産3種，工業用水，生物生息環境保全	1 mg/l以下	0.09 mg/l以下

図-6.4 海域の環境基準

25％達成していない。窒素・リンに至っては50％達成していないということが言えるので閉鎖性海域の水質は，とくに海域において満足していないと言える。川の方が海より満足しているが，湖沼はもっと悪い。つまり湖沼と海域は水質が悪いと思っていただいてよいと言える。

では，水質が悪いのは環境基準が悪いのではないかというとらえ方もある。環境基準は35年も前につくられたためそれが不適当なのではないかということで，この数年環境基準の見直しがどんどん進んでいるが，なかなかうまくいっていない。なぜなら，みんなが合意するような基準項目がないこととデータの蓄積がないこともあって，現在の環境基準をどうしたらいいかということは，これからの大きな議論である。

評価をするときには物差しが必要となる。物差しが良くなければ水環境は評価できない。CODが有機汚濁指標として問題があるのではないかという指摘があり，TOCが注目されている（図-6.5）。次に底層のDO。今の溶存酸素というのは，表面の方の酸素で測っているため，先ほどのように底の酸素は測定されて

水質環境基準の当面の課題

(1) 水利用による類型分類の妥当性

(2) 有機汚濁指標（BODか，CODかそれともTOCか）

(3) 底層のDO基準

(4) 透明度，透視度の導入

(5) 大腸菌群の測定方法

(6) 排水基準への対応

(7) その他

図-6.5　水質環境基準の課題

いない。それから，透明度と透視度。透視度というのは，水の透き通りさを測るということ。大腸菌群の測定には問題があるが，大腸菌は糞便汚濁の衛生上の指標になる。

　それでは，どこを直したらよいのかということになるが，海ではCODの8 mg/l以下のところを5 mg/l以下にしたらよいのではないかということと，底層のところの底から50 cm～1 mのところの酸素を基準化する必要があるのではないか。TOCや透明度については，まだまだデータが不足しているため，補助指標として環境基準に入れたらどうかというのが私の提案である。**図-6.6**の2.～4.番は，この方面の専門家と大体合意が得られているところである。

　環境基準のあり方については，要するにこれは物差しなので，ひんぱんに変わっては良くないのだが，今までのやり方だと，どうもうまくいかないということがあり，私がとくに主張しているのは，**図-6.8**に示すようにとにかく基本項目をだれが見てもわかる単純明快なもので測定するということである。そのほかはモニタリング項目にしたらいいのではないか。

　例えば，透明度やDOなど，さらに生態系の問題は非常に重要な部分である

環境基準運用上の当面の解決策

1. 利用目的と類型の見直し
   （例：湖沼AA1→2，AA1→2，
   　　　湖沼B→水道3級）
2. TOCを補助指標
3. 透明度を補助指標
4. 底層（50cm～1m）のDOを基準化

図-6.6　環境基準運用上の当面の解決策

環境基準のあり方

①水域の利用目的に応じて，項目を決めて基準値を設定する。
②地方・地域によって環境基準を変えることができる。
③湖沼，河川，海域，地下水の4つの水域に分けて項目と基準値を設定する。
④水質環境基準を基本項目とモニタリング項目に分けモニタリング項目の一部は，環境管理項目とする。
⑤基本項目は，単純明快で測定が簡易なものに限定する。微量汚濁物質など多くの化学物質すべてモニタリング項目にする。
⑥生態影響試験および生物影響試験（バイオアッセイ）を加える。
⑦指標生物および優占生物の観察（生物相調査）を加える。
⑧水環境基準の総合指標化（循環と共生の視点）を図る。
⑨水循環や生態系の連続性（健全性）をとらえる指標を導入する。

図-6.7　環境基準のあり方

のに，その辺のところの試験が義務化されていない。研究者の先生方は，毎日毎日のモニタリングの中では生物は見られていないので，水環境や生態系の連続性をとらえることができていない。そのような指標を導入していく必要があ

基準項目とモニタリング項目の一例

	湖沼	河川	海域	地下水
基準項目	透明度, 底層のDO濃度, クロロフィルa	透視度, BOD	透明度, 底層のDO濃度	
モニタリング項目A (環境管理項目)	TOC, COD, T-N, T-P, SS, 水温, pH	TOC, NH$_4$-N, T-N, T-P, SS, 水温, pH	TOC, COD, T-N, T-P, クロロフィルa, SS, 水温, pH	NH$_4$-N, T-N, NO$_3$-N, 水温, pH
モニタリング項目B	生物・生態影響試験	生物・生態影響試験	生物・生態影響試験	生物・生態影響試験
モニタリング項目C	大腸菌・病原性原生動物, 重金属, 農薬, 有機塩素化合物など	大腸菌・病原性原生動物, 重金属, 農薬, 有機塩素化合物など	大腸菌・病原性原生動物, 重金属, 農薬, 有機塩素化合物など	大腸菌・病原性原生動物, 重金属, 農薬, 有機塩素化合物など
モニタリング項目D	動植物相	動植物相	動植物相	動植物相

図-6.8　基準項目とモニタリング項目の一例

海域の環境基準案の一例

(a) DO

海域の利用目的	基準項目ランク	A	B	C	D
水産・親水	DO (ml/l)	>4.3	4.3〜3.6	3.6〜2.1	2.1〜1.4

(b) 透明度

海域の利用目的	基準項目ランク	A	B	C	D	E
水産・親水 自然環境保全 環境保全	透明度 (m)	>16	16〜10	10〜5	5〜3	3〜1.5

図-6.9　海域の環境基準案

るのだろう。

　図-6.8および図-6.9に示す海域の環境基準(案)は私の提案であるが，海域の場合は，透明度と底層のDOぐらいを基準項目にして，窒素やリン，生物の試

験などあとは全部モニタリング項目に入れて分けていってはどうだろうか。今は全部が健康項目，生活環境項目で，環境基準は測定の義務があるため地方公共団体は，その海域をきちっとモニタリングしていかないと法的に許されないわけである。現在地方が脆弱化してきて，予算がない上にたくさんの試験を課せられるのは大変苦痛なので，一番重要なことに予算を費やすことが必要なのだろう。

図-6.10に示すように測定法の問題もいろいろある。CODの測定の仕方がおかしいのではないかとか，窒素・リンは自動化を入れた方がいいのではないかとか，病原微生物を最近ではDNAプローブを使ったりして測るのだがこういうのをやる必要があるのかとか，生物の同定と指標化の課題など。要するに，海にいるいろいろな動植物の生物の試験をやる，あるいはその指標化を測るということが，とにかく生き物の問題について，水質，水環境の中で非常におろそかになってきたところが大きな問題だと思う。

では，21世紀初頭における水環境問題は何なのか。図-6.11に示したようにまずは富栄養化の問題が挙げられる。富栄養化というのは，窒素・リンを含んだ水による赤潮，湖で言うとアオコが発生する問題である。

それから非特定発生源による汚濁もある。これは畜舎や道路，あるいは田ん

水環境測定法の課題

1. 有機汚濁指標（BOD，CODの継続性）
2. 窒素・リンの自動化と簡易化
3. 微量化学物質の測定
4. 病原微生物の検出
5. 生物・生態影響試験
6. 生物の固定と指標化

図-6.10　水環境測定法の課題

21世紀初頭の水環境問題

1. 閉鎖性水域の富栄養化
2. 有害化学物質による汚染の多様化・広域化
3. 地下水汚染の進行
4. 中小河川の有機汚濁
5. 非特定発生源による汚濁
6. 水生生物の減少・単純化
7. 水辺環境の喪失
8. 水循環の遮断・水量の減少

図-6.11 21世紀初頭の水環境問題

ぼ，畑，山，要するに特定の発生源ではない部分から出る汚れ。伊勢湾でも，瀬戸内海でも東京湾でも，大ざっぱに言うと，この非特定発生源が30～40％あると言われている。つまり，我々がきちっと規制できているのは，工場や下水道であるので，対象になるのは60％。しかも小規模は対象にならないので，我々が実際に規制をしているのは，全体で言うと40％ぐらいというわけである。

さらに，どこの海や湖に行っても生き物がいないという話がたくさん出ているように水辺環境の喪失は問題である。

また，水循環の遮断や水量が減少している問題というのは，とくに地下水や河川もそうであるように汚れと同時に水量の問題を抱えている。水の流入に伴って砂も供給されているわけである。

このように，水環境の問題が列挙されるなか，水環境保全施策として大事なこと(**図-6.12**)は，排水からの窒素・リン除去である。これは富栄養化を防止する。ただ，気をつけなければいけないのは，高度処理と言われているように，この除去に莫大なエネルギーを使ってしまうことである。最近，エネルギーを使わずにこういうものの除去をしなくてはいけないということに迫られている。

それから，面源，先ほどの非特定汚濁発生源になるが，市街地排水，農業排水は意外に負荷が大きい。伊勢湾もおそらく40％を超えているのではないかと

当面の水環境保全施策

1. 排水からの窒素・リン除去の実施とその強化
2. 小規模・未規制排水対策の実施，特に畜産排水対策の強化
3. 面源（流出水），特に市街地排水，農業排水からの負荷削減
4. 窒素，リン除去型浄化槽の普及と単独処理浄化槽のそれへの転換
5. 総量規制の着実な実施
6. 水生生物の保全，とくに水辺地の回復，多自然型河川やビオトープづくり
7. 地下水の涵養
8. 耕作放棄地や休耕田の減少化
9. 森林，平地林，湿地等の保護・育成
10. 児童・生徒の環境教育と水環境保全への参加
11. 地域住民への意識啓発と住民参加
12. 水環境研究の活性化と技術開発の促進

図-6.12 　水環境保全施策

思うが，この負荷を削減する必要がある。

　総量規制については，現在伊勢湾，東京湾，瀬戸内海で第六次の総量規制が実施されている。総量規制は，CODと窒素とリンの3項目で行われており，その削減計画を立てて，平成22年までの5年間で，約1割を削減するということである。しかし，この総量規制をいつまでやるのかということが大きな議論になっており，平成22年までには，何とか今後の総量規制のあり方を見出さないといけないということで，これは辻本先生の持続性や流域管理やらと密接に関係していることだと思う。

　あとは，同じようなところで耕作放棄地や休耕田の問題などがある。海についての関心は，湖沼や川についての関心よりずっと低い。そのために里海という話もするのだが，地域住民への意識啓発，住民参加を期待していきたいということと，最終的には海域を含めて，水環境研究の活性化と技術開発の促進がこれにともなう問題かと思っている。

6.3　内湾・内海の劣化と再生

図-6.13の写真は有明海で海苔網がやられているところである。有明海の海苔はおいしいことで有名だが，2000年の有明海の海苔不作が大騒ぎになった。およそ40％収穫が低下したということで，裁判になったり，あるいは地域での社会運動になって，現在でもそれが続いている。海苔網とは，立っている棒の1mぐらい下に約20mと10mぐらいの網がずっと入っており，そこで海苔が生産される。有明海はとくに潮位差が大きいため自然に水位が上下するので，その中で栄養と海苔が接触して，十分に栄養をとることと光に当たることができる。このような生産の仕方があるのだが，過度に海苔を生産したことも有明海を劣化させた1つの大きな要因である。

図-6.13　有明海での海苔網

これも有名な話なのだが，1997年4月に諫早湾を閉め切って潮受堤防（**図-6.14**）をつくった。これが7 kmあり，高さが7 mになる。水が干上がった直後は，3 500 haあまりの干潟や浅瀬がなくなり，そこにカキなど底生生物の死骸が一面にあったというのだから相当の規模である。中側には約2 000 haの内水面ができ，そこが淡水になった。このような経緯の中，現在でもいろいろなところで社会問題，政治問題に取り上げられているところである。この池の水質ももちろん悪いのだが，諫早湾の堤防をつくったことが海苔の不作につながったという告訴があり，裁判が続き，さまざまな見解のもとに，農水省やそのほかの省庁が対応してきている。最終的には，潮受堤防が完成したその後の干拓は，**図-6.15**に示すように2分の1にした。

つまり，半分は水のままにして干拓はしなかったということで，事業が半分に縮小されたということである。

調整池は淡水になっているのだが，ポケットを大きくするためにマイナス1 m

諫早湾と潮受堤防（1997年6月）

調整池内　　　　　　　　　　　カキの死骸

図-6.14　諫早湾の潮受堤防

事業の経緯

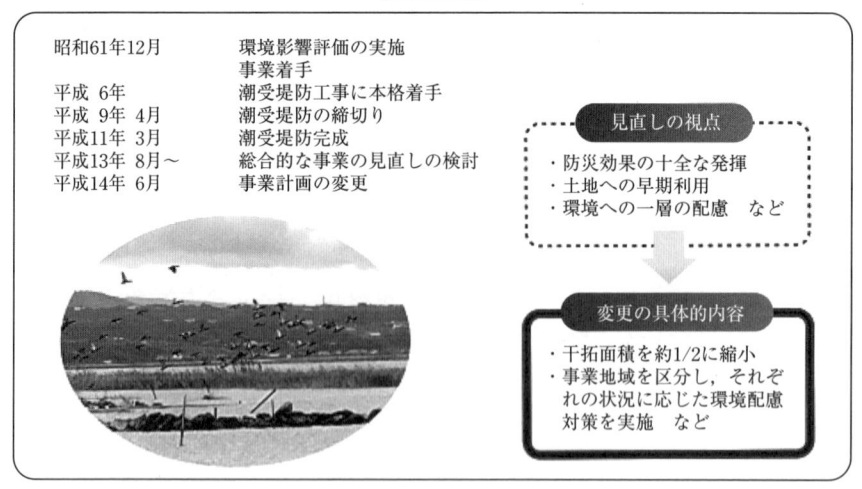

昭和61年12月		環境影響評価の実施
		事業着手
平成 6年		潮受堤防工事に本格着手
平成 9年 4月		潮受堤防の締切り
平成11年 3月		潮受堤防完成
平成13年 8月～		総合的な事業の見直しの検討
平成14年 6月		事業計画の変更

見直しの視点
・防災効果の十全な発揮
・土地への早期利用
・環境への一層の配慮　など

変更の具体的内容
・干拓面積を約1/2に縮小
・事業地域を区分し、それぞれの状況に応じた環境配慮対策を実施　など

図-6.15　諫早湾の事業経緯

で水位管理をしている。諫早湾に水が多量に出てきても、この1mのポケットによって洪水を起こさないということである。

さらに水門が北部と南部に2つあり（**図-6.16**参照）、この水門を開けろとか、いろいろな要求があるのだが、これを開けると、淡水に海水が入ってきて水質がよくなるのではないかとか、いろいろな議論がある。現在でもこの辺の見解がいろいろわかれているところであるが、とにかく農地は完成して、畑作が始まっているということは事実である。

ここの特定の水質のみならず有明海全体の水質のことについてどうやって再生するかという法律が完成し、環境省や農林水産省や国土交通省をはじめ、6省と九州6県が携わって再生を目指しているのだが、その総合評価調査委員会というのがある。その委員長を私が務めているのだが、なかなかかじ取りの難しい委員会である。なぜなら、大きな目的は、当然水産もあるし、環境保全もあるし、この堤防の問題もあるわけだが、堤防の問題について地元では大変大きな関心がよせられている。有明海全体として劣化している問題とどう関連させるのかが現状においてはなかなかできていない。21人の委員の先生方と5年もかけてこんなことしかできないのかと言われるかもしれないが、埋め立てや干

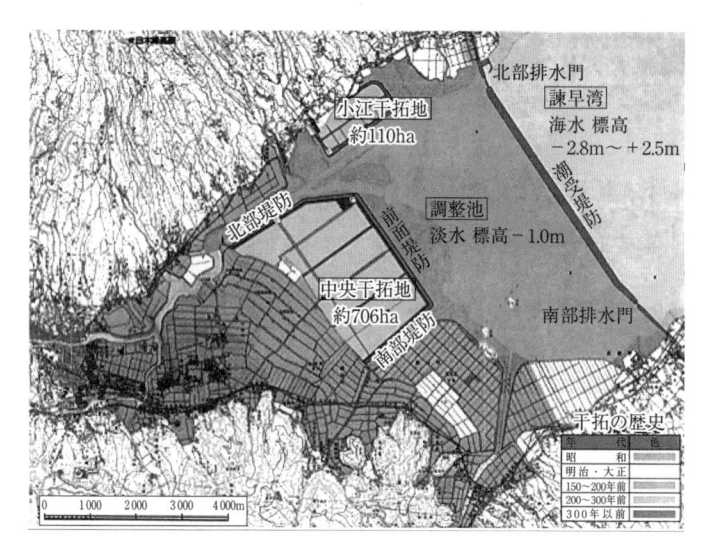

図-6.16　諫早湾の周辺地図

拓がどう影響しているのか。干潟や藻場が減ったりするのは当然わかるのだが，土砂の流出の減少や，栄養の流入の増加など問題はたくさんあるのだが，何が一番問題なのかというと，青潮や赤潮の発生である（**図-6.17** 参照）。

とくにシャットネラとか大型珪藻のキートケラスとか，貧酸素水塊の発生。それによる結果としては，二枚貝の減少。さらに海苔の不作や魚介類の大幅な減少が挙げられる。魚介類については，おそらく一時の1割以下ぐらいになる。海苔だけは人工的に養殖しているので，2000年だけは悪かったのだが，それ以外は平年並みの豊作であった。有明海は海苔にはよかったのだが，現状は水質も，魚介類にとっても，生態系の劣化を戻すまでには至っていない。

図-6.18に示すのは，有明海とは直接関係ないのだが，私も藻場の仕事は多少やっているのでその紹介である。アカモクやアマモなど，そういう海藻をつくると，当然微細藻類との競争が起こり，栄養塩の収奪の点で勝つということ。それからもう1つは，アレロパシー（他感作用）があるのではないかと言われている。このアレロパシー物質によって，バイオマスが抑制され，それが赤潮のコントロールにつながっているということと磯焼けになってしまうような捕食者

第2編 流域圏の構造

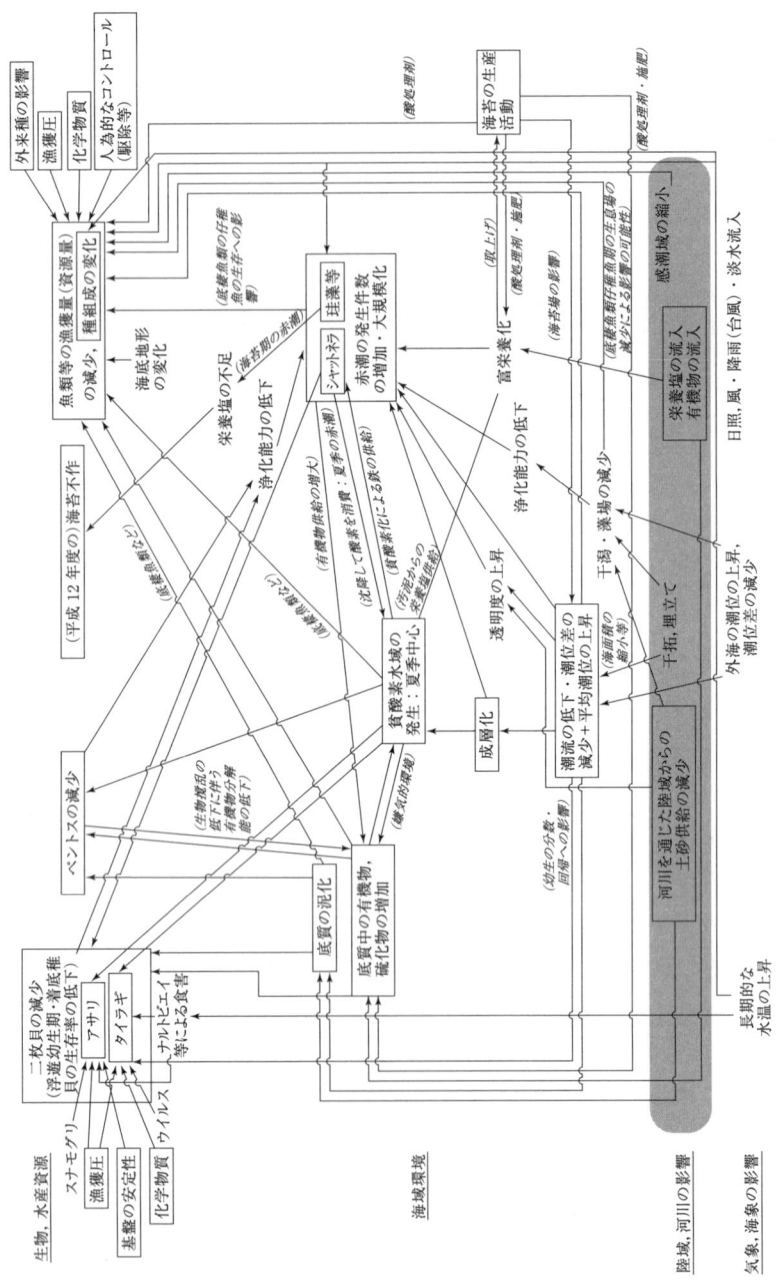

図-6.17 有明海の問題点とその原因

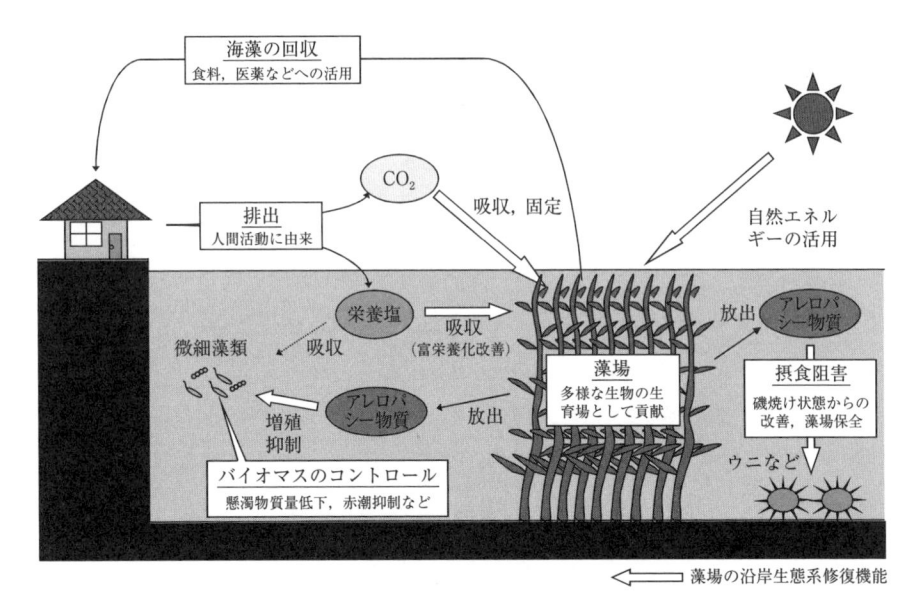

図-6.18 藻場の沿岸生態系修復機能

をこの物質が阻害している。これらがアレロパシー効果なのだろう。

6.4 内湾・内海の里海による再生

次に，内湾・内海の里海による再生ということでお話をすすめる。今のような現状があって，閉鎖性海域は荒廃の危機に瀕している。それは伊勢湾も，東京湾や瀬戸内海もということで，これらの再生について考える。図-6.19に示すように，赤潮の発生などいろいろ理由が書いてある。生活環境の悪化，親水性の喪失，未利用地の増大などさまざまなことがあり，物質循環機能が低下したり，生態系が劣化したりする。さらに，それら海に対する国民の関心度の低さというのは問題である。だから，里海による再生が必要なのだ。

では，里海とは何なのか。これは1998年に柳先生が最初に多分提案をされたのだと思うのだが，「人手が加わることにより，生産性と生物多様性が高くなっ

閉鎖性海域の現況と里海による再生

- 水質改善が横ばいで，未だに赤潮が頻発
- 底質改善が進まず，底層貧酸素化の続発
- 生態系の劣化（藻場・干潟等浅場の減少，生物多様性の低下）
- 漁獲量・漁業生産量の急激な減少
- 海岸線の荒廃による自然環境，景観の悪化（地形改変，海浜浸食）
- 島嶼部の生活環境の急激な悪化
- 沿岸域・海域での海洋ごみの増大
- 埋立等による親水性の喪失，未利用地の増大
- 海に対する環境意識の希薄化

[出典]
柳哲雄：里海論
瀬戸内海研究会議編：
瀬戸内海を里海に

- 物質循環機能の低下　・生態系の劣化　・国民の無関心の拡大

⇩

閉鎖性海域は荒廃の危機

⇩

里海による再生が必要

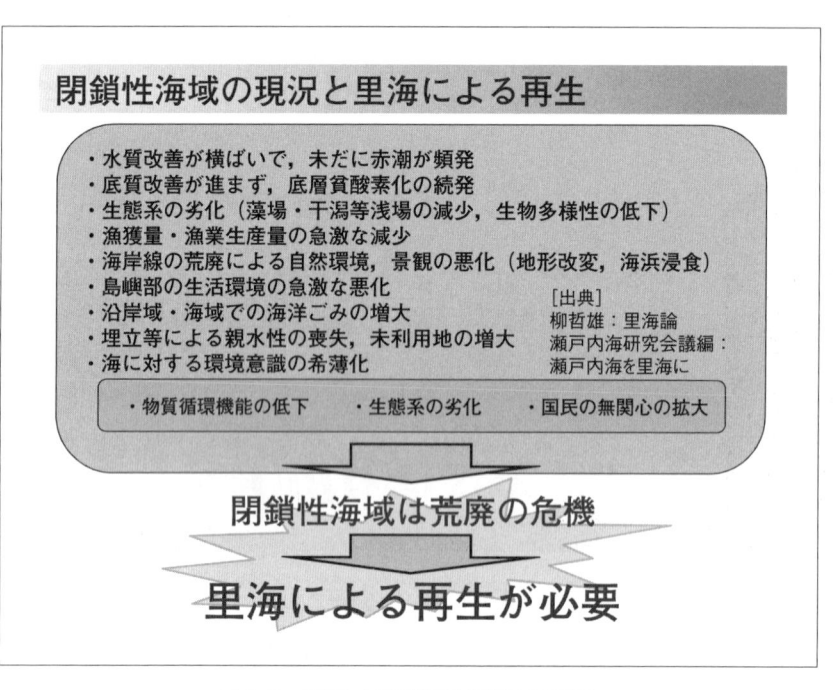

図-6.19　閉鎖性水域の現況と里海による再生

た沿岸海域」ということである。里海を実現するためには，「太く・長く・滑らかの物質循環」の実現が必要である（図-6.20参照）。それこそまさしく流域管理なのだが，山に発し海に至る流域全体の環境管理の一体的な実施と食物連鎖の高位の魚類も含めた，きちんとした海洋生物資源管理が必要である。この高位の魚類というのは，生態系で肉食魚のようなものを指している。それを図-6.20に絵で示した。小さい魚から大きい魚までであり，その上鳥もここに関与しなくてはいけないので，鳥が捕食者になるということだろうか。その中で松田先生が指摘されているのは，沿岸域の健全な水産業の営みである。滑らかな水産によって生態系の持続性が維持できることになるのではないだろうか。

21世紀環境立国戦略（図-6.21参照）というのは，昨年のハイリゲンダムサミットに間に合わせるように論議をして，今回の洞爺湖サミットで，再度見直しをして提案することになっている部分である。私もこれに委員として参加をして

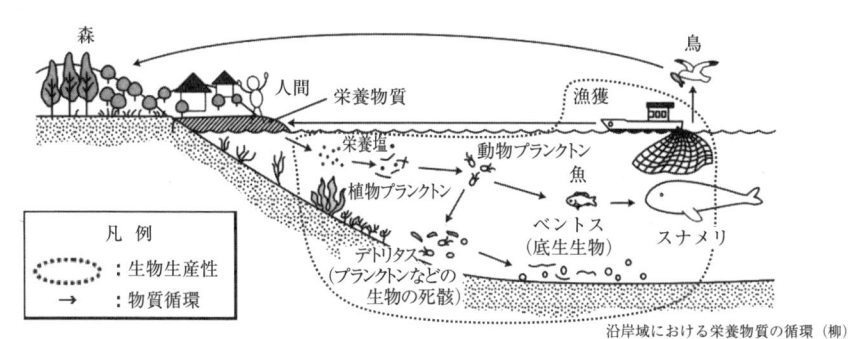

里海の再生と創出をめざして—内湾・内海の水環境保全— 第6章

太く・長く・滑らかな物質循環のイメージ

沿岸域における栄養物質の循環（柳）

・健全な物質循環系を維持し環境を保全するためには，沿岸域の健全な水産業の営みが重要（松田）

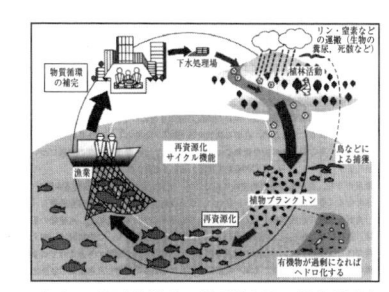

水産の多面的機能（物質循環の補完機能）
「水産業・漁村の多面的機能」水産庁

[出典] 瀬戸内海研究会議編：瀬戸内海を里海に

図-6.20 "里海"のイメージ

おり，当面実現しなくてはいけない戦略が6つ取り上げられている。その6つ目に，豊かな水辺づくり，「豊饒の里海の創生」という言葉があり，生態系サービスを将来にわたり享受できる自然の恵み豊かな海を「里海」として創生を図るということである。

第三次生物多様性国家戦略が昨年の暮れに閣議決定した。これは当然第一次，二次があるわけだが，その上に今度は，「豊かな海の恵みを利用しながら生活してきている人の暮らしと強いつながりのある地域」，「自然生態系と調和しつつ，人手を加えることにより，高い生産性と生物多様性の保全が図られている海」ということで，ここの中でも里海を**図-6.22**に示すこのように整理している。

それから，海洋基本法に基づく海洋基本計画が今年度閣議決定されており，この中でも「生物多様性の確保と生物生産性の維持を図り，豊かで美しい海域を創

21世紀環境立国戦略　（平成19年6月閣議決定）

今後1，2年で重点的に着手すべき戦略の中で里海の創生を位置付け

戦略6「自然の恵みを活かした活力溢れる地域づくり」
　③豊かな水辺づくり（「豊饒の里海の創生」等）

「藻場，干潟，サンゴ礁等の保全・再生・創出，閉鎖性海域等の水質汚濁対策，持続的な資源管理など総合的な取組を推進することにより，多様な魚介類等が生息し，人々がその恵沢を将来にわたり享受できる自然の恵み豊かな豊饒の「里海」の創生を図る。

図-6.21　21世紀環境立国戦略

第三次生物多様性国家戦略　（平成19年11月閣議決定）

里海について，以下のように整理。

・昔から豊かな海の恵みを利用しながら生活してきている，人の暮らしと強いつながりのある地域
・自然生態系と調和しつつ人手を加えることにより，高い生産性と生物多様性の保全が図られている海

また，自然海岸の保全，閉鎖性海域などの水質汚濁対策，上流域の森林づくりを進めるなど，人々がその恵沢を将来にわたり享受できる自然の恵み豊かな豊饒の「里海」を再生していくことを位置付けている。

図-6.22　第三次生物多様性国家戦略

里海の再生と創出をめざして―内湾・内海の水環境保全― 第6章

> **海洋基本計画**　　　　　　　　　　（平成20年3月閣議決定予定）
>
> 今後5年で総合的・計画的に実施すべき施策の中で，以下のように触れている。
>
> 1　海洋資源の開発および利用の推進
> 　（1）水産資源の保存管理
> 　「・・・水産資源の回復を図りつつ，持続可能な利用を推進。その際，沿岸海域において，自然生態系と調和しつつ人手を加えることによって生物多様性の確保と生物生産性の維持を図り，豊かで美しい海域を創るという「里海」の考え方の具現化を図る。」
> 2　海洋環境の保全等
> 　「・・・また，沿岸域のうち，生物多様性の確保と高い生産性の維持を図るべき海域では，海洋環境の保全という観点からも，「里海」の考え方が重要である。」

図-6.23　海洋基本計画

るという「里海」の考え方の具現化を図る」ということで，この辺が里海の具現化を図るということと，海洋環境の保全という観点からも「「里海」の考え方が重要である」と位置づけられている。

環境省の中では里海創生支援事業(**図-6.24** 参照)を平成20年度から始めるべく，今のようなことを受けてモデル海域を選定して，そこでの現地調査を実施している。里海というのは今言ったようなおぼろげな概念だが，最終的には里海づくりマニュアルを作成するために，現在地方公共団体に募集をかけているところである。そしてもう1つ大事なことは，この問題をアジアへの日本の貢献として，今度の洞爺湖サミットにもこの辺を提案したと聞いている。

今度は，環境と気候変動が重要なテーマとして主に議論されるわけだが，温暖化対策，気候変動対策が重要な課題で，京都議定書の次期枠組みということでよく議論をされている。それとあわせて，次に大事な問題として水の問題を提案しようということを考えているというふうに受けとめている。私どももそれをぜひやってほしいということを願っており，その中には飲料水の問題がも

第2編 流域圏の構造

里海創生支援事業（平成20～22年度）

課題 生物生息環境の悪化（干潟・藻場の喪失，赤潮や貧酸素水塊の発生）

原因 物質循環の低下（漁業の衰退）　海の環境に対する国民の無関心

陸域と沿岸域の一体性について国民の理解を深めるとともに，人間と海との共生を推進し，人間の手で管理がなされることにより生産性が高く豊かな生態系を持つ「里海」の創生を推進する。

①モデル海域の選定
・選定基準の策定
・モデル海域の公募，選定（NPO，自治体からの提案）

モニタリングサイト1000などとの連携

②モデル海域での現地調査
・物質循環の調査（水質，生物調査）
・普及啓発を兼ねた市民参加型のモニタリングや植林活動等の実施

③里海づくりマニュアルの作成
・現地調査結果より作成
・他の地域での取り組みの促進

④シンポジウムの開催，広報等の実施
⑤アジアへ「里海」の概念を情報発信

期待される効果
地域活性化　沿岸域の環境保全　アジアへの日本の貢献
生物多様性の保全　水産資源の確保

図-6.24　里海創生支援事業

ちろんあるのだが，この里海の問題は，水の問題として重要かと思う。

　里海の創生に向けた流れは，まず里海はどのようなものかという概念を整理しようということで検討会を開いた。私がその座長を務めたので，その内容をご紹介する。

　今の創生事業というのは，これからマニュアルをつくるということであるので，それにあわせて閉鎖性海域の保全・再生を図っていこうということである。そういうことがあって，里海に関する論点はもちろんいくつかあるわけだが，冒頭に述べたように，里山が先行しているのである。里山はだれでもみんな知っていることだが，**図-6.25**に示すように里海は里山と比較して，歴史的経緯，文化的な側面，社会・経済的な側面，人々の暮らしとの関係がある。やはり人が触れ合わない限り，里山でもないし，里海でもないということで，里海のエッセンスを抽出して整理していこうとした。

里海に関する論点

里海に関する論点の整理にあたっては，海域環境の保全という観点の他，人々との関係を以下の観点から里山と比較しつつ整理する。

(1) 歴史的経緯　　　(2) 文化的な側面

(3) 社会・経済的な側面　(4) 人々の暮らしとの関係

里山との比較から　各論点を再整理

↓

里海のエッセンス（構成要素）を抽出

➡ 里海創生の際に踏まえるべき視点として整理

図-6.25　里海に関する論点

海域環境の保全という観点

柳教授の定義と国の基本計画における里海を，海域環境の保全という観点で整理すると・・・

○自然生態系と調和しつつ人手を加えることにより，高い生産性と生物多様性の保全が図られている，自然の恵み豊かな豊饒の海

○里海を再生し，人々がその恵沢を将来にわたり享受していくためには，山から海に至る流域全体の環境管理の一体的な実施と食物連鎖を踏まえた海洋生物資源管理が必要

○そのために，自然海岸の保全，閉鎖性海域などの水質汚濁対策，上流域の森林づくり等を総合的に推進していくこととなっている。

図-6.26　海域環境の保全という観点

各論点における里海～里山との対比から～
(1) 歴史的経緯

	里山	里海
太古	日本は原生林で覆われていた。西日本ではシイやカシなどの常緑広葉樹林で覆われ、関東や東北はブナやミズナラの森林といわれている。	人手が入らず、沿岸域の自然環境、生物多様性が維持されていた。
弥生時代	建築材や燃料を得るため森の木を伐り、農耕のため焼畑を行い、田畑を開墾し、肥料や牛馬の飼料採取のため粗朶刈りや落ち葉かき、下草刈り、火入れなどを行ってきた。	大陸から潜水漁法が伝わり、西日本(筑前など)では海人が活躍していた。
形成,維持の時代	自然遷移が止まって、人里(村落)に近い森林はアカマツ林やコナラ林、草原などの二次的自然になり、開墾した田畑には水路やため池がつくられて耕作や水管理・泥あげ・草刈りなどの仕事が行われ、千年以上ものあいだ里山は維持されてきた。モザイク状の環境(林齢や樹種の違った森林、草原、田畑、ため池や小川など)ができあがり、そこに多様な生き物が棲みつき、それらが創り出す四季の美しさ、それを感じる心、生き物と共存し生活を営む知恵が地域の伝統文化を形成。	室町末期から江戸時代にかけて、紀州を中心に網漁業や釣り漁業等の様々な漁法があみだされ、次第に全国に普及していった。漁業が飛躍的に発達したのは安土桃山(豊臣)時代の大阪築城がきっかけで、江戸時代には産業として成立。江戸時代は「山野海川入会」の諸原則で律され、漁業権の一定ルールが形成。
近代荒廃,崩壊の時代	近代の化学肥料の出現や燃料革命、機械化や効率化の追求など経済的要因により管理が放棄され、生態系バランスが狂って荒廃の危機。ヤマ(林野)やハラ(草原)は、燃料や肥料・飼料の採取場としての利用価値が減少し、スギやヒノキなど針葉樹林に植え替えられ、管理が放棄され、遷移の中断が解かれ、次第にヤブ化や常緑広葉樹林化。	・近代、特に戦後の過剰な開発(埋立、地形改変等)等に伴い、沿岸域で藻場・干潟等の浅場環境を喪失することにより、沿岸生態系が劣化してきた。更に近年の経済的要因も加わり、荒廃の危機。
戦後	戦後の造林政策によって人工林化された森林も材価の低迷等によって管理されず放棄され、ノラ(田畑やため池・水路)はため池や水路はコンクリートで被われたり、パイプライン化し、田んぼも冬には干上がり、農業の衰退で耕作放棄地を増加させ、ヤブ化などが進行。生産的価値が減少した里山をゴルフ場や廃棄物処理場用地として転用した大規模開発も進行。	里山の出典:「かわ遊び・やま遊びのページ」(by masato koizumi)「里山を考える」など 里海の出典:「司馬遼太郎ノート」など

図-6.27 里山と里海の歴史的経緯

　海域環境の保全という観点から，結局は，人の手を加えることにより，高い生産性と生物多様性の保全が図られる自然の恵み豊かな豊饒の海ということになる。山から海に至る流域全体の環境管理の一体的な実施と，食物連鎖を踏まえた海洋生物資源の管理が必要である。これを里山と里海に分けると，昔はそれぞれそう変わらなかったと思われる。人による手が加わった後，ほったらかしで，里海では魚を捕り，里山では，土砂が出ると，集落で農耕文化がだんだん出てきた。

　お互いに少しスタートは異なるが，戦後になると里山は荒れ果ててヤブ化したり，あるいは常緑樹林化するというようなことがあった。里海は，使い過ぎたということもあるのか，戦後埋め立てを行い，その上に工場の立地とともに干潟・藻場の浅場環境が喪失というようなことがあって，両方とも荒廃をしたことに変わりはない。

文化的な側面の比較では，里山は最初は狩猟から始まっているが，どちらかというと農業に支えられた文化，農耕文化になる。里海の方は，当然狩猟的なことでスタートしたのだが，江戸時代ぐらいから海苔の養殖が大変盛んになり，海苔が食文化に広がったために，育てる漁業が発展をしてきている。さらに，両方ともそれぞれ神社があるのは共通しているところだが，里山は鎮守の森，里海は金毘羅様のような海辺の祭り，こういう神社が人々を支えてきている，精神的にも支えてきているということかと思われる。

　社会的・経済的には，里山の方は，集落的にその山に入っていいとか，そういう集合で物を使い，山を使う。里海の方は，ここはこれからも議論されるところだと思うが，今は漁業権というのがあるうえに，漁業は公有水面のため，だれのものという海はないのだが，魚を捕る権利はかなり以前からあって，これが漁業権として現在もあるわけで，私権，財産権としても認められている。譲渡権などは非常に制限をされていると伺っている。要するに，里海と里山では，こういうものの権利がすこし異なっている。つまり，漁業活動についてどういうふうに考えるか。とくに今では漁業者よりも，レジャーやフィッシングなど，海を使う人たちがかなりたくさんいる。漁業だけではないので，こういうものと海との触れ合いをどう考えていくかが大切だと思う。

　暮らしとの関係は今述べたように，里山は，生産地としての価値は低下してきたが，生物多様性をはじめ，多面的な価値の見直しが進みつつある。やはり里山は大切だったというので，今里山を守ろうという運動が里海より先に始まっている。里海の方は，価値がいくぶん低下してきているが，生物多様性をはじめ，多面的な機能を有しており，里山同様に価値の再評価が見直されている段階である。里山，里海は一体として保全をされなくてはいけないのだが，日ごろから里山と里海をつなげた，さらに間に里川があるということを私は常々主張しているのだが，ここではそこまで言及しない。

　とくに里海の方は，港湾等の用地で改変して，アクセスが悪くなり，海に近づけなくなっている。例えば名古屋もそうであるし，三河湾もそういうところがあるだろう。海浜に親しむ原体験が薄れてきている。これも住民がアクセスできるようなパブリックアクセスを回復させる必要があるだろう。

6.5 今後の課題

里海という概念は，人手が加わったことによって，陸地と一体になって生物多様性が図られ，それが人々の暮らしや伝統文化と深くかかわり，人と自然が共生する沿岸海域と定義するのがよいかと思う。

その構成要素としては，**図-6.29**に示すように物質循環，生態系，触れ合いという場と，活動する，実践する場と，活動する人たちの主体という5つの要素で議論されるべきなのだが，いずれも荒廃の危機にある。それから，里海は生活習慣と結びつくことで持続性を持ち得る。さらに，総合的管理の概念として活用できるツールにもなるだろう。

今述べたように，生態系，物質循環，触れ合いというのが，保全のための3つの構成要素である。活動の2つの要素が，活動の場と主体。そして，何を通し

里海という概念

(1) 定義
- 柳教授の定義および前述の論点整理等を基に，以下のとおり定義する。
『人間の手で陸域と沿岸域が一体的・総合的に管理されることにより，物質循環機能が適切に維持され，高い生産性と生物多様性の保全が図られるとともに，人々の暮らしや伝統文化と深く関わり，人と自然が共生する沿岸海域』

(2) 構成要素
- 里海は，単なる空間概念に留まらず，人々の活動の中で発生する概念。
- 里海は，「物質循環」，「生態系」および「ふれ合い」という活動により保全・再生される3つの要素と活動を実践する「場」と「主体」という2つの要素により構成される。
- 里海は，5つの構成要素により多様なものであり，海域の特性に応じ柔軟に存在することが可能であり，今後，様々な海域への普及が可能である。

(3) 里海の現況
- 荒廃の危機に瀕している。

(4) 創生により期待される効果
- 「物質循環」，「生態系」および「ふれ合い」の保全・再生により海域環境の保全・再生が期待される。

(5) その他留意事項
- 里海は，生活習慣等と結びつくことで持続性を持ちうる。
- 里海は，沿岸域の総合的管理の概念として活用できるツールである。

図-6.28　里海の概念

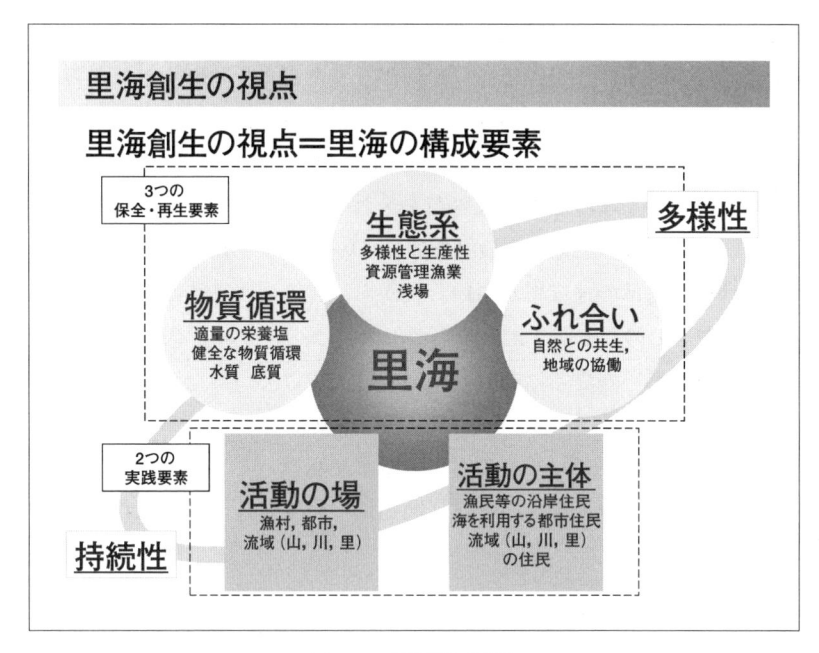

里海の再生と創出をめざして―内湾・内海の水環境保全― 第6章

図-6.29 里海創生の視点

てこれを一体にさせるかというと、効果として持続性があることと、多様性を維持できる、あるいは向上が維持できる。こういうこととして効果を認識することができるであろうかと考える。

　昨年度の仕事の中で、里海と言われるものを類型化（図-6.30参照）して、活動の「場」と「主体」から分類してみると五つぐらいのものにわかれた。全部で25例程度集めたのだが、例えば鎮守の海型ということで、禁漁区、禁漁期の設定により手を加えない管理をして、海が守られているところは今でも少しある。体験型というのは、都市の近郊に位置して、都市住民による体験活動を通して活動を行っていることだろう。

　最初に述べたように、とにかく今の閉鎖性海域の水質は悪い。そのため、環境省では、閉鎖性海域の中長期ビジョンを昨年から検討している。中長期というのは、20～25年という単位でビジョンをつくり、閉鎖性水域とその環境を改善していこう、ということであり、水質汚濁防止法の法律の中で総量規制が決

まっている。平成22年から第七次総量規制を実施するわけだが，その第七次総量規制に向けて，新たな視点を設けない限り，ただ量を少なくしたからいいというわけではないので，そういう中で海域ごとの目標設定の決め方や水質環境基準の見直しなどをしなければならない。海については，DOや透明度，あるいはCODをTOCにしようとか，大腸菌を入れようとか，いろいろな問題があるのだが，こういうものを見直す検討を進めているわけである。

　伊勢湾は環境基準の達成率が悪い。だから，見方によっては日本全国の海で一番伊勢湾が悪いのだと聞こえるのだが，それはパーセントで言っているため，けっして水質が悪いわけではない。高い水準を設けているなか，それが達成しえないため，水質が悪いわけではなく目標を達成していないという意味である。だいたい予定した時間になったのだが，本章で私は，とくに内湾を中心に現在の閉鎖性海域の水環境保全をめぐる諸問題について，短時間で触れさせていただいた。

多様性・持続性				類型	活動の特徴
地域性		物質循環	生態系 ふれ合い		
活動の場	活動の主体（生活の場）				
流域（山村）	流域＋漁村	各地域での取り組みにより，程度は様々		流域一体型	森・川・里を一体として捉えた活動 等
都市	都市			都市型	都市直近に位置する藻場等の浅場の保全や再生活動 等
都市・漁村	—（手を加えない管理）			鎮守の海型	禁漁区，禁漁期等の設定による手を加えない管理 等
漁村	漁村＋流域，都市			体験型	都市近郊に位置し，都市住民による体験活動 等
	漁村			漁村型	漁村に位置し，漁業活動の中で実施される活動 等

図-6.30　里海の類型化

第3編

流域圏と社会

第7章 鴨川の流域管理と鴨川条例

人間文化研究機構
金田章裕

7.1 川と人とのかかわり

　私の専門は，歴史地理学であり，一般に河川とはどこに縁があるのかわからない。大学も，京都大学文学部出身であり，しかも，現在は人間文化研究機構という東京都心のるオフィスにいてまさに一極集中の趨勢の中にいる。後々の話にちょっと関係があるのでお話させていただくが，人間文化研究機構というのは，国立大学の法人化と同時にできたものであり，千葉県の国立歴史民俗博物館，東京の立川にある国文学研究資料館，京都にある国際日本文化研究センター，同じく京都にある総合地球環境学研究所，それからもう1つは大阪にある国立民族学博物館の5つの研究所を統括している。そのようなものであるので，総合地球環境学研究所を除けば，依然としてどこに河川との接点があるのかわからないという状況にある。

　私はついこの3月末まで京都大学の文学研究科の教授をしており，それまで京都にずっとかかわっていた中で，鴨川の流域管理にかかわる仕事を結果的にしてきた。そのときの発想は2つある。1つは，川と人間とのかかわりは，とくに日本のようなところにおいては歴史的に非常に長いわけである。ずっと川とかかわり合いながら人々は生活してきた。とくに平安京，京都の場合は，9世紀の初めごろから防鴨使（ぼうがし）という役所が律令国家の中にでき，まさしく

河川管理を始めていた。堤防をつくったりなどをしていた。そのような平安京と鴨川とのかかわりの歴史に学びながら，そのすべてではないにせよ，そこを学びながらこれからもいくべきではないかというのが1つである。

　もう1つは，そういった歴史の中で顕著に見られることであるが，その流域に住む人々がその流域の管理にかかわらないといけないのではないか。この2点を鴨川で進めていこうというのが基本的な立場である。

　京都は名古屋より小さくて，人口は140万人程度ということになるが，その100数十万人もの人口のある街の東のところを，言うならば市街地の真ん中を鴨川が流れている。

7.2　鴨川と人々の暮らし

　図-7.1に示したように，鴨川は非常にきれいな川である。一時期汚れていたこともあったが，今は，そんな大都市の中を流れる川でありながら，アユやハヤが泳いでおり，それをとっている漁業組合が今も生きている。時々，それに

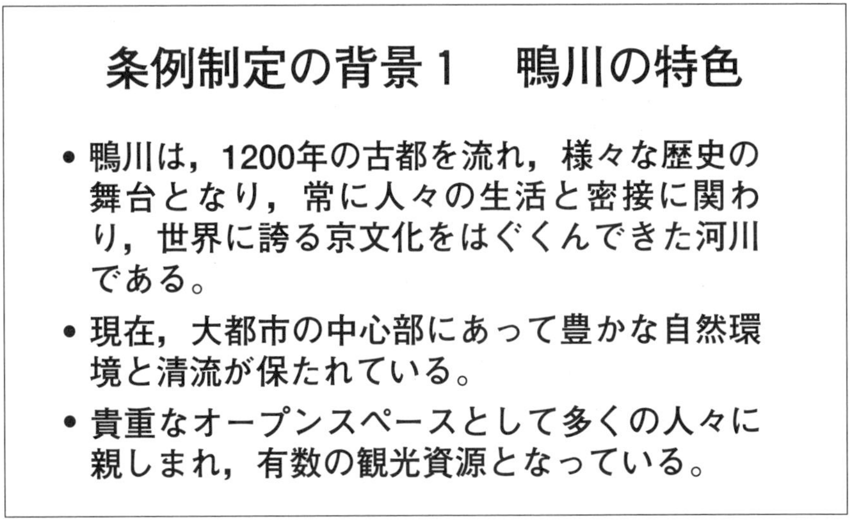

条例制定の背景1　鴨川の特色

- 鴨川は，1200年の古都を流れ，様々な歴史の舞台となり，常に人々の生活と密接に関わり，世界に誇る京文化をはぐくんできた河川である。
- 現在，大都市の中心部にあって豊かな自然環境と清流が保たれている。
- 貴重なオープンスペースとして多くの人々に親しまれ，有数の観光資源となっている。

図-7.1　条例制定の背景1

対抗し，長良川かどこかからウが飛んできて琵琶湖や鴨川に進出してきており，今，漁協とウが戦いを始めている。それはちょっと別にして，アユもおり，ハヤもいる，それをとって生活している人もいるし，それを食べている人々もいるという状態である。そのような状況で，依然として豊かな自然環境と清流が保たれているわけであるが，これが非常に貴重な例であるということが1つ。

それから，**図-7.2**のように課題もある。一種の都市公園，都市内部の公園としての非常に貴重なオープンスペースであり，これは京都にとっても非常に重要な観光資源あるいは市民の親水空間ともなっている。

ところが一方，御他聞に漏れず，つい数年前に局地的な集中豪雨のために増水し，鴨川の東側を走っている京阪電車の地下のルートに水が流れ込むという異変が発生した。それで，鴨川を何とかしろという声が上がったことも事実であるが，無理に地下を掘り，全部川のせいにするのはけしからん，地下を掘るのであれば，それなりの対応は掘る方が責任を持ってやれということを私は言っている。無理なものをつくっておき，もともと何千年あるいは何万年も流れてきた川に責任を転嫁するのは大変けしからんと言っている。

放置自転車が河川敷に増えてきたことに対しては対策を設定したのであるが，

条例制定の背景2　鴨川の課題

- 局地的集中豪雨の頻発傾向による洪水危険性の増大，河川環境悪化の懸念，放置自転車など快適な利用を妨げる行為や景観の阻害が見られる。
- 沿川住民，利用者，事業者をはじめ多くの人々が関心を寄せ，美化活動などの活動がなされ，また幅広い意見が府に寄せられている。

図-7.2　条例制定の背景2

従来は広くて市街地から離れていたというか，市街地がそう接近していないところがあったので，そこでバーベキューなどできたのであるが，最近は市街地が隣接しており，そういったことをすること自体が都市内のオープンスペースあるいは都市公園に準じた空間としては非常に問題が起こるというようなことがある。そういったことは，行政なりハードな施策だけではとても解決できることではなく，住民とともにそれを考える必要があるということを訴えている。

簡単な地図を**図-7.3**に示すが，緑色(中心部の色の濃い地域)のところが旧市街地で，そこのど真ん中を流れているのが鴨川である。西側から桂川が流れてきて，やがて合流してもっと下流へ行って淀川と合流するということであり，水

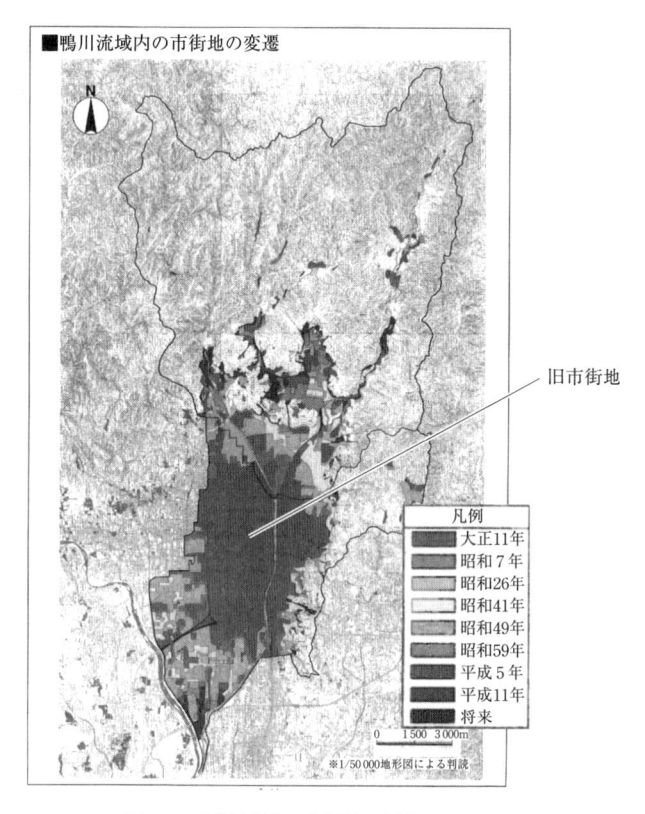

図-7.3　鴨川流域内の市街地の変遷

系としては淀川の水系である。

そういったところであるが，図-7.3のように，旧市街地の北側と南側へどんどん新しい市街地が増えているというのが現状である。

その流域の水系の状態は図-7.4のようであるが，鴨川と桂川が合流している付近に下水処理場があり，そのような所に全体の流域の下水が集中し，処理をするということになっている。現在，京都の市街地において，地表を流れる雨水が最終的に鴨川に流れ込むというのが一部あるが，それ以外は，下水はほとんど完備しており，残っているのは，上流域の山間地のところで問題が少なくとも1〜2例発生している。これは，山間地に産業廃棄物を不法に持ち込んだり，あるいは不法か合法かわからない，すれすれのところでいわゆる産廃施設，

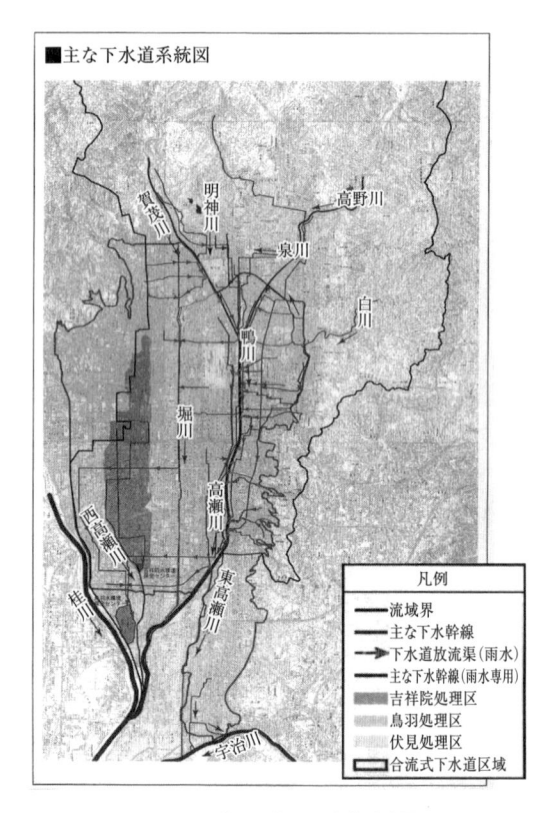

図-7.4　鴨川の主な下水道系統図

産業廃棄物処理施設をつくっている業者で，非常にたちの悪いのが1件あり，そこをコントロールしないといけないということが問題として起こっている。そういう例外的な事例を除くと，下水処理もシステムは行き渡りつつあるという状態である。

そういった状況を示したのがこの**図-7.5**であるが，大ざっぱに言うと，この北のところが山の中，そして中流域から下流の部分が市街地という状態である。ご存じの方も多いと思われるが，観光案内的にいくつかを示す。流域の上流のあたりのことを，面倒な研究者たちは，時々「がもがわ」というが，賀茂川と書く。高野川という川が来て，ここで合流してから，鴨川というふうに今は言い

■主な取水位置と水利権量

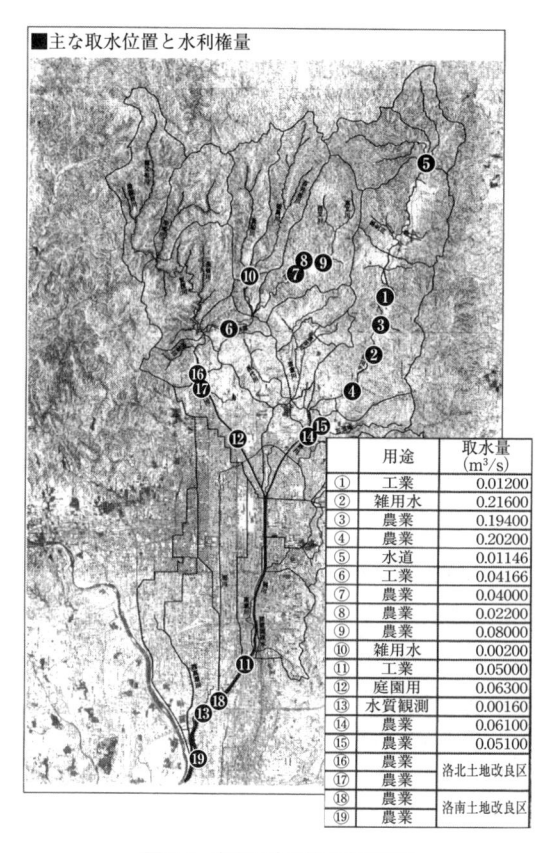

	用途	取水量 (m³/s)
①	工業	0.01200
②	雑用水	0.21600
③	農業	0.19400
④	農業	0.20200
⑤	水道	0.01146
⑥	工業	0.04166
⑦	農業	0.04000
⑧	農業	0.02200
⑨	農業	0.08000
⑩	雑用水	0.00200
⑪	工業	0.05000
⑫	庭園用	0.06300
⑬	水質観測	0.00160
⑭	農業	0.06100
⑮	農業	0.05100
⑯	農業	洛北土地改良区
⑰	農業	
⑱	農業	洛南土地改良区
⑲	農業	

図-7.5　主な取水位置と水利権量

分けているので，一々説明するのが面倒なため，「がもがわか，かもがわか」という話になる。面倒な表現で恐縮であるが，「賀茂川」というあたりのところで。

図-7.6 右下は柊野堰堤のところである。

もう少し賀茂川の下流に行くと，北大路橋があり，近くに植物園がある。もっと上流になれば，山の中ですから**図-7.6** 右上のような状態であるが，先ほど申し上げた柊野堰堤という堰堤がある。ところどころに小さな堰堤があり，段にして川の流勢を止め，なだらかな流れになるようにしてある。これは昭和10年の大洪水の後つくられた形である。

下流へ行くと，**図-7.7** のようになる。2つの川の合流点のところに，亀の形をした石などが埋めてあり，私の友人の子供連れは，あの亀のために毎日大変だと言っている。子供が亀を気に入って，毎日親が付き合わされて大変だという意味であり，何も悪いと言っているわけではないが，そういったものがあったり，非常に子供たちにも親しまれている親水空間である。

■鴨川の現況（上流）

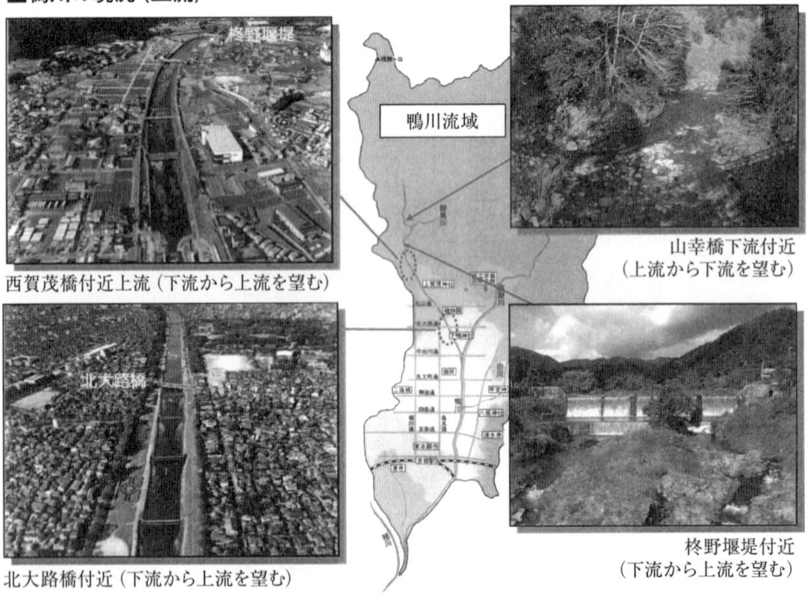
柊野堰堤
鴨川流域
北大路橋
西賀茂橋付近上流（下流から上流を望む）
山幸橋下流付近
（上流から下流を望む）
北大路橋付近（下流から上流を望む）
柊野堰堤付近
（下流から上流を望む）

図-7.6　鴨川の現況（上流）

■鴨川の現況（中流）

賀茂大橋付近（下流から上流を望む）

出雲路橋上流付近
（下流から上流を望む）

四条大橋付近（下流から上流を望む）

四条大橋上流付近
（下流から上流を望む）

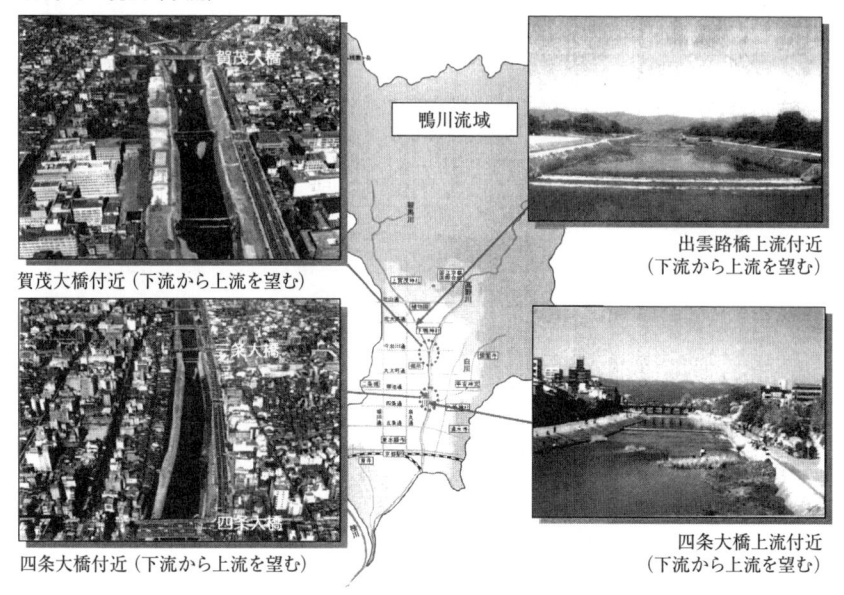

図-7.7　鴨川の現況（中流）

　両岸がだんだん市街地の状態で，**図-7.7**左側が三条，四条付近であるが，ここには納涼の川床などが今ごろはできていて，夕食を楽しみながら川風に当たるという情景が今もある。

　もっと下流へ行くと，**図-7.8**のように鴨川と桂川がやがて合流する。少し風情がなくなりつつあるが，最近はかなり整備も進み，従来あったような河川敷の不法占拠あるいは不法利用などというのはほとんどなくなった。

　先ほど少々述べたが，納涼床というのが**図-7.9**のようなものであり，河川敷にこういうものを張り出し，先斗町の料亭がここで夏にやっている。調子よくて人気があるので，昔は6月からだったが，最近は5月からやっている。一時的にこのような場所でお祭りをする場合もあるが，ともかく非常に人々に親しまれている

　図-7.9の左下には，人々がくつろいで座っている様子が見てとれる。多くの鳥がおり，私はちょっと不安だが，人に慣れてしまったカモなどが，夕方にな

第3編 流域圏と社会

■鴨川の現況（下流）

国道1号線付近（下流から上流を望む）

桂川合流点付近（下流から上流を望む）

鴨川流域

勧進橋付近（下流から上流を望む）

小枝橋付近（上流から下流を望む）

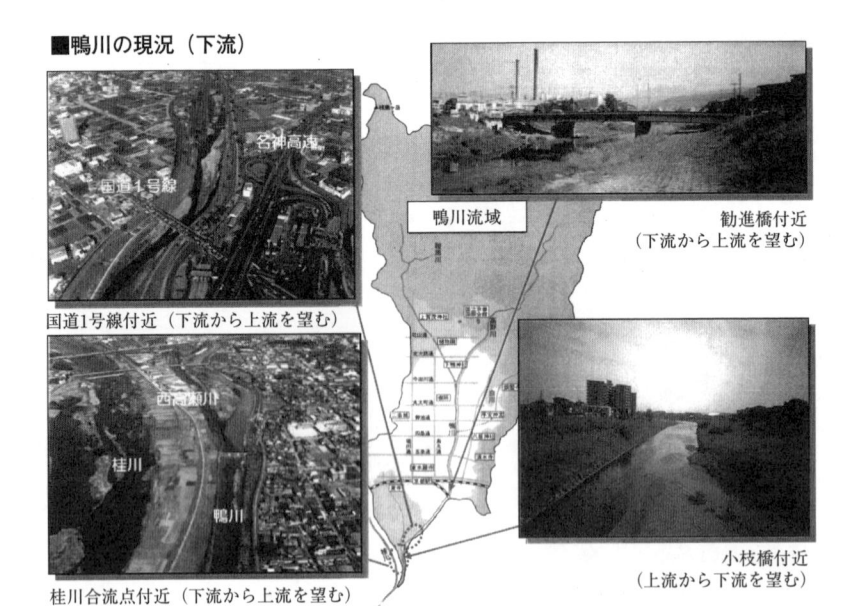

図-7.8　鴨川の現況（下流）

■河川利用の状況

鴨川納涼の様子

納涼床の風景

鴨川でくつろぐ人々

飛石で遊ぶ子供達

図-7.9　河川利用の状況

ると平気で寝ている。横を歩いている犬も平気で歩いている。それが心配になり，納涼床に座って酒を飲んでいるはずが，カモばかり見ているという状態になりがちである。夜になって，アベックができるだけ離れて座るので，次に来た人はその間へ座る，次に来た人はさらにその間へ座るということで，いつまでたっても等間隔になるというのが1つのパターンである。

　すでに述べたように，かつては周囲からいろいろな汚水が入ってきていたが，現在はそれを区分し，図-7.10のような形でよくコントロールされた河川とい

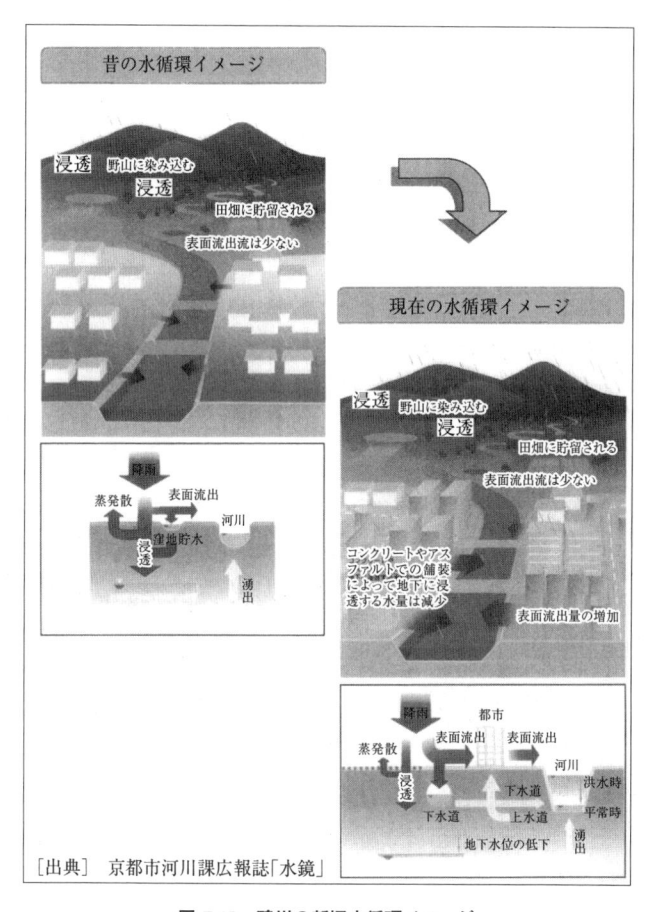

図-7.10　鴨川の新旧水循環イメージ

状態になっている．

　よくコントロールされているとはいうものの，最近はどこでも言われているが，降雨のパターンが少し変わってきているらしいというのが統計的に出ており，**図-7.11** のように昭和 51 年から 60 年の間という時期と 60 年ごろから平成 7 年ぐらいまで，そしてさらに平成 8 年ぐらいから 16 年までの間というのを大ざっぱにくくってみると，どうも少しパターンが変わってきており，最近は時間雨量 100 mm 以上といったような降雨の発生回数が増えているのではないかという状況が出てきている．さらに加え，市街地が増加しているため，その市街地に降った降雨が土に吸収されず，そのまま河川に流入してくる．したがって，増水のあおりを本流が直接的に受けることになるという現象が増えているようである．

　それが，先ほど述べた平成 16 年（**図-7.12**）の越流で地下街に水が流入したということにも関係があると言われている．このあたりをどのように計算するか，あるいは計測するかというのは難しいところである．鴨川では，平成 16 年のとき

■頻発する集中豪雨

1. 時間雨量 60mm 以上の降雨の発生回数 （平成 16 年は 10 月 21 日現在） 1時間降雨量における年間延べ件数（全国のアメダス地点 約1300箇所より）

　S51～60 平均 67 回
　S61～H7 平均 82 回
　H8～15 平均 98 回
　既に 165 回

2. 時間雨量 100mm 以上の降雨の発生回数 （平成 16 年は 10 月 21 日現在）

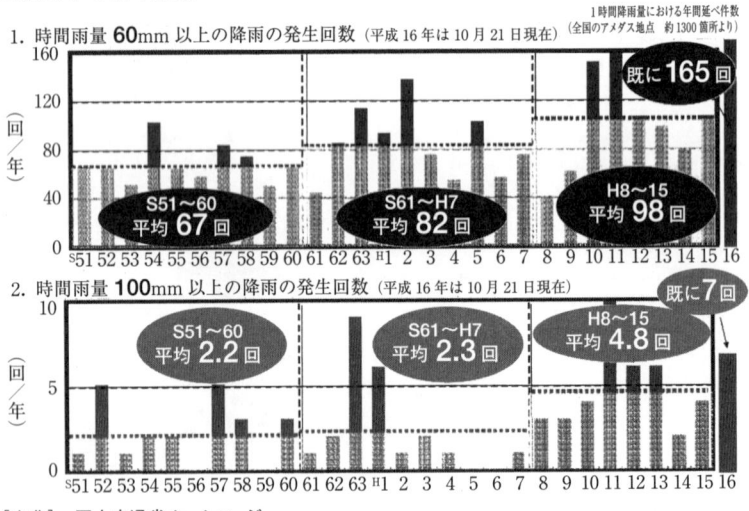

　S51～60 平均 2.2 回
　S61～H7 平均 2.3 回
　H8～15 平均 4.8 回
　既に 7 回

［出典］　国土交通省ホームページ

図-7.11　頻発する集中豪雨

鴨川の流域管理と鴨川条例　第7章

■最近の出水状況

三条大橋付近の様子（平成16年8月7日）

8月7日の洪水の概要

降雨量　105 mm（鹿ヶ谷観測所）

時間雨量　102 mm（鹿ヶ谷観測所）

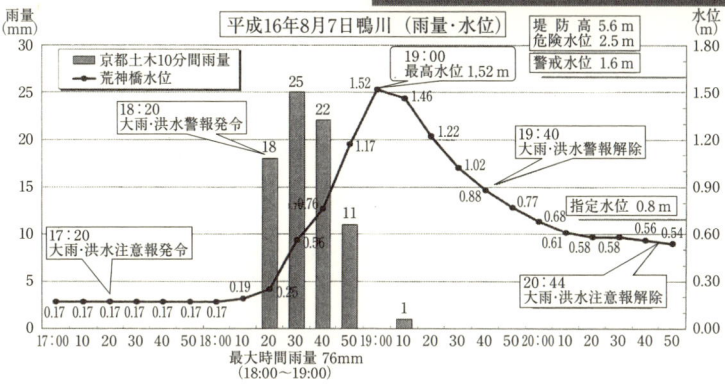

[写真提供]　京都新聞社

図-7.12　最近の出水状況

に増水し，従来だと問題のない河川敷に水があふれてきて，例えば若いカップルなどが夕方楽しんでいたような場所にも水があふれてきて，図-7.12のような状態になったという写真である。そのようなことが起き出しかねないという状態である。今のところ河川敷内にとどまっている。

図-7.12の下のグラフは京都土木事務所のところでの計測結果で，これは荒神橋という橋が鴨川と高野川の合流点の少々下流にあるが，そこでの水位調整の形である。集中豪雨のときに瞬間的に急にどんと増えるというような状況が出てきているというのが実情である。

7.3　鴨川利用の現状

鴨川というのは，それこそ平安京以来，人々の利用に非常に密接にかかわっ

てきた。例えば，有名な洛中洛外図などでも鴨川で漁をしている。つまり魚をとっている。あるいは鴨川は阿国歌舞伎の発生地でもあり，さまざまな興行が行われる場所。それから，正直なところ，市街地に当時住めなかった，そこからはみ出した人たちが住んでいた場所。さまざまな形で使われてきたのであるが，いずれにしても，市民にとって鴨川というのは非常に身近な親水空間である。

　その身近な親水空間を確保したいというのが1つの目的であるが，鴨川の場合，年間利用者数は非常に多く，**図-7.13**の数字が本当に正しいのか，どこまでどうなのかというのは，実は私もよくわからないのであるが，一応サンプル調査をし，推計をしたら，年間300万人以上が使っているという状態になっている。ともかく人々の利用の多い河川敷であるとお考えいただきたい。年齢構成も，若年であろうと老年であろうと年齢層を問わず，人々が親しんでいるのが現実である。

　利用頻度，利用場所はいろいろであるが，**図-7.14**のように散策，休憩，気分転換が一番多い。ジョギングをする人もいる。語らいというのもあるが，これ

鴨川利用の現状（1）

■鴨川利用者調査（利用者実態調査（H14.3.17（休日），18（平日））アンケート対象1025人）

年間利用者数　約3 020 000人　　（調査結果より推定）

性別
男 56.0%　女 44.0%

年齢構成
男性：15～19歳 1.7%，20代 20.0%，30代 8.9%，40代 13.8%，50代 23.0%，60代以上 32.6%
女性：15～19歳 5.8%，20代 26.4%，30代 14.0%，40代 12.4%，50代 22.8%，60代以上 18.4%

居住地
京都市内 83.6%　京都市以外 16.4%

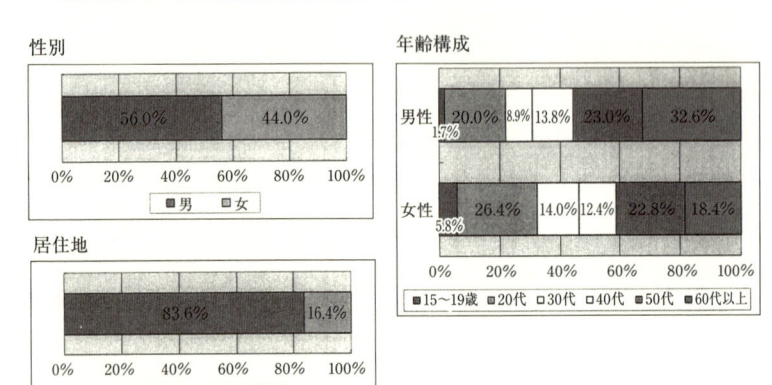

図-7.13　鴨川利用の現状(1)

鴨川利用の現状（2）

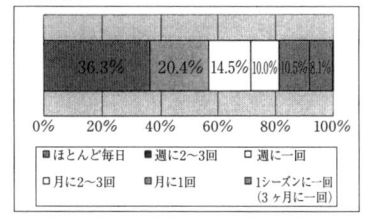

利用頻度

36.3% / 20.4% / 14.5% / 10.0% / 10.5% / 8.1%

- ほとんど毎日
- 週に2～3回
- 週に一回
- 月に2～3回
- 月に1回
- 1シーズンに一回（3ヶ月に一回）

利用場所

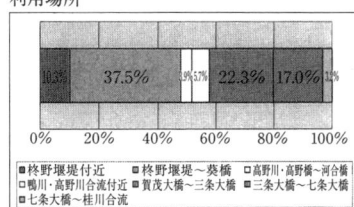

10.3% / 37.5% / 3.9% / 5.7% / 22.3% / 17.0% / 1.1%（※読み取り）

- 柊野堰堤付近
- 柊野堰堤～葵橋
- 高野橋・河合橋
- 鴨川・高野川合流付近
- 賀茂大橋～三条大橋
- 三条大橋～七条大橋
- 七条大橋～桂川合流

利用目的

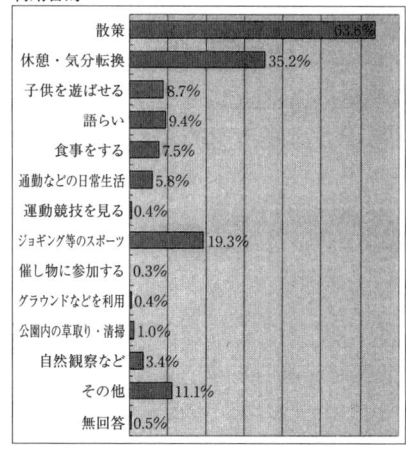

- 散策　63.6%
- 休憩・気分転換　35.2%
- 子供を遊ばせる　8.7%
- 語らい　9.4%
- 食事をする　7.5%
- 通勤などの日常生活　5.8%
- 運動競技を見る　0.4%
- ジョギング等のスポーツ　19.3%
- 催し物に参加する　0.3%
- グラウンドなどを利用　0.4%
- 公園内の草取り・清掃　1.0%
- 自然観察など　3.4%
- その他　11.1%
- 無回答　0.5%

図-7.14　鴨川利用の現状（2）

は前述したカップルである．その他いろいろあるが，ともかく非常に親しまれている．

　鴨川の場合は，集中豪雨対策として，かつて河床を掘り下げるというアイデアが出たこともある．その時も市民の多くが反対に回り，掘り下げて両側がコンクリートの壁になったセーヌ川みたいな川ではどうしようもないということになり，その計画は取りやめになった．それはそれでいいのであるが，一方で何らかの対策を講じないと異常な集中豪雨の状態が増えているという中では困る場合も出てくるというのが実情であるので，それへの対応を必要とする．どうしたらいいのかというところで，私はやはり歴史的な住民と川とのかかわりの中にヒントを探るべきであり，そしてまた住民が直接参加する形で流域管理，河川管理を行うべきだろうと考える．

　実は，前述したとおり，**図-7.15**のような河川の形状というのは，すでに人工的なものである．鴨川そのものはずっと，平安京以前から流れており，一時期，平安京のときに河川のつけかえがあったという説があったことがあるが，その

鴨川の魅力〜"美しさ"

①周辺の山々との調和

②季節感を感じる自然

③清らかな水の流れ

図-7.15　鴨川の魅力〜"美しさ"

ような事はない。その前からほとんど現在の流路を流れている。そして，そこの形状は変わっているが，とくに昭和10年の大洪水の後には，平均1.5 mだったと思うが，河床を切り下げて，こういった人工河川になっている。しかしながら，依然として清流を確保しているというのが実情である。

図-7.17に少し歴史的な写真を入れたが，先ほど申し上げた出雲阿国の阿国歌舞伎の阿国の銅像がある。こんな格好をしていたかどうか，当時写真があったわけではないので不明だが，このような状態である。

図-7.17左下は江戸時代の四条大橋であり，河原で人々がいろいろな営みをやっている状況が描かれている。昭和10年の洪水の最大の理由は，上流でつぶれた橋の木材が流れてきて，橋に引っかかった。ここがダムアップするような形になって，その結果，またふたたび破堤するといったことが起こり大洪水を引き起こした。雨だけではなく，そのような状況が加わって洪水が起こったというのが実情である。

鴨川の流域管理と鴨川条例　第7章

鴨川の魅力～"快適さ"

①開放感

②安らぎ

③潤い，清涼感

■鴨川付近の気温
二条大橋付近（昭和61年7月30日調査）

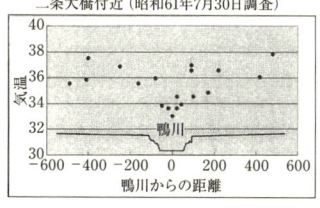

［出典］　松浦茂樹, 島谷幸宏：京都鴨川納涼とその気候条件, 土木学会第43回年次学術講演会

図-7.16　鴨川の魅力～"快適さ"

鴨川の魅力～"存在感"

存在感　⇨　「ひと（京）」と「鴨川」との関わりの歴史

◎暴れ川としての「鴨川」

昭和10年鴨川大洪水（四条大橋付近）

◎政治，文化の舞台としての鴨川

江戸時代の四条河原 　　　出雲の阿国の像 　　　御輿洗い（提供：京都新聞社）

図-7.17　鴨川の魅力～"存在感"

155

7.4 鴨川をめぐる課題

　そういった実情のところであるが，現在でも問題がやはりあり，図-7.18のような例がある。こういった河川の流域は夜になると非常に明るい光で，ネオンの明かりがいいと言う人もいるが，風情を損なうという声も強い。ここはちょっと見解のわかれるところである。このあたりは何とかしないといけない。放置自転車は，撤去することを条例で定めた。条例で撤去というわけにいかないのが生きている人であり，時々まだ若干の人が住んでいる。ずいぶん少なくなったが，住んでいる人がおり，これは大変困っている。それともう1つ困っているのが不法投棄で，依然として時々ある。

　例えば下流域は図-7.19左下のように，以前は不法占拠，不法利用が多かったが，現在はこのような形になってしまった。したがって，ずいぶん全体の管理状況はよくなっているというのが実情である。

　京都の水害の歴史を図-7.20に簡単に入れた。昭和10年の水害というのは，京都市街地にとっては非常に大きなものであり，老年の方であると今でも記憶に

「親しめる鴨川」を巡る様々な課題（1）

▼景観

ネオン

▼利用

ホームレス　　　　放置自転車　　　　不法投棄

図-7.18　「親しめる鴨川」を巡るさまざまな課題（1）

「親しめる鴨川」を巡る様々な課題（2）

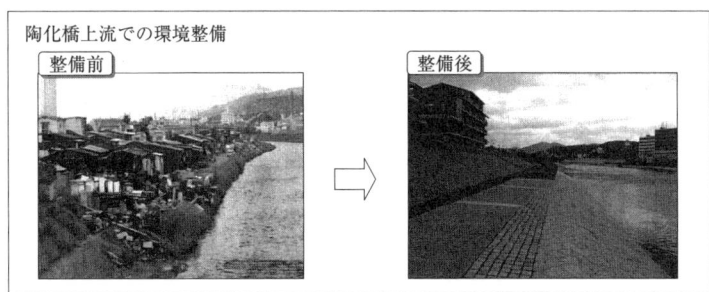

陶化橋上流での環境整備

整備前 → 整備後

図-7.19 「親しめる鴨川」を巡るさまざまな課題（2）

「親しめる鴨川」を巡る様々な課題（3）

▼危険性の認識の希薄化

■平成16年8月7日洪水時

三条大橋付近の状況
（提供：京都新聞社）

■昭和10年以降の主要な洪水

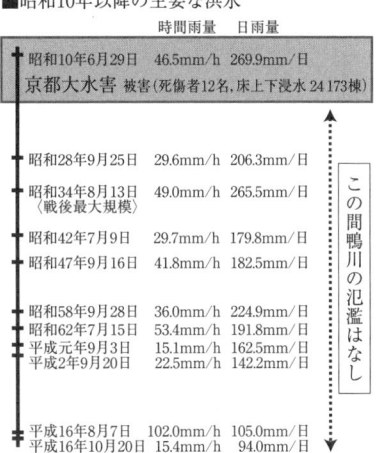

年月日	時間雨量	日雨量
昭和10年6月29日	46.5mm/h	269.9mm/日
京都大水害 被害（死傷者12名、床上下浸水24,173棟）		
昭和28年9月25日	29.6mm/h	206.3mm/日
昭和34年8月13日〈戦後最大規模〉	49.0mm/h	265.5mm/日
昭和42年7月9日	29.7mm/h	179.8mm/日
昭和47年9月16日	41.8mm/h	182.5mm/日
昭和58年9月28日	36.0mm/h	224.9mm/日
昭和62年7月15日	53.4mm/h	191.8mm/日
平成元年9月3日	15.1mm/h	162.5mm/日
平成2年9月20日	22.5mm/h	142.2mm/日
平成16年8月7日	102.0mm/h	105.0mm/日
平成16年10月20日	15.4mm/h	94.0mm/日

この間鴨川の氾濫はなし

図-7.20 「親しめる鴨川」を巡るさまざまな課題（3）

残っていて,語り草になっている。一番最近では平成16年に起こり,そのときにどのくらいの集中豪雨の状況であったのかということが書かれている。瞬間的にはこの平成16年は非常に大きかった。そのような状況を今後どうするのかということを考える際に,まずは鴨川条例というものをつくった。京都府の条例である。これは自主条例であるが,しかし,河川管理のための基本としようということである。

7.5 京都府鴨川条例

その選定の理由は,図-7.21に示したように鴨川は京都府民共有の財産であるということを基本として総合的な治水対策をする,良好な河川環境の保全および快適な利用の確保を図るといったことを基本にする。この鴨川条例をつくるときの委員会の委員長を私が務めたということもあり,甚だ思い入れがあるという状況でもある。

ところが,それだけではなく,後でもう少し述べるが,仕事の場所が変わり,東京へ行っているにもかかわらず,いまだに鴨川にはかかわっているという状況である。その鴨川条例では,歴史と文化的価値を重視するということと,府

京都府鴨川条例(京都府条例第40号)

1 制定の理由

京都府民共有の財産である鴨川について,総合的治水対策の推進,良好な河川環境の保全及び快適な利用の確保を図ることにより,府民の安心・安全で快適な生活に寄与するため,京都府鴨川条例を制定するものである。

図-7.21 京都府鴨川条例

の条例であるため京都市と協調しないとどうしようもならないわけであり，行政の枠を超えて協調するということだ。したがって，この委員会の当初から，主催者の京都府だけではなく，京都市の関係者にも出席を要請し，常に陪席していただき議論したということである。かつ，府民，それから事業者と協働することを1つの目的にしている。

総合的治水対策のためのハードの部分は，まだこれから議論すべきところがあるが，基本的には，要するにどれだけ集中豪雨があるか。つまり，100年に1回の集中豪雨に耐えられる水系か，河川管理なのか，1000年に1回まで耐えられる河川管理かというようなことがしばしば議論されるが，100年に1回であろうと1000年に1回であろうと，1000年たたないと起きないというものでもなく，来年起きるかもしれない。そのような確率のためにどれだけの経済的負担，それから土地管理のための負担，土地利用上の負担をすることが適当なのかということと，それにどれだけの住民がかかわるべきなのかということの兼ね合いの中で河川管理は進めなければならないという発想を基本にしているわけである。

環境保全区域というものをつくり，流域全体をこれに指定した。したがって，京都府知事は鴨川の環境保全区域として流域全体を管理するという形で，相当踏み込んだ河川管理になっている

この河川管理の特徴は，例えば鴨川の河川敷の工作物の制限，あるいは納涼床のデザインも，納涼床の組合の統一的なデザインを，あるいは統一的な制限を追認するということである。それを配慮し，非常にランダムな，乱雑な景観になるのを防ごうというわけである。景観形成について重要視した形になっている。ただ，これは行政の京都市と京都府の協働とは言っても，河川敷は京都府の管理下にあるが，河川敷を越えると京都市の管理下にあるので，そのところの兼ね合いが依然として問題がある。

それから，自転車，自動車の乗り入れ禁止，放置自転車の撤去ということを定めた。打ち上げ花火の禁止，落書きの禁止，バーベキューの禁止ということも定めた。時々心ないホームページに，バーベキューの禁止や，打ち上げ花火を禁止したことを激しく非難している人がいるが，都市公園に準じた空間として進むべきであるということが基本的な考え方であり，それが十分に反映され

たものと思っている。ただ，バーベキューの禁止区間がちょっと限定的であったため，もう少し拡大すべきであろうとも思っている。それからもう1つ，これには入れていないが，鴨川にいるユリカモメ等に餌をやるのが趣味の人がおり，甚だ困っている。これも少しやめていただきたいと思っており，今，鴨川府民会議で議論している。

その会議というのは，条例に規定してあり，鴨川府民会議というものをつくり，私が学識経験者であるというのは少々疑わしいのだが，学識経験者7〜8名と，公募の府民の代表7〜8名と，合計20名弱からできた鴨川府民会議というのを設定し，もうすでに2回行った。そこでいろいろなことを議論して頂き，その議論を知事が重視するということである。そこで決定をしてどうこうするということはなく，決定権は議会にあるので，それと変てこな二重のものをつくると具合が悪いのであるが，知事は施策を決定するに際して，鴨川府民会議の議論を重視するということを明示し，やっているという状態である。そこで今，自然生態に影響を与えるような鳥への餌やりなどはいけない，つまりやめる方向でいろいろ具体的に施策を検討するべきだということを議論している。

その次の「四季の日」なんていうのはどうでもいい話であるが，要するに，水と親しむ親水環境をより促進しようということである。そういったようなことがらをいろいろと進めたいと思っており，この条例を施行したのが昨年からであるが，こういった形で鴨川の流域全体を管理するということとその管理にそこの住民が積極的に関与する。言うならばソフトの部分であるが，河川と人々，住民との関係は歴史的な状況を十分振り返って，そこで生き残ってきたよりよい伝統，あるいはよりよい慣習，よりよいパターンを選びながら，それを採用していきたい。しかしながら，それも一方的に決めるのではなく，府民会議の意見を踏まえながらやっていく。そういったシステムをつくり，実施しているわけである。

もちろん，これで完全というわけではなく，さまざまな問題がある。例えば，私の娘が鴨川べりのマンションに住んでいるが，そこの駐輪場に不法駐輪があふれて困っている。つまり，河川敷から不法駐輪を撤去したら，別の空間を探して不法駐輪を繰り返す人が増えている様である。さまざまな解決すべき問題はほかにもあるが，そういった一歩を踏み出すべきであると考え，現在も試行

錯誤を重ねている。

　先ほど，この条例をつくる際の委員長が私だったということを，余計なことながら申し上げたが，実はこの鴨川府民会議の議長は依然として私が兼務しており，府民の意見を積極的にお聞きしているという状況である。少々余計なことを申し上げ，河川工学とはまったく関係のない話をし恐縮だが，こういった形も1つの方向性の中に意識していただければと思う。

第8章 農業農村政策の変遷と新たな施策展開
―地域(流域)管理の視点を中心に―

鳥取環境大学環境情報学部環境マネジメント学科
三野　徹

8.1　灌漑排水と農業土木

　私の専門である灌漑排水学は，農業水利学とも共通した点があるが，若干異なっている。最近ではとくに，地球環境問題や砂漠化の問題，あるいは1960年代から始まっている緑の革命で注目されている分野である。緑の革命とは，国際稲研究所で開発された「IR8」という多収穫品種が引き金となって世界中の米の増産に大きく寄与したことで話題になった。実は緑の革命というのは，育種だけではなく，たくさんの肥料が必要であり，そのような施肥の技術のほか，さらにもう1つ重要なものが，水の管理の技術である。育種と肥料と水とがセットになって達成されたのが緑の革命だと言われている。それぞれの貢献度合いが評価されているなかで，およそ育種が3分の1，肥料が3分の1，灌漑が3分の1であると言われている。この灌漑排水学が私の専門である。

　灌漑排水学は，わが国では農業土木学という分野に属している。農業土木学というのは技術面からの分類であり，政策的には土地改良政策または農業農村政策になる。私も食料・農業・農村政策審議会の委員あるいは臨時委員等をしたことがあり，これからの話もそういう意味でとっていただきたい。

　農業土木学というのは，土木学あるいは土木工学とは少し異なっている。水田稲作が伝播してから，わが国では水の制御と農業がセットになっていた。水

の制御は土木技術であるため，農業生産と水の制御が一体となったものが農業土木である。縄文時代の後期ぐらいに水田稲作がわが国に伝わったと言われているので，農業土木は2000数百年の歴史を持つと言うことができる。

倭の五王の時代，すなわち崇神天皇や仁徳天皇，さらには継体天皇が活躍する古墳時代には大規模な古墳が築造された。古墳が築造できるということは土木技術がかなり発展していたと言えるが，その土木技術を支えている大量の人員を動かす社会の統治技術，さらにはその技術の背景にあった鉄器の製造技術と土木技術，とくに水田の開発や用水を送る灌漑技術が一体となった技術が大陸から古墳時代に伝わってきたと考えられる。3世紀や4世紀に遡り，それ以来，営々として国土を刻んできたのが日本の歴史であり，それを支えてきたのが農業土木と言えるのだろう。

普通の土木工事と異なるところは，農業であるので作物を扱うということ。植物の中でもとくに人間に飼いならされた植物である作物を対象にしていることと，もう1つは農業生産に携わる国土空間である農村を対象としていることである。その辺のことを，とくに濃尾平野や伊勢湾沿岸を対象にして話をしていきたい。

稲作が九州に伝播し，一挙に西日本に広がった。しかしながら，木曽川流域と琵琶湖の周辺，九頭竜川流域のあたりでその伝播が一時停滞した。そこで日本型稲作体系ができ上がり，それが大和政権の日本統一と同時に東日本と北日本へと伝わっていくという経緯をとる。このように木曽川周辺や伊勢湾周辺は，日本型稲作ができ上がるうえで重要な位置にあったことを少し頭の中に入れておいていただきたい。

長々と話をしたが，本章でこれから話をするのは，地球環境問題の中で対応するときによく使われる言葉で「Think globally, act locally」という言葉がある。まず，地球全体で考えてみよう。そして手短な手元から行動しようという意味になろうかと思う。グローバルとローカルと同時に重要なことは，考える(Think)ことと行動(Act)することが一体にならないと，環境問題に対することができないことを示している。

知識というのは大変大事である。知識の体系というのは，まず環境問題を考える上での基本であるが，その知識の上にさらに認識が必要だ。今どのような

状況にあるのかを正しく認識した上で，どうあるべきかという見識が必要。そして，それに対して自分がどのように行動するかという意識が必要である。最後に，そのようなものをまとめて組織的に対応しないと，環境問題にはとても対応できない。すなわち，環境問題には「知識」，「認識」，「見識」，「意識」，「組織」と，5つの「シキ」がきわめて重要になってくる。

これは実は安部統先生のお話からの引用で，地域開発に関連した本を一緒に執筆させていただいたときにそういう話を伺った。それ以来，私自身の考えの基本にさせていただいている。環境問題は，科学的な知識すなわち"知る"だけでは何もならない。アクションが必要であるが，それを考えるとすると，どうしても知恵が必要となる。すなわち歴史的な経験の知が必要になってくる。すると，知識にまでは整理されない科学技術，科学としてはなかなか整理しにくい知恵をどう掘り出していくかが，環境問題の対処に非常に重要なものとなってくる。科学的に整理できなかったり，解明できないものが，何らかの形で知恵として伝えられていくものをどう考えるかが，環境問題に対して大変重要になってくると思う。

8.2　国土の変遷と新しい農業政策

図-8.1に，記録が残っている古代国家ができてからの農地面積と人口の増加を整理したものを示す。農地面積の増加とほぼ平行して人口はゆっくりと増加していく。戦国時代から江戸時代初期に人口と農地面積が急激にジャンプする。そして江戸時代になるとふたたび停滞している。明治に入ると農地面積の増加に対して人口の方の伸びが大きくなっている。これは，とくに灌漑排水に欧米の土木技術が導入されたのと，さらに肥料や育種というさまざまな農業技術の改良によって反収そのものも数倍にも伸びたために人口は大きく増えている。

1950年ごろの高度成長が始まるころから，わが国の農地面積は減少し始める。しかしながら，人口はどんどん増加し，昨年にピークに達して，以後下がり始める。高度成長期には海外からどんどん食糧を輸入するようになる。現在の食生活を維持するには，日本の農地面積の約3倍が必要である。国外に2倍程度の農地面積を幻の日本領土として持っていないと，現在の食生活が維持できない

わが国の人口と国土利用変遷

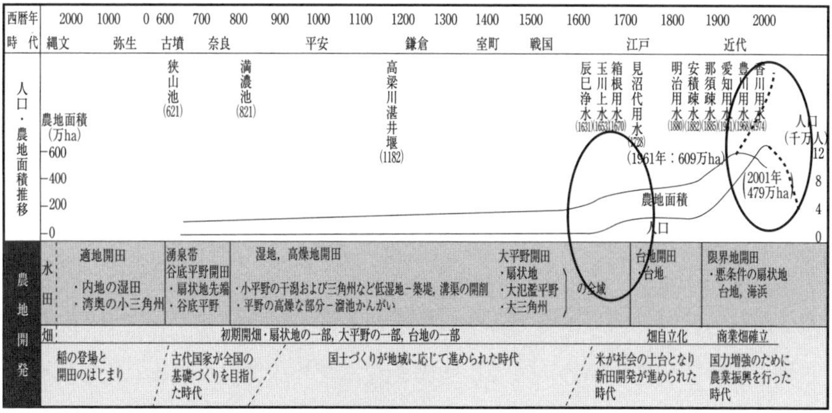

西暦年	2000	1000	0	600	700	800	900	1000	1100	1200	1300	1400	1500	1600	1700	1800	1900	2000
時代	縄文	弥生		古墳	奈良		平安			鎌倉		室町	戦国	江戸			近代	

（人口・農地面積推移、および開発内容の各種注記を含む図）

[出典] 農林水産省:「日本水土図鑑」に加筆

図-8.1 わが国の農地面積と人口の変遷

までになってきてしまっている。この丸で囲んだ2つのところに注目いただきたい。

最初に辻本先生からお話があった国土形成計画は，現在全国計画がほぼできて，広域地方圏の計画の段階に入っている。国土形成計画に関連して，これは国土交通省のパンフレットから引用したものである。江戸時代から明治時代になって急激に人口が増加し，1億2600万をピークに下がり始めて，現在ここにいたると言われている。つまり，今まで人口も農地面積もどんどん右肩上がりに上昇してきたという歴史から，急激に両者が減少に転じたことになる。これが国土形成計画法の前身である国土総合開発法が改正されて，国土の開発から管理の時代に大きく社会の変革が進んでいる。

いわゆる成長型社会から成熟型社会へどう転換していくかという状況を国土に投影してみたのが国土形成計画だが，農業農村政策も，まったく同じように大きな転換期を迎えた。それまでの成長型社会の農業政策の基本理念を示した農業基本法が改正されて，食糧・農業・農村基本法という新しい21世紀の成熟型社会向けの農業政策の基本理念が示され大きく政策転換が図られたのが1999年である。この2年ほど前の1997年に河川法が改正されている。これらにはまっ

たく同じ底流が背景にあると思う。要するに，日本の社会そのものの構造が大きく変革を求められている。それへの対応がいろいろな政策の中にあらわれてきている。

とくに農業農村政策の転換から見ると，それまでの成長型社会に対応した農業政策は，農業という産業政策であり，農家を対象にした政策でした。それが1999年に食糧・農業・農村基本法に改正されて，改めて成熟型社会の21世紀の農業政策の基本的な方向となった。まず，第1の農業政策の目的として安全で安定した食料の供給とされ，これは説明するまでもないことと言える。つぎに，農業の多面的機能の発揮が掲げられている。農業の本来目的は，食糧を生産することであるが，同時にいろいろな生き物を育んだり，環境を形成したり，伝統文化を継承したりといったさまざまな副産物がある。この副産物の供給も大切な農業の役割である。だから，基本目的は食糧の生産であるが，それに伴う農業自身が持っている副産物である多面的機能の発揮も農業の目的の1つである。

「国土計画制度の改革」の背景

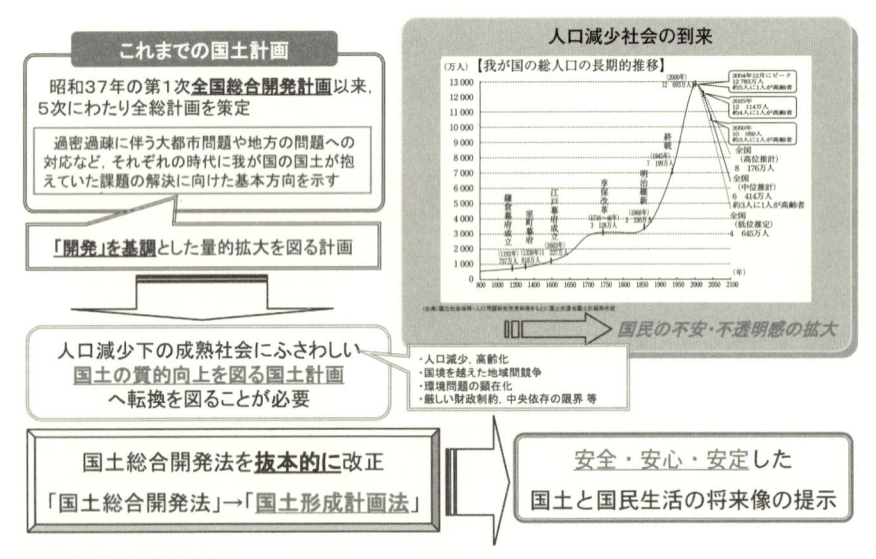

[出典] 国土交通省資料

図-8.2 国土形成計画法の制定

成熟型社会においては，農業は国を支える1つの基本的な産業の1つであり，持続的に発展させることが政策の大きな目標である。

さらに，農村の振興がもう1つの柱になっている。農村の振興は，地域政策である。農村には農家だけではなく，非農家も多数居住している。今や全国の農村地域に農家は10％ぐらいしか住んでおらず，実は90％は非農家である。そこではさまざまな産業が興り，さまざまな生活空間として利用され，都市の10倍以上もある国土面積を占めている農村が国土空間として大変重要な意味を持っている。その農村の振興が第4の農業政策の基本目標になっている。

以上のように，高度成長型社会では，食糧の供給と農業の持続的発展が農業政策の中心であったが，改めて農業の多面的機能の発揮と農村の振興が加わった。すなわち，国土政策と環境政策が一体となって，改めて農業政策の基本方向が整理された。これが1999年の基本法の改正であったと言える。それに伴って，環境との調和への配慮をはじめ，さまざまな法改正がなされて，農業政策全般にわたるさまざまな施策の準備がなされた。食糧・農業・農村基本計画という形で2005年に新しい基本計画が改定された。21世紀における成熟型社会における農業政策が大きく展開し始めてきている。

8.3　農業環境政策と環境支払

とくに注目すべきものが，農業の環境政策，すなわち多面的機能の発揮として重要な意味を持つ環境政策である。これは，第三次生物多様性国家戦略の農業政策であり，名古屋市で2010年にCOP10の締結国の会議が開かれる予定になっているが，そこへ向けていろいろな基本的な戦略が検討されつつある。農業環境政策はこのように大きく変わってきた。成熟型社会における環境政策や農業政策を学ぼうとすると，欧州共同体EUの政策が参考になる。EUの前身であるECが1970年から始まる。市場統合していくためには，条件の不利なところをサポートして，公正な競争がうまくできるような条件を整理していく必要があり，そのために条件不利地域対策が採られた。農業環境政策の変遷をEUのCAPを中心に整理したものを図-8.3に示す。

UR農業交渉が始まって，グローバル化，市場開放が叫ばれたころから環境直

第3編 流域圏と社会

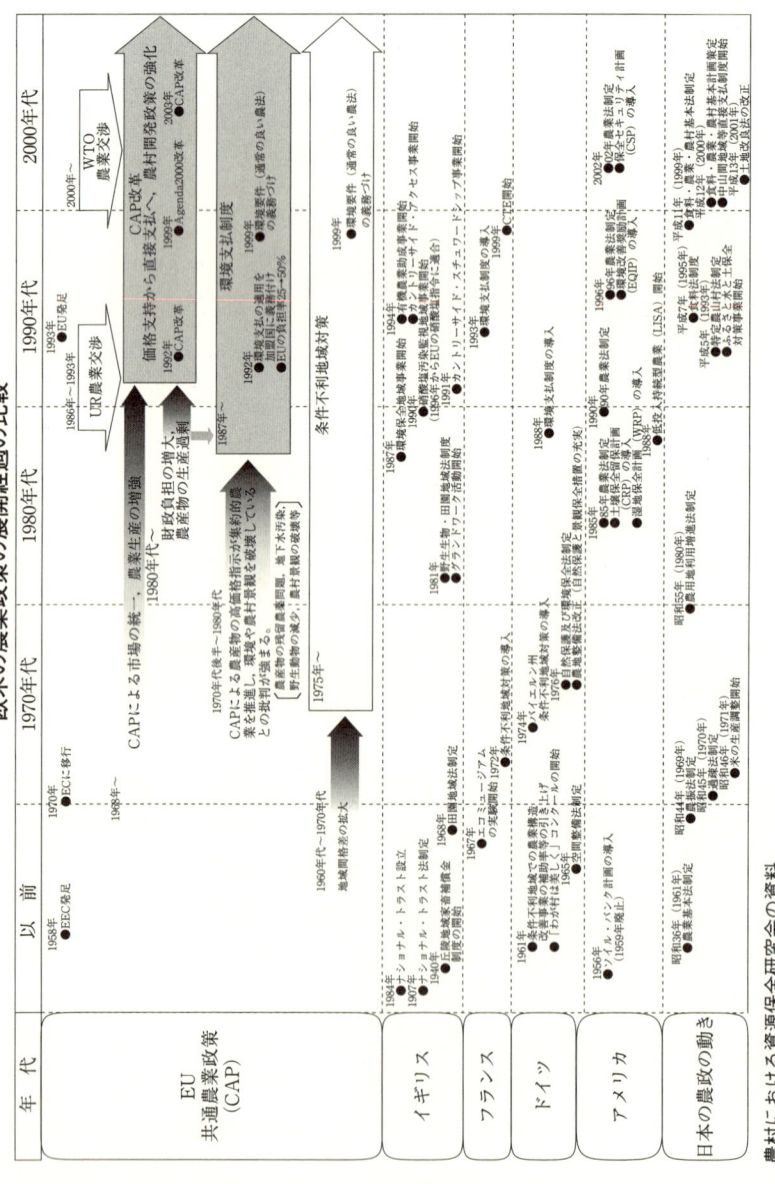

欧米の農業政策の展開経過の比較

年代	以前	1970年代	1980年代	1990年代	2000年代
EU 共通農業政策 (CAP)	1958年 ●EEC発足	1970年 ●ECに移行 1968年〜	CAPによる市場の統一、農業生産の増強 〜 1970年代後半〜1980年代 CAPによる農産物の高価格指示政策的農業を推進し、環境や農村景観を破壊するとの批判が広まる [農産物の輸出過剰問題、地下水汚染、野生動物の減少、農村景観の破壊等]	1984年〜1993年 UR農業交渉 / 1992年 ●CAP改革 / 1993年 ●EU発足 価格支持から直接支払へ、財政負担の増大、農産物の生産過剰	2000年〜 WTO農業交渉 / 1999年 ●Agenda2000改革 / 2003年 ●CAP改革 CAP改革、農村開発政策の強化
		1975年〜 条件不利地域対策	1987年 環境支払制度	1992年 ●環境支払の適用を加盟国に義務付け ●EUの負担割合25〜50%	1999年 環境要件（通常の良い農法）の義務付け
イギリス	1884年 ●ナショナル・トラスト設立 1907年 ●ナショナル・トラスト法制定 1940年 ●丘陵地域畜産補助制度の開始	1968年 ●丘陵地農業法制定	1981年 ●野生生物・田園地域法制定 グランドワーク活動開始	1990年 ●環境保全地域助成事業開始 1991年 ●カントリーサイド・スチュワードシップ事業開始	1999年 ●地区区分
フランス	1967年 ●エコミュージアムの実験開始 1972年 ●山間地域指定	1974年 ●条件不利地域対策の導入		1993年 ●ラントリーサイド・ネットワーク事業開始	
ドイツ	1970年 ●パイエルン州自然保護及び景観保全法制定 1976年 ●農地整備法改正（自然保護と景観保全の充実）	1980年 ●環境支払制度の導入	1985年 農業法制定 / CRP環境保全計画の導入 1990年 ●湿地保全計画(WRP)の導入	1996年 農業法制定 / 環境改善奨励計画(EQIP)の導入	2002年 農業法制定 ●保全セキュリティ計画(CSP)の導入
アメリカ	1956年 ●ソイル・バンク計画の導入（1959年廃止）	昭和44年 (1969年) ●農振法制定 昭和45年 (1970年) ●総合農政の開始 昭和46年 (1971年) ●米の生産調整開始	昭和36年 (1961年) ●農業基本法制定	昭和55年 (1980年) ●農用地利用増進法制定 1990年 ●持続可能な農業法(LISA) 導入	平成5年 (1993年) ●環境直接支払対策事業開始 平成11年 (1999年) ●食料・農業・農村基本法制定 平成12年 (2000年) ●農業・農村基本計画 中山間地域等直接支払制度開始 平成13年 (2001年) ●土地改良法の改正
日本の農政の動き					

農村における資源保全研究会の資料
[出典] 農林水産省検討会資料

図-8.3 EUのCAP（共通農業政策）の変遷

接支払という形で農業の粗放化政策が採られ始めた。EUの対策は粗放化，すなわち肥料や農薬の使用を制限するかわりに，それによって生産が落ちた分は農家に所得補償をするという環境に対する支払いをしていこうという制度ができ上がる。それは1980年の後半のことになる。さらに，WTO交渉で貿易自由化に向けてCAP改革に取り組まれた。CAPというのは，Common Agricultur Policyの略で，EU全体でとる共通農業政策のことである。加盟国それぞれいろいろなニュアンスの違いはあるが，この共通政策のもとにそれぞれの国内の施策を行う。

EUでは70年代からもうすでに成熟型社会へ向けたさまざまな環境農業政策がとられている。わが国は2003年に初めてEUの条件不利地対策をモデルにした中山間直接支払制度が，2007年からEUの環境支払い制度をモデルとした農地・水・環境保全向上対策事業という形でわが国の農業環境政策がとられ始めた。かなり遅れてEUの後追いをしていることになろうかと思われる。そのような政策の中で，今は環境直接支払あるいは中山間直接支払に見られる，所得補償という形で価格政策と切り離しながら，改めて多面的機能あるいは農村の振興のためにさまざまな環境政策がとられ始めた。さらに，農業そのものも有機農法あるいはいろいろな認証制度の活用など，市場を意識しながら，環境に良い農業を誘導していこうという施策も講じられつつある。

ここでわが国の農業環境政策を見てみると，このデカップリング，所得補償と価格政策が切り離されて，市場をあまり歪めないような形でのさまざまな環境サービスを農業から引き出そうとする政策が実施に移されつつある。多面的機能は，市場原理が適用できないので，そのような環境サービスを社会全体が買い上げて，その対価を強制的に徴収した税金から政府が支払うという，直接支払制度に似た形が，わが国でもとられ始めた。昨年から始まった農地・水・環境保全向上対策事業，5年ほど前から始まった中山間直接支払という形の制度である。農地・水・環境保全対策向上事業で注目されるのは，EUのように個人や企業体に支払うのではなく，日本の場合は集落や協議会のような共同組織に支払う形になっている。欧州のような「個」ではなく，水田農業特有のアジアの特徴的な「共」という単位が支払いの対象となっている。これは後で話をするソーシャル・キャピタルやガバナンスがわが国の農業環境政策の中では積極的にサポートする政策がとられ始めてきていることを示している。

私も，農地・水・環境保全向上対策の制度設計の最初の研究会のときから関係していた。この制度が本格的に実施された平成19年度の1年間で約120万haと，全国の農振農用地の3分の1に近い農地がこの制度でカバーされた。とくに滋賀県では，琵琶湖への負荷を抑えたり，生態系保全や湖辺のエコトーンの形成，魚のゆりかご，みずすまし構想，環境こだわり農産物の認証制度など，さまざまな施策が実施されている。短時間でこれほどのカバー率が確保できたのは，もともとあったある集落や土地改良区という「共」の組織を核にしながら，それを全体の環境管理の組織に展開させたことにあると思われる。このような制度が，平成19年度に全国的に一斉に広げられた。

　八郎湖の水質改善計画では，農地・水・環境保全向上対策事業制度を使って八郎湖の水質改善を図る計画にしている。兵庫県の場合は，集落営農という担い手への農地の集積をこの制度を使いながらうまくやっていこう。そのようにそれぞれの府県はそれぞれの県の目標に対応させて，この制度をうまく運用しつつある。成果が着々と上がっているように私自身は感じている。

　そういう新たな成熟型社会に向けてのさまざまな対応にどのように活用するかが問題になってくる。例えば，人口が減ってくるなかで社会が成熟化し，活性度がどんどん落ちてくると考えられる。むしろそれは環境問題としては望ましいことである。ただし，それをいかに環境負荷の減少へつなげるかが問題だ。負荷がどんどん下がってくるはずであり，その負荷をうまく環境負荷削減にどのようにつなげるか。社会との接点がこれから問われることになってくるだろう。そのためには科学技術も必要であるが，どちらかというと，社会の制度の設計が重要な意味を持ってくる。新しい革新的な科学技術も大事だと思うが，加えて制度そのものをどう見直すかが今問われているのではないか。

　コンパクト・シティがこれからの都市政策として注目されている。集約化を進めて，都市を空間的に縮小させて，エネルギーや環境に優しい都市をつくろうということであるが，農村政策は少し違う。農村地域の規模はそのまま維持しつつ，負荷の削減をどうしていくかが課題となる。すなわち**図-8.4**に示すように，空間的規模は維持しつつ，ネットワーク機能の強化を図る方向が考えられている。

　都市が広がるとエネルギー消費が非常に大きくなる。コンパクト化すること

新しい地方圏の整備方向
集落間連携・都市との協働による自然との共生空間の構築
農村コミュニティ再編・再生，都市との協働，ネットワーク化

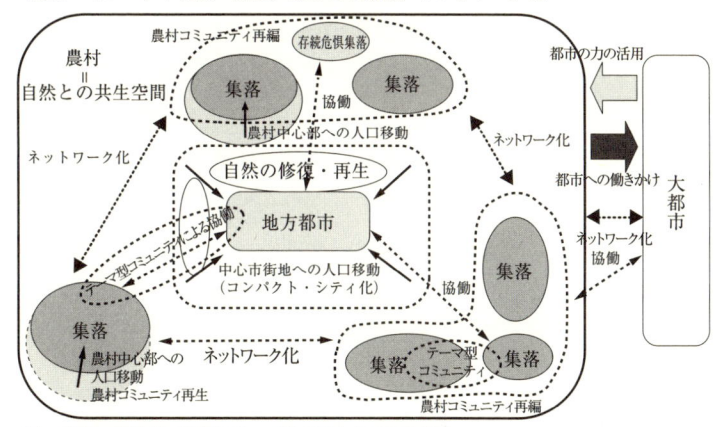

注）自然＝農林業の継続によって維持される二次的自然
　　テーマ型コミュニティ＝特定の目的を共有して活動しているコミュニティ
[出典]　農林水産省研究会資料

図-8.4　農村地域のネットワーク整備

によってエネルギーが節減できるのは，都市がエネルギー源として原子力発電所や火力発電所に頼っているから，なるべく空間的に狭い方が効率が良くなる。農村地域は逆に分散型の自然エネルギーがたくさんあるため，集落間のネットワークの強化を図って，それをうまく活用する事が重要になってくる。

　水力は，典型的な分散型のエネルギーであり，それをいかに活用するかがこれからの大きな課題となる。先端技術ではなくて，改めて農村地域の環境に優しい農業農村を形成していくためには，どちらかというと在来型の自然エネルギーの利用が効果的となる。ライフスタイルも昔にもどると同時に，環境負荷の少ない循環型の地域社会をつくることが重要となる。圏域としてどう対応していくかということでも，都市政策とは違う方向が農村政策では必要となる。農村振興局の政策研究会が開かれており，新しい農村政策をこれからどのように展開して行けばよいかという基本方向の検討が行われた。集落とか地方都市はどんどんコンパクト化していくことが重要だと思うが，その間のネットワークの強化がきわめて重要であると考えられる。限界集落もネットワーク化でカバー

していく必要があるというのがその結論の1つの方向である。

　その場合には，分散型のエネルギーと同時に，このネットワークの形成が重要になる。これはソーシャル・キャピタルの中でも，ブリッジング型のソーシャル・キャピタルをどういうふうに強化していくかに関連する。集落の中にはボンディング型と結合型という2つのタイプのソーシャル・キャピタルの機能が存在する。それがどんどん崩壊しつつあるのが現状で，それをどう再編成していくかと同時に，新たなブリッジング型のネットワークをどうつくり上げていくかが最大の課題である。これは都市と農村の交流のシステムをどうつくり上げていくかということである。改めてソーシャル・キャピタル，社会関係資本をどう形成していくかが，これから問われている大きな課題であると思う。

8.4　ソーシャルキャピタルの形成と地域ガバナンス

　辻本先生は「社会資本」というキーワードを使われたが，社会基盤に自然資本と制度資本を加えたいわゆる社会的共通資本を改めて社会資本と定義されている。その中の社会基盤，ハードな構造物はそれなりに大事だが，それと同時に自然資本とくに二次的自然である里海・里山というのは自然資本の最たるもので

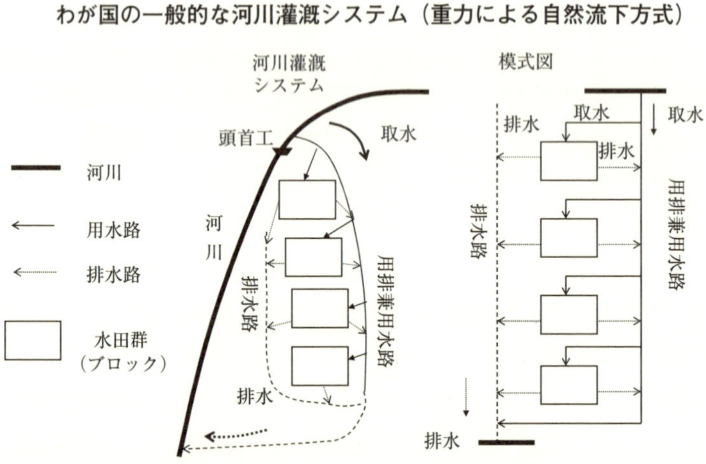

わが国の一般的な河川灌漑システム（重力による自然流下方式）

図-8.5　農業用水路ネットワークと管理組織の形成

ある。それに加えて制度資本の中の一部の社会関係資本，すなわちソーシャル・キャピタルが大きく注目を集めている。国土形成計画の出口に新しい「公」という概念が提案されているが，これはソーシャル・キャピタルのことだと私は思っており，それは「公」というよりも「共」と言った方がいいのかもしれない。

　先ほど，戦国時代に急激に農地面積が増えて，人口も増えたという話をした。それは伝統的土木技術が進歩して，今まで洪水のたびごとに流路を変えていたわが国の主要な河川が，今の位置に固定化されたのが戦国から江戸初期にかけてと言われている。それは，まず本川の流路を固定化した上で，その堤内地を流れていた旧河道の一部を用排水路として整備して堤内地に用水を送り，過剰な水を排除するという仕組みができ上がるのが戦国時代から江戸時代だと言われている。

8.5　近代的灌漑排水システムとその特性

　水田では必要な水と消費される水が異なる。必要な水は，消費される水の3倍ぐらいある。水田では田面に水をためなければならず，消費される以上の水を供給しなければいけない。取水された水のうち，消費されなかった水は，排水としてふたたび水路へ排除され，下流で再利用される。このような用排兼用システムが戦国中期から江戸時代のわが国の伝統的用水路の基本的な形である。このようにして水が何回も繰り返し使われることによって，消費されなかった水を繰り返し使うのが伝統的な水路技術の基本になる。近代的な技術では，それぞれの水田で自由に，最も生産性の高い形で水を利用するために1回使いにしてしまう。用排兼用システムでは一糸の乱れもない水の取水・排水行動をとらないと水田でうまく水が使えない。それぞれ勝手な行動をすると，水田の水の利用が成立しなくなってしまう。そのために村という非常に厳しい縛りの強いソーシャル・キャピタルができ上がってくる。これが戦国から江戸にかけて形成された水利用のソフトシステムである。

　高度成長期に，生産性を高めるために排水路をパイプラインにしてしまった。すると，好きなときに好きなだけ水が使えるようになる。これによって水の需要を増加させてしまった。そのために，上流に灌漑用のダムをつくって，不足

する分を供給しなければならなくなったというのが高度成長期に水資源開発が必要となった理由の1つである。

近代的な農業農村整備，とくに圃場整備あるいは農業水利施設の整備は，まさにそういうことを営々として農業土木はやってきた。水の通る経路を変えても水の消費は増加しないので，使った水をもう一度揚げてやるという循環灌漑にすると水は有効に利用される。琵琶湖の周辺は全部そういう形になっている。このような方式においては水は繰り返し利用されるが，そのために大変なエネルギーの消費をもたらすようになってしまった。これが近代的なシステムである。

8.6 農業用水とその管理システム

濃尾平野の農業用水は大変興味深いものがある。私も何度か地下水の調査にこちらに来たことがあるが，もともと木曽川は濃尾平野全体を乱流していた。逆に言えばそのお陰で濃尾平野が形成されたと言える。太閤堤と言われている木曽川の堤防は，戦国時代に秀吉が木曽川を西の方に流路を固定するために築堤したものである。もともとあった旧河道の1つを利用して，濃尾用水を中心とするさまざまな用水が形成されてきたと言われている。図-8.6に濃尾平野における大規模な農業用幹線水路のネットワークの現在の状況を示す。

赤色は末端が100 haまでの主要な農業用排水路のネットワークを示している。濃尾平野ではほぼ真っ赤になるように，河川の堤内地に灌漑用の水路ネットワークが張りめぐらされている。この支配面積が100 haまでの水路の総延長は全国で4万kmと言われている。ひとつひとつの水田は，この水路を通して川から水がつながっている。末端の水路を含めると40万kmと言われている。そういう水路のネットワークがわが国の沖積低平地に，水田の用排水路として営々としてつくり上げられている。これが今日見るわが国の農業用排水システムである。市街化がどんどん進んで，現在は赤くなっていないが，農業用排水路が張りめぐらされていたと考えられる。それから，知多半島や渥美半島，愛知用水と豊川用水は伝統的な水田とは違うのですが，灌漑用水路のネットワークが張りめぐらされている。沖積平野やその周辺の洪積台地一帯には河川の流路の固定と堤内地の土地利用の高度化と一体となりつつ，このような水路が大変重要な役

濃尾平野の幹線水路分布

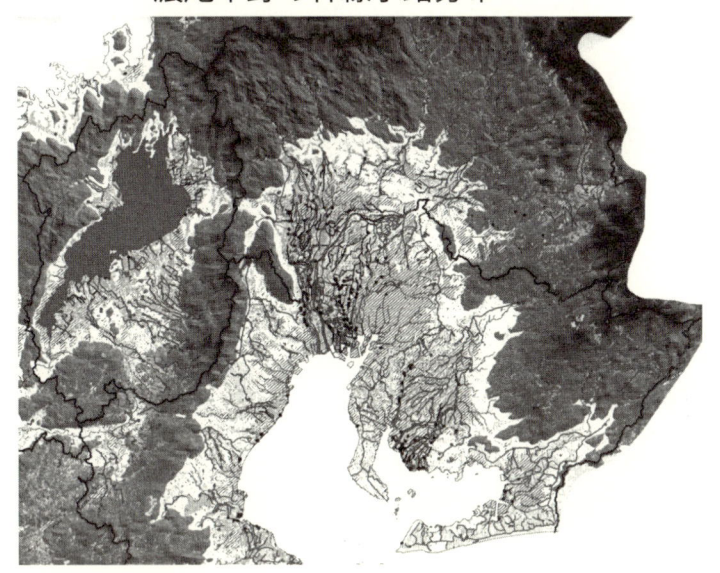

[出典] 農林水産省：日本水土図鑑

図-8.6　濃尾平野の農業用幹線水路のネットワーク

割を果たしていると言える。

　日本型の水利システムは，ハードな水路や頭首工は当然だが，水を配るという仕組である制度資本，すなわちソフトな資本が一体になって初めて効率のいい水田灌漑システムが実現しているという特徴がある。

　今，国と地方と地域の役割分担が議論されている。国と地方とではそれぞれの役割が違う。例えば，農業政策での国の役割は食糧自給率を確保して食糧の安全保障を達成することである。しかし各県は，供給県もあれば消費県もあり，その県の食糧あるいは国全体の食料を確保する義務はない。地域の振興をどうして図っていくかが各県の戦略である。県と基礎自治体との関係においても，基礎自治体と集落との関係においても同じことが言える。そのような関係をどう考え，新しい関係をどのように再編成していくかがこれからの大きな課題と言える。農地・水・環境保全向上対策は，成熟型社会の新しい関係を築くためのその第一歩の社会的実験の1つであるとして，その例を紹介させていただいた。

第9章 国土計画と流域圏

東京大学大学院工学系研究科
大西　隆

9.1　はじめに

　私は，国土計画，都市計画が研究領域なので，本章では「国土計画と流域圏」というタイトルで話をさせていただく。

　今ちょうど国土形成計画がつくられつつある。その話とともに，最近の都市の変化を「逆都市化」というようにとらえているので，そういう話を紹介させていただく。そこでまずシンポジウムのテーマでもある"流域圏"とのかかわりということについて触れたい。

9.2　国土・都市計画と流域圏とのかかわり

　国土計画や都市計画に変化が訪れている。1つは，逆都市化，つまり人口が減れば，その人口が減る流れが都市にもいずれ及んでくるだろうということで，おそらくすべての都市で人口減少が起こることになると思う。そうなると，今までとにかく人が住むため，あるいは活動するために土地を使っていくという，日本で行われてきた開発が転換に見舞われる。

　図-9.1と9.2は，住宅地の1つの事例で，同じ場所の写真である。アメリカの住宅地で，開発によって引き起こされる洪水を予防するための調整池をつくる。

国土計画と流域圏　第9章

環境共生　自然との共生

図-9.1　自然との共生

住宅地のサンクチュアリー

図-9.2　住宅地の中のサンクチュアリー

　調整池は普通，目立たないところにつくったりするのだが，カリフォルニア州のデービス市では調整池を住宅地開発の真ん中につくって，サンクチュアリーと称して，ここに柵を設けて中には人が入らないようにした。この調整池そのものも，やや沼状に，水を少しためておいて，植物が繁茂したり動植物が生息するのにまかせている。これがアメニティとして売り物になるわけで，その住

宅地を買った人がここで暮らしながら眺めるわけである。散歩するコースなどがつくられている。そういう住宅地開発を業者が行ったところ，この住宅がよく売れたということである。デービス市は，これを開発指導の事項とし，こういう住宅地を奨励して，業者が行う開発のサンクチュアリーを自転車道で結ぶということで，街の中にこうしたアメニティをたくさんつくろうともう何十年も進めている。

　図-9.3は，東京圏の事例になるが，越谷に，越谷レイクタウンという都市再生機構が開発している住宅団地がある。2万人程度の規模のものだが，ここも低湿地帯にあるということで，開発については調整池が必要になる。図-9.3の青く見えるところが調整池に当たるところで，その調整池を囲むようにして住宅を設けようとしている。この住宅にとってみると，調整池がある種のアメニティーの空間になったり，あるいは少し工夫をしてさまざまなエネルギー供給をこの周りで行っていこうというようなことも行われている。住宅の中にはそんな新しい動きが出てきている。さらに，川と都市との関係という意味で，もう1つ有名なものが，ソウルの清渓川（チョンゲチョン）という都市内河川の事

越谷レイクタウン

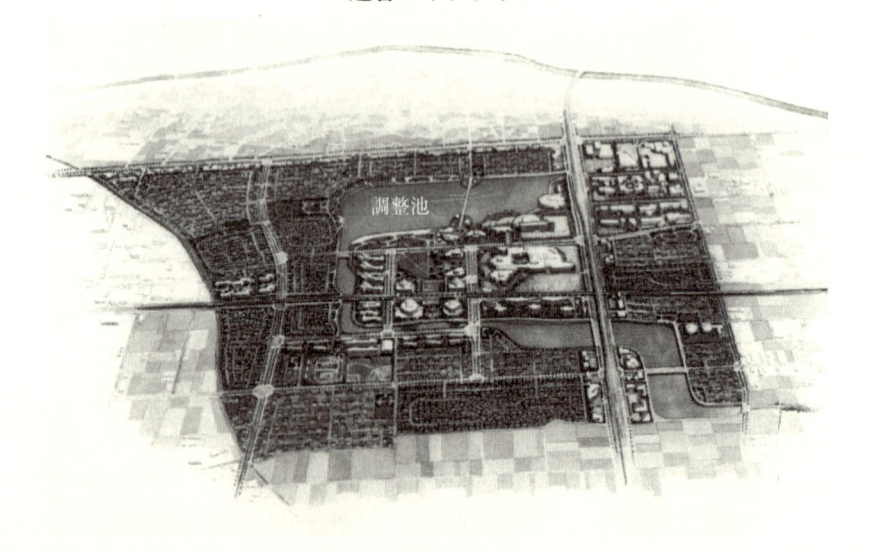

図-9.3　越谷レイクタウン

工事中

高架道路のある
清渓川

道路が
撤去された川

韓国ソウル
清渓川復活プロジェクト

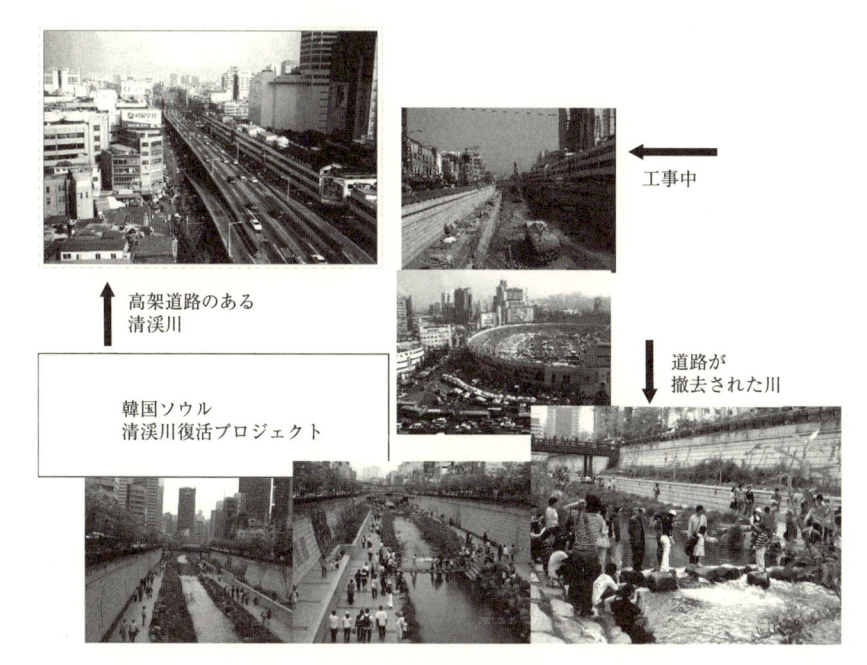

図-9.4 韓国・清渓川の再生

例がある。

　ソウルのまさにど真ん中を流れている清渓川は，ふたをされた上に高架道路がつくられた。現在大統領になった李明博さんが市長だった数年前に，その高架道路を撤去して川を復活させようということで，この間実質ほぼ3年間で6km強の長さの川が復活した。現在，この周りにいろいろな効果が出て，以前は高架道路の下だった市街地が，今度は人が大勢通る散策路に面した街になったので，街並みあるいは街の機能が変わりつつある。

　そういうふうに，いわば水辺，川そのものを開発して人が住む，あるいは住んでいる人が通る道路にしようというのがこれまでの都市化の中の動きだった。しかし，それぞれ背景，事情は違うとしても，流れが変わっているということがわかる。

9.3　三番瀬をめぐる変化とその要因

　私が水辺と一番かかわりを持ったのは，東京湾の一番奥に位置する三番瀬というところでのことだ。図-9.5の写真の後ろには，幕張の新都心が見えているが，その手前の干潟になっているところが三番瀬になる。これはずっと左側一帯につながっていくが，ちょうど見えているこの水辺も埋立てて，幕張のような開発が行われるはずだった。この計画そのものは，もう何十年も前からの計画で，一部すでに埋立てられたところに今は京葉線が通ったりしているのだが，最終的に埋立が中止になった。ちょうど藤前干潟の議論と同じころに議論が活発になって，7～8年前に現在の知事がこの埋立中止を公約に当選し，埋立を中止したという経緯がある。

　実は，私は最初は京葉線の駅前広場をつくるという計画に付き合っていた。すると，その駅前広場が，いずれ埋立地ができるとかなり広い後背地を持った駅前広場になるので，駅前広場を拡張する必要があるということで，いわば埋立に対応した駅前広場の計画に修正された。ところが，それが一転して埋立が怪しくなってきたので，今度はその埋立をするべきかどうかという議論に参加することになった。現在はその埋立を中止した後，いわば第1期目の埋立が終わっ

図-9.5　三番瀬の干潟

て暫定護岸になった状態である。その埋立が恒久的に中止されたので，今度は護岸をどうするか，あるいはちょうどこの場所はくぼみになっているため水がよどむことの影響をいかに軽減するかという，いわば埋立中止後の修復を目的にした三番瀬再生会議に参加することになったわけである。

　このように三番瀬については十数年間，最初の駅前広場計画から付き合っているのだが，その間に大きな三番瀬をめぐる変化があった。その変化を振り返ってみると，2つの要因がこの変化をもたらしたのではないかと考えている。

　1つは，この場所はもともと干潟であったのだが，昭和30年代，40年代にかなり地下水をくみ上げたために地盤沈下が起こり，少し地盤面が下がったので，干潟から多くの場所は浅海域になったということである。そうした場所は生物多様性が豊かであるので，自然環境保全あるいは生物多様性保全という観点から，ここを保全するべきだという自然保護的観点からのアプローチというのが当然1つの力としてあった。

　しかし，それだけでこうした変化が起きたのかと考えると疑問である。第1期の埋立あるいはそれ以前に，千葉県は独特の千葉方式ということで東京湾に面したほとんどの海岸を埋めてきたわけだが，そうした埋立推進政策をとってきた千葉県になぜ転機が訪れたのか？　それは，もう1つほかに大きな理由があり，いわば埋め立て事業がだんだん成り立たなくなってきたということにある。

　埋立は，千葉県で言えば企業庁が行う事業であるが，埋立てた土地を最終的には民間に売却して埋立コストを回収するだけでなく，通常一定の利益を上げて，他の事業にそれを向けていくということになっているわけである。ところが，10数年前に三番瀬の埋立を最終的にやるべきかどうかという判断を迫られたその時点では，仮に埋立が行われたとしても，内陸にも土地が余っているため，埋立てた用地がうまく売れるかどうかが分からなかった。そういうことを考えると，埋立事業費が埋立てた土地の売却によって賄えないのではないかという心配が出てきたのである。その結果，いわば都市開発的な観点からも埋立をやめた方がいいのではないかという意見が強まったため，さきほどの自然保護と都市開発の不安という2つがあいまって，最終的には埋立中止になったと私は考えている。

　後者の都市開発が事業的にうまくいかないのではないかということが，後で

述べる逆都市化，人口減少と深く関係がある。つまり，従来，いろいろな将来展望を，人口をベースにして右肩上がりに描いてきた。例えば，この三番瀬については，江戸川の流域下水道の最終処分場をもう1つ増やしてここにつくるという計画があった。ところが，調べてみると，流域に住む人口をベースに計算されている流域下水道の処分場の需要予測が，現実の人口の動き，あるいは1人が使う水や上水の量から判断して，かなり過大だということになった。したがって，施設の必要性が問われ，結局埋立地にはつくらず，内陸のもともとの予定地に規模を縮小してつくることになった。つまり，つくる予定だった施設の需要予測が根底がぐらついてきた。単純化して言えば，人口の将来見通しが大きく変わってきただけではなく，原単位の伸びが低くなってきたということである。そのような逆都市化による施設の必要性の減少ということと自然保護の関心の高まりという2つが，三番瀬の計画を大きく変化させた。

こうした需要予測や自然保全意識の変化は，もちろん三番瀬にとどまらず，藤前干潟なり各地の埋立事業でもあり，それはある意味で，人間と自然のかかわり，あるいは都市と自然のかかわりを変えつつある。

9.4　国土形成計画―改革の論点―

今述べたような問題意識から，国土計画という少し広い話題に振って，もう一度そのことをとらえ直してみようと思う。

国土計画については，今まで5回の全国総合開発計画がつくられていたのであるが，数年前に法律が変わり，国土形成計画法という法律になった。その新しい法律のもとで，国土形成計画の第1回目の計画がつくられるにあたっているため，国全体の計画の中身を変えていこうということになった。その変えていこうという中身の改革の論点というのはどのようなものであったのか。私なりに，4点その改革のねらいが込められていると考えている。

1つは，地方分権を国土計画の中にも入れようという改革の意図である。地方分権というと，国土計画とはかなり距離がある。つまり，国土計画は国がつくるものだが，国土計画には国土計画体系というのがあり，従来から，中部圏であれば中部圏の開発整備計画というのがブロックの計画としてつくられていた。

> **国土形成計画　改革と計画課題**
> **新計画の今日的意味**
>
> ◆改革の論点
>   ◆地方分権
>   ◆「開発主義」からの脱却
>   ◆国際化
>   ◆国総法と国土法の統合・・広域地方計画と国土利用計画
> ◆計画課題
>   ◆人口減少時代の国土のあり方
>   ◆地域間格差への新たな対応

図-9.6　国土形成計画―改革と課題―

そうしたブロックの計画も，国主導でつくるのは適当ではないのではないか。むしろ，都道府県等地方の意見を反映させるべきだ，あるいは一般の市民の意見を反映させるべきだというのが，地方分権的改革のポイントである。国土形成計画では，広域地方計画という，いわゆるブロックの計画に相当する計画がつくられることになっている。分権的視点から，各地に広域地方計画協議会を設けて，首長あるいは経済界代表が入って議論する。つまり，地元の意見を反映させながらつくるということになった。

2つ目のポイントが，開発主義からの脱却という点である。これまでの計画は，国土総合開発計画という法律のもとで全国総合開発計画というのがつくられてきた。しかし，新しい国土形成計画法には，法律の名前に「開発」という言葉が入っていない。それだけではなく，その法律の条文にも，「開発」という言葉が1つもない。どうしても「開発」に相当する言葉が必要なところについては，「整備」という言葉で置き換えている。

「開発」と「整備」がどう違うのか。まさに御当地の中部圏では，中部圏開発整

備計画というのがある。その「開発・整備」というのは中部圏だけに使われていた言葉で，首都圏と近畿圏については，単に首都圏整備計画という「整備」という言葉が使われて，東北とか九州については「開発促進」という言葉が使われてきた。つまり，地方の開発の程度がまだ低いと思われたところについては，「開発計画」という言葉が使われて，大都市については，ある程度人為的に開発されているので，そこを整えるという意味で「整備」という言葉が使われてきた。中部圏はその中間とみなされて，「開発整備」という言葉が使われてきた。つまり，法律では「開発」と「整備」という概念を使い分けてきた。今回，国土形成計画で「整備」という言葉が全国に適用されたということは，日本全体がすでに開発の対象ではなくなったという意味である。いったんある程度人為的に開発されたものをどう整えていくのかという段階に入ったというふうに法律が認識したということではないかと思う。

　もっとも，開発主義からの脱却という動きは，必ずしも最近起こったわけではなくて，1970年代の三全総の計画図書を読んでみると，それまでの全総，新全総と違って，「開発」という言葉の使われ方が極端に少なくなっている。したがって，開発主義からの脱却というのは，三全総が転機になったということではないかとも言える。

　3番目の改革のポイントが，国際化という視点である。全国総合開発計画であり国土総合開発法ということであるので，日本一国を対象としてこれまで議論されてきた。現在も，国土形成計画が言う国土は日本を指すのだが，同時にその日本が置かれている状況が変わってきている。従来であれば，東アジア唯一の先進国であったのに，現在では工業的に発展した国が周りにいくつも出てきた。そのような中で，日本の東アジア諸国との関係もおのずから変わってきた。そこで，シームレスアジアとかアジアゲートウェイという言葉で，とくにアジアとの関係を強調しているというのが，国際化という視点である。

　4つ目の改革のポイントが，旧法である国土総合開発法と国土利用計画法を統合しようというものである。この点については，地方分権推進委員会の勧告の中でも強く指摘をされているところであり，同じような国土を対象とした総合開発法と利用計画法というのがわかれて存在するというのがおかしいのではないかと言われており，それらの統合が求められた。しかし，この点は新しい国

土形成計画法の中でうまくできなかった。まさに日本の縦割り行政の弊害が露呈したのである。つまり，国土利用計画法はそのまま残ってしまい，主要な法改正が行われなかった。法改正が行われたのは国土総合開発法のみということで，国土利用計画法による国土利用計画の体系はそのまま残って，全総計画の部分だけ新しい計画に変わったということである。その意味では，改革が不十分であった。

　以上の4つの論点について，最後に述べた点を除けば，それなりに当初の意図に沿った内容的な改革をしながら，新しい計画がつくられつつある。しかし同時に，従来の計画なり法律を改正するということだけではなく，新しい課題に取り組まなければいけないという役割を国土形成計画は持っているのである。

9.5　国土形成計画―課題―

　国土形成計画の新しい役割の1つ目が，人口減少時代にどう取り組んでいくかということである。

　図-9.7 は，これまでの計画がいつできたかという時点と GDP の成長率，人口増加率の動きを1つのグラフにしたものである。一・二全総が高度成長期につくられたということはわかるのだが，三全総以降，人口増加率・GDP 成長率ともにレベルが徐々に下がっていったという中で計画がつくられてきた。グラフの動きからすれば，国の大きな変化はすでに始まっているわけだが，それがさらに継続する中で新しい計画が生まれたということになる。

　図-9.8 に人口のグラフ示す。人口はすでに減少が始まっており，かなり急速な減少傾向である。このグラフは，すこし古いものなので，2100年に4 600万人と低位推計になっているが，現在発表されている低位推計は3 800万人ぐらいとされている。したがって，かなり急速な人口減少時代を迎えるという大きな変化にどう対処するかということである。もう1つは，地域間格差がその中で拡大しているのではないか。これに対処していくことが必要ではないかというのが論点である。

　図-9.9 のグラフは，地域間格差を非常に簡便に表現したものであり，1人当たり県民所得を，日本の47都道府県の上位5県の平均と下位5県の比であらわし

第3編 流域圏と社会

経済成長・人口増加と全総計画

一次全総 / 二次全総 / 三次全総 / 四次全総 / 五次全総

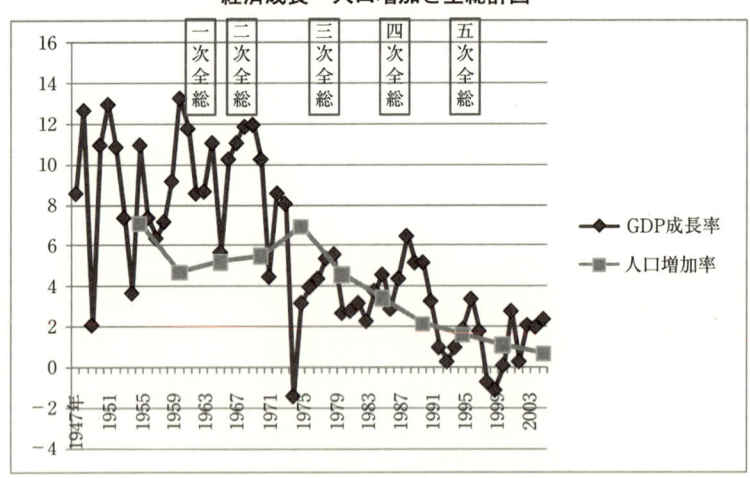

◆ GDP成長率
■ 人口増加率

図-9.7　経済成長・人口増加と全総計画

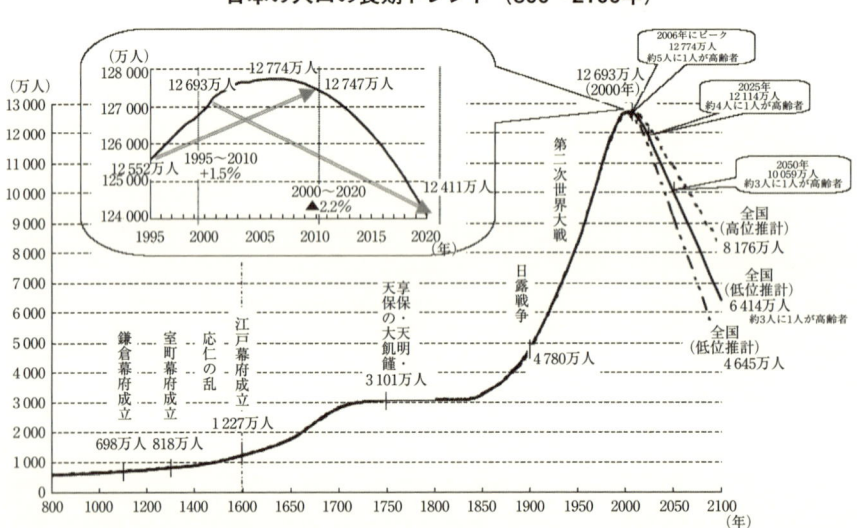

日本の人口の長期トレンド（800～2100年）

12 774万人（2006年にピーク、約5人に1人が高齢者）
12 693万人（2000年）
2025年 12 114万人 約4人に1人が高齢者
2050年 10 059万人 約3人に1人が高齢者

12 552万人（1995）
12 693万人
12 747万人
1995～2010 +1.5%
2000～2020 ▲2.2%
12 411万人

第二次世界大戦
日露戦争 4 780万人
享保・天明の大飢饉 3 101万人
江戸幕府成立
応仁の乱 1 227万人
室町幕府成立 818万人
鎌倉幕府成立 698万人

全国（高位推計）8 176万人
全国（低位推計）6 414万人 約3人に1人が高齢者
全国（低位推計）4 645万人

［出典］　総務省「国勢調査報告」、同「人口推計年報」、国立社会保障・人口問題研究所「日本の将来推計人口（平成14年1月推計）」、国土庁「日本列島における人口分布変動の長期系列分布」（1974年）をもとに国土交通省国土計画局作成。

図-9.8　日本の人口の長期トレンド（800 ～ 2100 年）

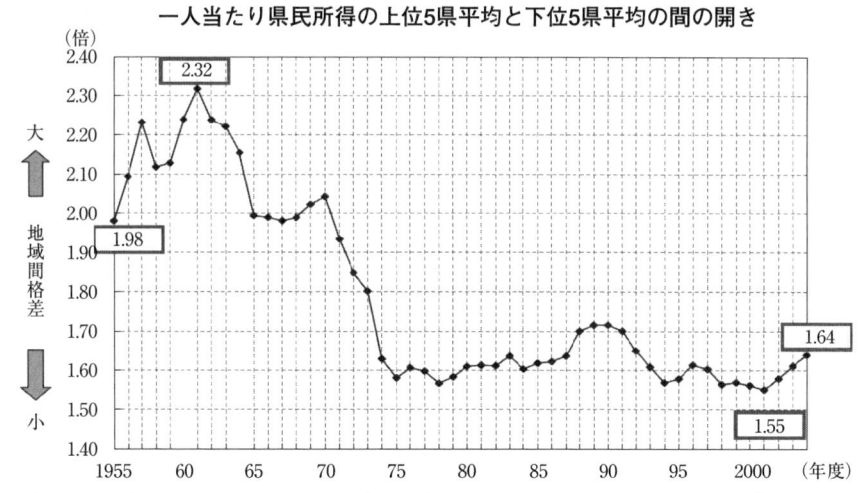

一人当たり県民所得の上位5県平均と下位5県平均の間の開き

注）1. 一人当たり県民所得については，推計時点で最新の人口データを反映するため，「県民経済計算」の公表値ではなく，国土交通省国土計画局推計値を使用。
2. 県民所得は1955年度から1989年までが68SNA，1990年度以降は93SNAに基づく数値。

[出典] 内閣府「県民経済計算」，総務省「国勢調査報告」および「人口推計年報」をもとに国土交通省国土計画局作成。

図-9.9　地域間格差

たものである。今まで，1950年代から一番多かったときが60年代の初めであり，2.3倍であったのに対して，70年代の半ばに1.5倍程度というように，かなり縮まってきた。その後，大局的に見ると横ばいに推移してきたのであるが，2000年代以降，少しずつふたたび地域間格差が増えてきているということがわかる。この量や値そのものは，90年代のちょうどバブルの時期の格差とあまり変わらない。右肩上がりで推移しているため，これから増大傾向にあるおそれがあるということで，心配されている。

実は，格差というのはこれまでも日本の大きな問題であり，格差是正はまさに国土計画の一貫したテーマであった。実態的にどうやって格差が是正されてきたのかを分析してみよう。格差を端的に1人当たり所得の地域差と考え，1人当たり所得の高かった東京圏と九州を比較して，全国を100とした指数で表現してみる。1960年には東京圏の格差指数が136で，九州が71。およそ2倍の開

きがあった。それが2000年には116対82という具合に，かなり接近したことがわかる。その構造を見てみると，1人当たり所得は地域の総所得を地域の人口で割って計算されるので，それぞれ地域の所得と地域の人口がどう変化したのかということを分解してみる。

　東京圏では，この40年間に地域の所得が38.5倍になった。一方，九州では29倍で，東京圏の伸びの方が，大きかったわけである。しかし，一方で人口の動きを見てみると，東京圏ではこの40年間に87％増加したわけである。それに対して，九州では増加率が40年間で4.2％にとどまったので，1人当たり所得の伸びは，東京圏がおよそ20倍に対して，九州では27倍。つまり，1人当たり所得の伸びが九州の方が大きかったことによって格差が縮んだということになる。つまり，この2つに分けた動きを見てみると，人口の移動がより大きく貢献して，みんながよりよい所得あるいは就業機会，その前段として高等教育を受けるために大都市に集まってきた。そういう人の動きが，結果としては地域の人口を相対的に少なくして，格差が縮めさせたのである（**図-9.10**）。

　人の動きを改めて振り返ってみると，3回の大きな山があることがわかる。60

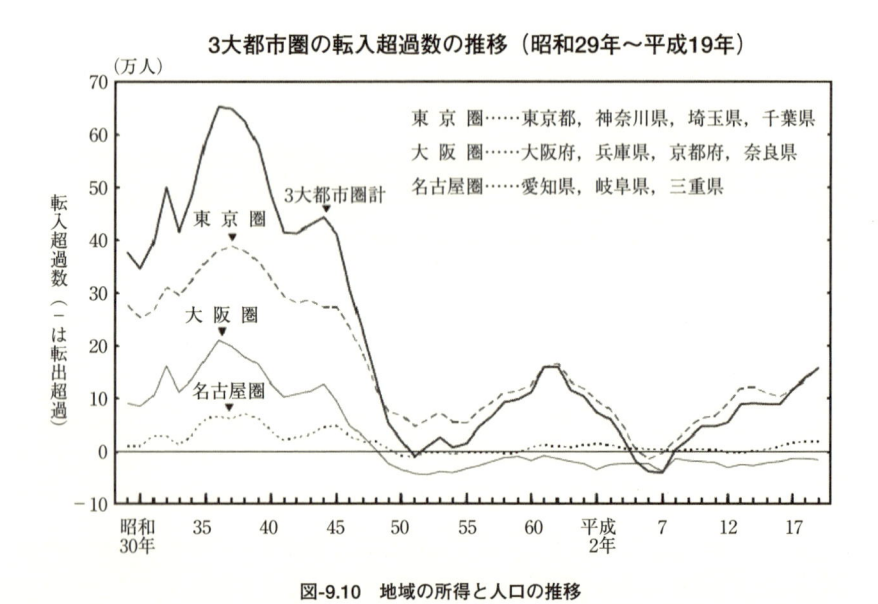

図-9.10　地域の所得と人口の推移

年代の山が，三大都市圏に人が集中してきたという時期である。次の山は80年代後半に訪れるのだが，この時期は一極集中と言われて，東京だけに人が集まってきた。また少し大都市と地方の人の動きが鈍くなった時期を経て，最近また大都市圏に人が集中しているのだが，この最近の動きもまた，東京だけに人が集まっているという一極集中の状態である。ただ，同じ一極集中でも，80年代後半の時期と現在を比べると大きな違いがあり，80年代後半には東京の中ではいわば郊外化が起こっていた。それに対して，現在は東京の中で都心集中が起こっているという内部構造の変化がある。

いずれにしても，大都市中心に人が集まるという動きを経ながら，一方で，地方にも工場誘致などが行われて，結果として格差が是正されてきた。問題は，その人口減少と格差の拡大を重ね合わせると，これからその格差を是正していくのに，人口移動によって格差が減るというメカニズムが使い得ないのではないか。使えないというよりも，自然にそうなる可能性はあるわけだが，その結果起こることが，地方での，例えば限界集落という言葉に表現されるようなコミュニティーの崩壊というような問題，つまり新たな社会問題につながっていく恐れがある。つまり，九州では少なくとも40年間で4％程度は人口増加があって，ある意味，この人たちが九州における産業の発展を支えてきたと言えるわけである。これから東京にさらに集まってくる，あるいは大都市に集まってくるということになると，人口全体が減少していくため，地方ではかなり大幅な減少を記録することになり，そのこと自体が新たな問題を生むのではないか。したがって，格差是正に国土計画が取り組むという場合に，これからの戦略あるいはやり方というのは，まさに地域の振興，例えば地域に雇用機会を増やしていくなど，この図式で言えば，地域の所得をいかに高めていくのかということに注力せざるを得ないという，いわば政策選択が限定されることになってきた。

9.6 定住自立圏構想

実は，そのことが容易ではないため，いろいろな新たな政策が考えられている。国土形成計画というのは，2008年の2月に国土審議会で最終的な承認があって，あとは閣議決定を残すだけということで，2月中にも閣議決定されて，正式

に国土形成計画が決まる（実際には，2008年7月に閣議決定）。国土形成計画，全国計画が決まると，連動して各地方における広域地方計画が本格的に作成される。協議会をつくるということになるため，知事さんあるいは市長さんが入った協議会を発足するという段取りになっていたが，停滞していた。なぜ停滞していたかというと，国土形成計画の中に陸上交通の記述があって，そこに道路に関する記述がある。それは，例えば1万4000 kmの幹線国道のネットワークをつくるとか，道路の中期計画をつくって，それを実施していく，あるいは湾口部とか海峡部に橋をかけるプロジェクトについても言及している。これが最近の与党や政府の政策転換，例えば道路特定財源を一般財源化するという政策と，厳密に読んでいくと合致しない。それが閣議決定に当たって引っかかっているため，もう4か月になるができていないということになっている。

　国土形成計画およびそれに関連する広域地方計画が動かない中であるが，地方再生というテーマは，先ほどの文脈のように非常に緊急性を持っている。そのためにいろいろな動きが出てきているのだが，そのうちの1つに総務省がつくった定住自立圏構想研究会がある。とくにこれは総理大臣が総務大臣に，ダムのような効果を持つ政策を打って，地方から人が大都市に流出しないようにできないかということを訊ねたのを受けて，総務省が設置した研究会であるのだが，総務省は協定による広域行政をやろうと考えているようだ。つまり，総務省は市町村合併をしてきたのだが，その合併に加えて，もう少し緩く，協定によって広域行政を行うという制度を新たに入れようとした（2009年現在，定住自立圏の先行実施団体が22圏域選定され取組みが進んでいる）。しかし，私はそれだけでは人口流出はとまらないと思う。

　1つは，人口の絶対減，自然減による減少というのが起こっているため，言い換えればダムの底が抜けている状態と言える。したがって，自然減対策，人口の出生率を高めていくということが1つには必要であり，また地方で雇用機会に乏しいということが，いわばダムの高さを低めているというか，ダムと思っていても，そこを簡単に人が乗り越えて大都市の雇用機会に向かってしまうということであるため，地方圏および地方における雇用機会をいかにつくるのか。人口政策と産業政策というのがどうしても必要ではないかというふうに考えている。

9.7 広域行政と流域圏

最後に，さきほど述べた協定による広域行政と流域圏をどう結びつけるかという話をする。

私は，このようなことを考える上で，1つの例示として，三遠南信地域の試みに注目している。三遠南信というのは，東三河，豊橋を中心とした愛知県の地域と，浜松を中心とした遠州地域，それから飯田市を中心とした南信州にあたる3つの県境を超えた地域をさす。

図-9.11 に年表を示したが，1972年に三遠南信自動車道建設促進とある。この自動車道に絡んでこうした名前が定着してきたのかもしれない。1972年以降，自動車道は遅々として整備が進んでいるらしいが，三遠南信は自動車道を超えて，サミットを開催するようになった。これは94年からである。つい昨年には，三遠南信地域の連携ビジョンが合意されて，その連携ビジョンを実施していくために，恒久的な組織の立ち上げ。さらに，道州制の議論で，この三遠南信の一角を形成する長野県と他の2県，愛知，静岡が別々な道州に属するという提案がなされたことがあったのだが，それに反発して，三遠南信は1つの道州に

三遠南信地域

- 1952年　天竜・東三河特定地域総合開発計画
- 1972年　三遠南信自動車道建設促進
- 1991年　三遠南信地域経済開発懇談会
- 1994年　第1回三遠南信サミット開催
- 2006年　第14回サミット　道州制での同区割り
- 2007年　第15回サミット　三遠南信地域連携ビジョン合意

図-9.11　三遠南信地域

あるべきだということを提起して，結束を強めたという経緯がある。いずれにしても，そうした三遠南信の結びつきの中で，県境を超えた60ぐらいのプロジェクトがビジョンの中で提案されて，それを実際に担っていく広域連合のような組織をつくっていこうという議論が進んでいるということである。

　その三遠南信地域は，さまざまな特色を持っている。とくに，三河と遠州は非常に豊かな地域であり，浜松は楽器やオートバイ産業で3兆弱の工業出荷額があるところである。豊橋は自動車の積み出し港としても有名であるが，三河には田原市という，ちょうど渥美半島全体が市域になっている市があって，ここにはトヨタのレクサスの工場があるため，6万数千の人口規模ながら，2兆円を超える工業出荷額がある。同時に，この田原市は農業生産高でも市町村の中で全国一であるので，非常に産業豊かな都市が遠州三河にはある。

　一方で，南信州は人口規模でいえば20万弱ほどであるが，なかなかユニークな政策を行っている自治体がある。4 000人ぐらいの下條村という村がある。若者を定着させるために，集合住宅をつくって，若者に優遇措置を講じて住まわせる。それから，この下條村は合併をしないという選択をしたところであるが，その結果起こるであろう財政難に対処するために，お金がかからない公共事業を考えた。村民の労力提供で公共事業を行い，交付税をもらった上で財政が黒字になるという将来像を描いている。その近くにある泰阜村でも似たようなことをやっており，全国からおもいやり基金を集めようというような政策を展開するということで，南信州は南信州なりにユニークな政策展開を行っている。

　なぜこの30ぐらいの自治体からなっている三遠南信地域が毎年サミットを繰り返してビジョンをつくり，さらにビジョンを実施していくような恒久組織をつくろうというまとまりを見せているかというと，天竜川と豊川という2つの河川流域にこれらの市町村が位置していて，一体感を持っていることが背景にある。とくに天竜川については，中央構造線が通っている場所であり，かつフォッサマグナが通っている，まさに非常に地形の厳しい箇所である。したがって，さっきの三遠南信自動車道もいつ開通するのかが危ぶまれている場所である一方で，河川の流れは昔からのものであり，その流域に属しているという上下流のつながりが根底にあるのではないだろうか。

9.8 おわりに

　日本が都道府県にわかれてから，その都道府県をベースに行政が行われてきた。国土計画もそうした単位で行われてきたのだが，この三遠南信地域は，全国の動きに先駆けて，もう一度自然的な地形あるいは歴史的な関係に根差した新しい地域形成をしようとしているのではないか。広域地方計画というのは，いわばトップダウンの地域区分をしていこうという発想にどうしてもなりがちであるが，いわばその広域ブロックの内実をつくるのが，例えば三遠南信で見られるような流域圏における地域づくりの新たな組み立てということになっているのではないか。このような動きに私は非常に注目している。

　残念ながら，まだこうした動きは日本の他の地域で三遠南信のように10数回サミットを続けるという格好では見られないのだが，この試みが日本の他の地域にもうまく伝播していくことを今後期待したい。

第4編

流域圏の評価

第10章 自然共生型流域圏の環境アセスメント技術の枠組み

名古屋大学大学院工学研究科
辻本哲郎

現在，我々の大学が中核となって取り組んでいる文部科学省科学技術振興調整費の研究プロジェクト，その5年の研究期間の前半で，とくに自然共生型の流域圏の環境アセスメント技術の開発，すなわち，自然共生度をどのようにはかるのかというアセスメントに取り組んできた。本章では，「自然共生型流域圏の環境アセスメント技術の枠組み」を紹介する。

10.1 流域のとらえ方

第1章でも述べたように，流域とは水循環の陸側の単位である。すなわち，分水嶺で囲まれているために，そこに降ってきた雨が外へは出ずに流れていく。これが流砂系として，水だけでなく土砂も運び，物質も運ぶ。とくに生元素にかかわる物質がここでは注目されており，それが生態系につながる。このようなシステムが流域を単位としているということがわかる。つまり，流域というのは，水，土砂，生元素，生物などの輸送経路かつ輸送手段と言える。水路はけっして輸送路であるだけではなく，その中に輸送量も入っているということで，我々はこれを「フラックス網」と呼んでいる。

流域の中のさまざまな地先には景観がある。景観というのは，物理的な地形であるとか，その上で物質が変化しているとか，生物活動をしているというふ

うな広い意味での生態系である。そういう景観がいくつも形成されており，その景観の中で生態系サービスが生み出されている。それをうまく利用しながら我々は人間活動を発展させてきた。こういうふうにしてでき上がった流域で，「風土」と呼ばれる環境あるいは自然的条件に非常にマッチした人間活動を我々はこしらえてきた。しかし，急激な人口増と経済発展の中で人工的なフラックス網をつくり，あるいは何らかの人工的な施設をつくって，景観のかわりにそれで代替しようということを進めてきた。そして現在，いろいろなことで風土がうまく機能していない，あるいは壊されている，どこへ行っても同じような景観が見られるといったことがある。

　よく言われているように，日本の人口が江戸末期には3 500万人だったのが，現在は1億数千万を支えている。これはけっして生態系サービスだけで支えられるものではなく，人工のフラックス網とか人工の施設をつくってきたから支えられた。生態系サービスを人工施設によって代替してきたというのがこれまでの流れだった。

　図-10.1に，景観を少し詳しく書いた図を示すが，破線で囲んでいる部分を我々は「Landscape」，「景観」と呼んでいる。場合によってはこれを「生態系」と呼んでもいいだろう。この景観は，3つの系の相互作用からなっている。

　1つは「物理基盤」である。この物理基盤の中にも，水流があって流砂が生まれ，そこから地形ができて，さらに植生によって影響されているというような相互作用系が存在している。左下の「生物相」は，物理基盤が提供するハビタットに対して，さまざまな生物がその上で生活史を展開し，個体としては成長，個体群としては繁殖し，種の問題，すなわち食物連鎖あるいは共生みたいな仕組みがあることを示す。一方，その右の「物質循環系」は，物質が無機物，有機物，それから左側に書いてある生物相，すなわち生体に使われるという仕組みをつかさどるところである。

　こういういろいろな物質の輸送と変化は，当然物理基盤にサポートされているので，物理基盤は物質循環系に対して，それぞれ個別の物質循環の素過程の場所を提供しているということになる。うまく伏流が流れるような仕組みで初めて伏流という仕組みが生まれ，その中で硝化や脱窒が起こるというようなこと，あるいは植生とか微地形によって流されてきた物質がトラップされたり，洪

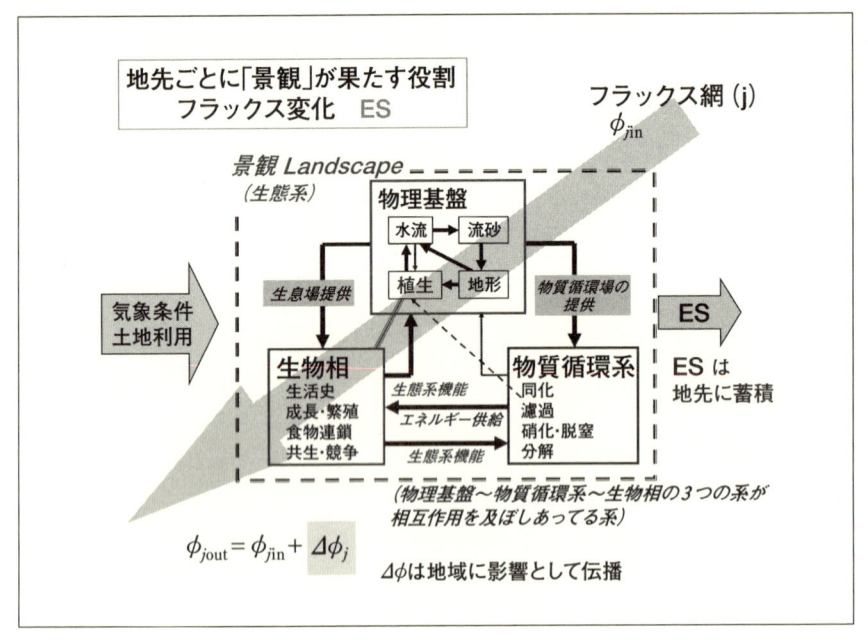

図-10.1 「景観」の役割

水のときに流失したりするということがこの部分になる。生物と物質循環系が相互に関係していることは言わずもがなのことかと思う。

　こういう景観が流域の中にいくつかあって，そこをフラックスが貫いているという形を我々は頭に描いている。すなわちこの景観は，流れてくるフラックスを何らかの形で変化させていると考えるわけである。フラックスで見ると，ϕ_{out}とϕ_{in}の間には，$\Delta\phi$というようなものが消費されたり，生み出されたり，つまり変化する。一方，この景観の中で，さまざまに自然の恵み，すなわち生態系サービスが生まれる。硝化，脱窒などによって水質の浄化作用があったり，生物相が食料を生み出したりといったことがよく言われる生態系サービスである。すなわち，景観を通るときに，フラックスが何らかのものを落としたり受け取ったりしながら，その成果としてその地域になんらかの生態系サービスをもたらすということである。そして，$\Delta\phi$の部分はフラックス網を通して各地に伝播していき，最終的には海までつながっていくということである。

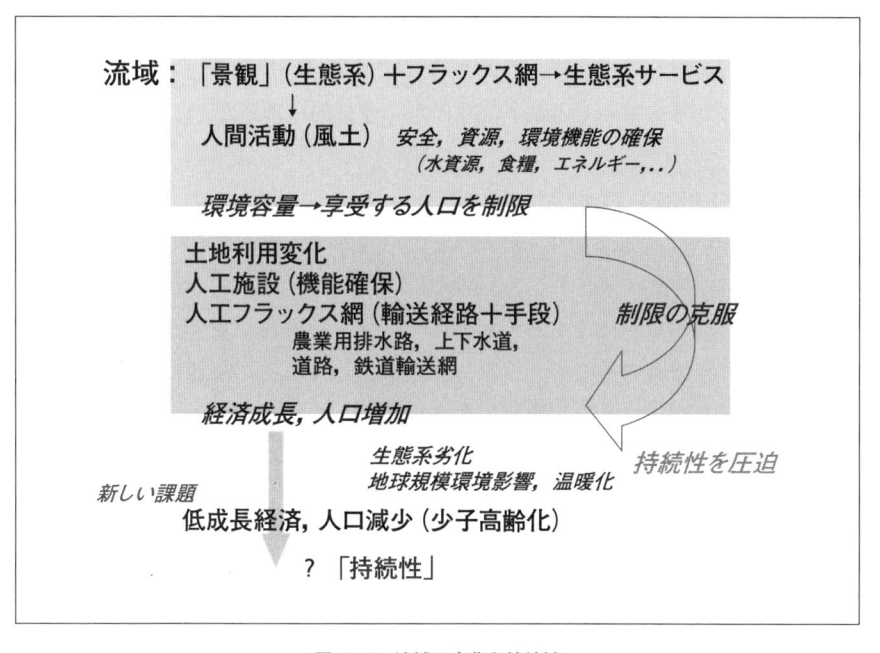

図-10.2 流域の変化と持続性

```
流域：「景観」（生態系）＋フラックス網→生態系サービス
    人間活動（風土）  安全，資源，環境機能の確保
                        （水資源，食糧，エネルギー，..）
    環境容量→享受する人口を制限

    土地利用変化
    人工施設（機能確保）
    人工フラックス網（輸送経路＋手段）   制限の克服
        農業用排水路，上下水道，
        道路，鉄道輸送網
    経済成長，人口増加
                生態系劣化
                地球規模環境影響，温暖化    持続性を圧迫
新しい課題
    低成長経済，人口減少（少子高齢化）
        ？「持続性」
```

今言ったように，流域とは景観とフラックス網から成り立っていて，我々は生態系サービスを受け取っている。そして，人間活動が風土を醸成してきたと言うことができる。それは例えば，安全性や資源性とか環境機能の確保ということになるだろう。

これで賄われる環境容量というものは，享受する人口を制限しているはずである。それを超えるときに，我々は土地利用を変化させたり，人工施設をつくったり，人工のフラックス網（輸送経路＋手段）をつくったりする。農業用排水路も上下水道も，自然の輸送路でそのまま水が流れていればエネルギーは要らないのだが，道路あるいは鉄道の輸送網も，ある意味では食料という形で窒素や炭素の運搬を担う。このときには輸送網だけでなくて輸送手段，すなわち車や列車といったものも中にカウントしなければいけないし，それに対するエネルギーも考える必要がある。

このようにして経済成長を担ったりあるいは人口増加に対応してきたわけで

あるが，その中で，生態系の劣化あるいは地球規模の環境変化というものを我々は実感せざるを得なくなってきた．さらに，低成長経済あるいは人口減少の中で持続性をどう考えていくのかというのが，今日的な課題だととらえている．

10.2 流域圏と持続性

さて，流域の活動が発展すると，**図-10.3**に「水文学的流域の矮小化」と書いたが，例えば，河川を堤防でしっかり囲ってしまうと流域は狭くなって，よく見られるように，下流の方でしりすぼみになっていく．その外側には，実は流域のサービスとして出てきた氾濫域や排水区域というものが拡大しているはずである．それから，土砂も運ぶので，これが流れて漂砂になり，海岸や沿岸域を

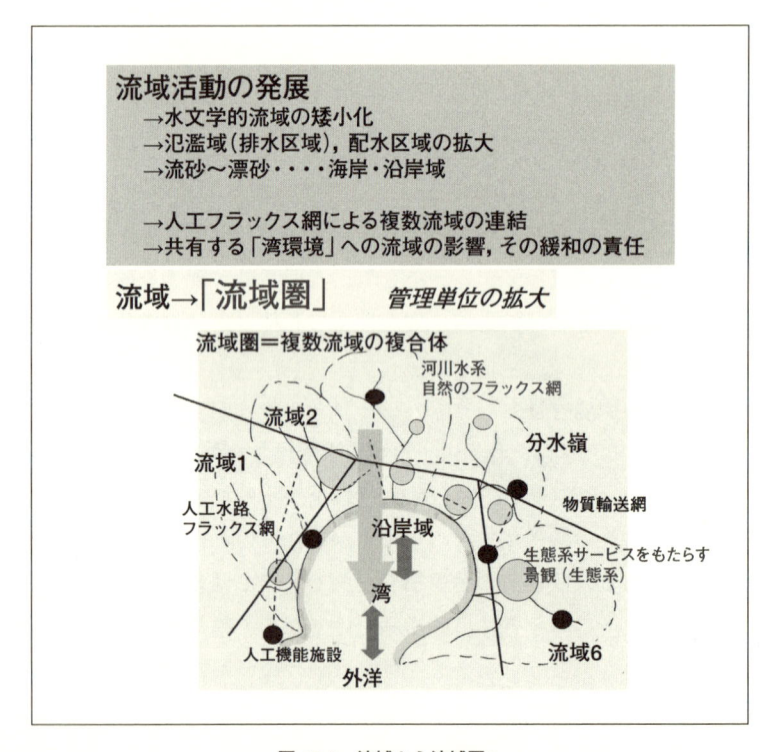

図-10.3 流域から流域圏へ

つくっている．つまり，流域の概念はだんだん拡大していく．さらに，先ほどの人工フラックス網は複数流域を連結する．

　もう1つの問題は，日本は，東京湾や伊勢湾，大阪湾のように，大都市が閉鎖した水域，湾を取り囲んで成立していることが多い．湾を取り囲むように複数の流域が一種の運命共同体を形成しているところが多く見られる．ここで我々が「流域圏」と呼ぶときには，先ほど3つ例を挙げたように，流域ですら，広げなければ「流域」とはなかなか言えない．水文学的な定義の「流域」では，やはりマネジメントしていくときの単位になり得ない．今のような都市圏を考えるとき，閉鎖水域を共有する複数の流域は人工フラックス網等で密接につながれている．その辺を**図-10.3**に示した．図中の丸が各地先の景観における生態系サービスを発揮しているところである．それから，河川網が自然のフラックス網として，水だけでなくて土砂も物質も運んでいる．それに加えて，人間が人工的なさまざまな輸送フラックス網を形成してきたし，濃い丸で示したように，例えば，水をためて運ぶための装置であるとか，下水を処理するような装置をあちらこちらに散在させるようになってきた．こういうふうに流域圏をとらえている．

　もう一度繰り返すと，機能を受け持つものは景観そのもの，生態系そのもので，これが生態系サービスとして機能を生み出していると考える．これに我々が人工施設を景観と並ぶものとしてつくってきた．それから，環境に関する問題を考えるときに，影響が伝播するということが非常に重要となる．これは自然系のフラックス，とくに水循環がドライブするものに人工フラックス網がつけ加わったということである．人工フラックス網の場合には，高エネルギー負荷型になることが結構出てくる．人口が環境容量によって制限されていることを克服するために経済成長とあいまって，人工施設に景観を置きかえてきたし，フラックス網も自然のものから人工のものに置きかえてきた．それは補填するだけでなく，置きかえてくることすらあった．現在の安定経済成長，少子高齢化，生態系劣化，地球温暖化の問題の中で，今度はそれを反対の方向に，できるだけもともと我々が持っている景観とか自然系フラックスが担っている分をしっかり見直して持続性を考える，これが自然共生ということである．エネルギーを過度に使用するといった問題も，持続性の観点の中で評価されるところ

である。

10.3 自然共生型流域圏の構築に向けて

　自然共生に向けて，現実にはビジョンを立て，最終的には施策を実施するような行動に移っていく。この中で非常に大事なところを担うのは「プランニング」である。どんな施策群があって，どんなロードマップでやるのか。それから「行動計画」として，どんなふうにそれを進めていくイニシアチブをとるのか。もう1つは，そういうものが正当である，あるいは透明性があるといったことを確保するための「アセスメント」。アセスメントというのは評価であるが，一方では，現実に行動主体が本来説明責任を負うものと考えても同じことかと思う。すなわち，ここではアセスメント技術を構築していくと言っているのだが，言い方を変えれば，アカウンタビリティのための筋道を示すことでもあると考えている。

```
自然共生型流域圏構築に向けて
    ビジョン      →       行動（施策実施）
   （自然共生型）
    Planning      施策群構成＋ロードマップ
    行動計画      ガバナンス
    アセスメント  （Accountability）

流域圏自然共生度アセスメント手法の開発
    かつての流域圏   「風土」形成
       ↓↑    人間活動の活発化（都市化），人口増・経済成長
    流域圏の現況   （流域圏の自然共生度変質）
       ↓       自然共生型施策（技術，制度施策，生活様式，...）
    自然共生型流域圏の再構築

    流域圏の現況
       ↓    地球温暖化・対応シナリオ
    将来の流域圏像
```

図-10.4　自然共生型流域圏の構築に向けて

自然共生度のアセスメントの手法としては，流域の現況をしっかり把握すること。かつての流域圏からどのように変質してきたということが説明できるようなものを持っていないと，アセスメントの手法としては不十分であろう。もう1つ，今度は現況から自然共生型の施策をとったとき，もしくはとらなかったときに，どんなふうに自然共生型流域圏が再構築されるのか，またされないのかといったことを評価する必要があるということである。

流域圏の現況から将来の流域圏の像を描くとき，現実に，地球温暖化あるいはそれに対する適応といったシナリオもこの中に入れることが今後非常に重要になってくるが，我々は今のところ，まだここにそのシナリオを入れるには十分至っていない。

次に，アセスメントの流れを紹介する。**図-10.5**にアセスメントの技術として必要な項目を示した。1番目には，フラックス網をきちっと解析すること。自然系は，主として流出に伴うもの。人工系は，上下水道とか用排水路みたいなも

```
自然共生型流域圏環境アセスメントの流れ
   (1) フラックス網解析
        自然系
        人工系
        ※地先でのΔφ取り込みインターフェイス付
   (2) 地先（陸域・湾域）での「景観」のメカニズム
        生態系サービスES→機能
        フラックス変化Δφ→他空間（湾域含む）への影響伝播
           ※※フラックスに依存
           ※※※人工施設，運用などの影響が加味できること
           ※※※※対応施策のメニュー別，有無の比較
   (3) 地先での対応による地先効果と流域全体
        各地先でのΔφを考慮したフラックス網←※
        整合した各地先のES評価
               ↓
        生態系サービスの流域圏統合評価    ⇒  総合評価
        施策実施にかかる「自然共生度」評価
```

図-10.5　自然共生型流域圏環境アセスメントの流れ

のから，場合によっては輸送網といったようなもの，あるいは取引といったものも取り込んでいかなければならない。

　それから，フラックス網解析の部分で非常に重要なことは，各地先でさまざまなサービスやフラックスの変化が生まれると言ったが，この変化分をフラックス網の解析の中に的確に取り込まねばならない。$\Delta\phi$取り込みのインターフェース付のフラックス網解析が必要だということである。

　図-10.5の(2)は，地先での「景観」のメカニズム，生態系のメカニズムの解明である。我々としては，生態系サービスを生む機能を持ったものとして生態系を評価したいということである。そのときに生まれ出るフラックスの変化も，ここできちっと評価できる仕組みを求めておく必要がある。これが，最終的には湾域であるが，それに至る他空間への伝播を担うものである。

　(3)は，地先での対応による地先での効果。先ほども言ったように，地先でいろんな景観あるいは施設が生態系サービスなり機能を生み出すわけで，これをあちらこちらに分布したサービスとしてカウントする必要があるのだが，それを流域全体としてどう評価するか。今のところ，$\Delta\phi$あるいはサービスといったものがけっしてうまく一律に書かれていない。とくにサービスは，さまざまな種類のサービスを想定して研究されているため，それを例えば化石燃料代替のポテンシャルとして評価するというような形で，全体での統合評価を考えている。

　生態系サービスの流域圏統合がうまくいけば，もう1つは，施策実施に係る自然共生度も評価しなければいけない。最終的な姿として生態系サービスが享受できるような形になったと評価されたとしても，それに至るプロセスで自然共生型でないということも当然あるわけである。土砂がスムーズに海岸まで流れるような仕組みをつくるにしても，それを海岸近くまでトラックで道路輸送する方法や，土砂がダム地点からうまく川に沿って流れるような仕組みをつくり上げる方法などがあり，こういうやり方の自然共生度も統合的な評価として考えていく必要があるということである。

10.4　類型景観の概念

さて，各地先でいろいろなことを考えなければいけないのは当然のことで，生態系や生物というもの，あるいは地形など，その場その場が非常に個別的で重要なのだということは非常によくわかる。しかし，例えば伊勢湾流域全体で，ここは木曽川のこういう領域だ，こちら側は矢作川のこういう領域だということを全部取り上げていけばきりがない。先ほど生態系のメカニズムあるいは景観は，すなわち相互作用系だと言ったが，まずこれをほぼ相似と推定できる空間に類型化することが必要だ。ということで，我々は「類型景観」という概念を導入した。

図-10.6に示したように基本的には，まず水域と陸域を分離する。水域は，主に河川についてはセグメントというふうな概念で，山地河川や谷底平野の河川，

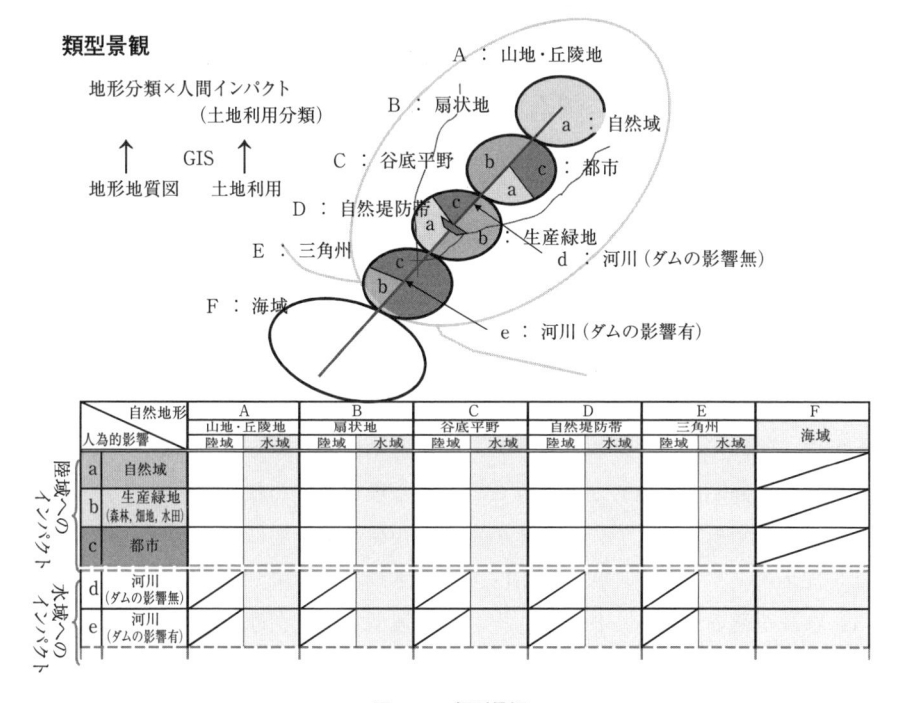

図-10.6　類型景観

扇状地の河川とか，これは全部その背後地をひっくるめた分類になるが，水成地形についてはこれをうまく利用することにした。それから背後地まで分類し，土地利用も加味してさらに中分割していく。ただし，1つの類型景観の中にも，自然の豊かなところ，河川で言えば礫が特出するところ，砂で特徴づけられるところ，植生が生えているところ，裸地といったさまざまな細かいサブ景観は当然あるのだが，大くくりの類型景観をここで定義した。

図-10.6の上のイラストのように，1本の線を河川と見て，先ほど言った地形分類でいくつかの「だんご」ができる。その中を詳しく見ると，自然域や都市的発達をしているところ，生産緑地に使われているところとかがある。こういう形に伊勢湾流域圏全体を中分割するということをして，そこで生態系サービスを評価できるツールを我々はまずつくったということである。このツールによって，地先での生態系サービスあるいはフラックスの変化分が評価できるようにした。それは人工的なフラックス，自然のフラックスによって自由にあちらこちらに運ばれることになる。

10.5　生態系メカニズムの評価手法

さて，生態系のメカニズムと簡単に言ったが，それをどんなふうに我々は見つけていくのかということを図-10.7に示した。景観というのは，先ほど言ったように，物理的な側面，化学的な側面，生物的な側面という3つのサブシステムを持っている。この相互作用をモデル化，定式化して，次のように仕組みをつくっていく。

まず，地形マップの上に，雨が降ってどんなふうに水が流れるか，流出してきて水が流れて，例えば水域だとどんな流速や水深になるのか，あるいはどんなふうに土砂が流れるのかということを，水理学と言われる体系を使って計算することができる。とくに移動床の水理学と植物の動態に関するモデル化がこれを支える。すなわち，我々はGISで提供される地形マップを持っており，さらに物理基盤のモデルを使うと，それが流速や水深，土砂量のマップになったりするということである。

この2つのマップをベースとした生息場評価モデルとしては，PHABSIM

```
┌─────────────────────────────────────────────────────────┐
│ 生態系のメカニズム→ES, Δφ                                │
│ 「景観」(生態系)＝3つのサブシステムとそれらのあいだの相互作用 │
│                                                         │
│ 気象(降雨)                                              │
│   ↓      物理基盤モデル(移動床水理学＋植生動態)          │
│ ┌─────┐  ┌──────────────┐                              │
│ │地形マップ│→│フラックス特性分布マップ│                  │
│ └─────┘  └──────────────┘                              │
│              (流速,水深,流砂,...)                       │
│  PHABSIM ↓ 選好曲線    ↓ HGM (Hydrogeomorphic model)   │
│ ┌──────────┐  ┌──────────────┐                         │
│ │生息適性マップ│  │物質循環特性場マップ│                  │
│ │(Habitat map)│  └──────────────┘                      │
│ └──────────┘   (物質循環のさまざまな場支援)             │
│ Population Dynamics↓ 環境容量,増殖率↓                   │
│ ┌─────────────┐  ┌─────┐                               │
│ │生物量(Biomass)マップ│  │Δφマップ│                     │
│ └─────────────┘  └─────┘                               │
│              ↓ 単位バイオマスあたりのESポテンシャル図   │
│ ┌──────────────┐       この手法を各類型景観             │
│ │生態系サービスESマップ│       ごとに,一般化               │
│ └──────────────┘                                       │
└─────────────────────────────────────────────────────────┘
```

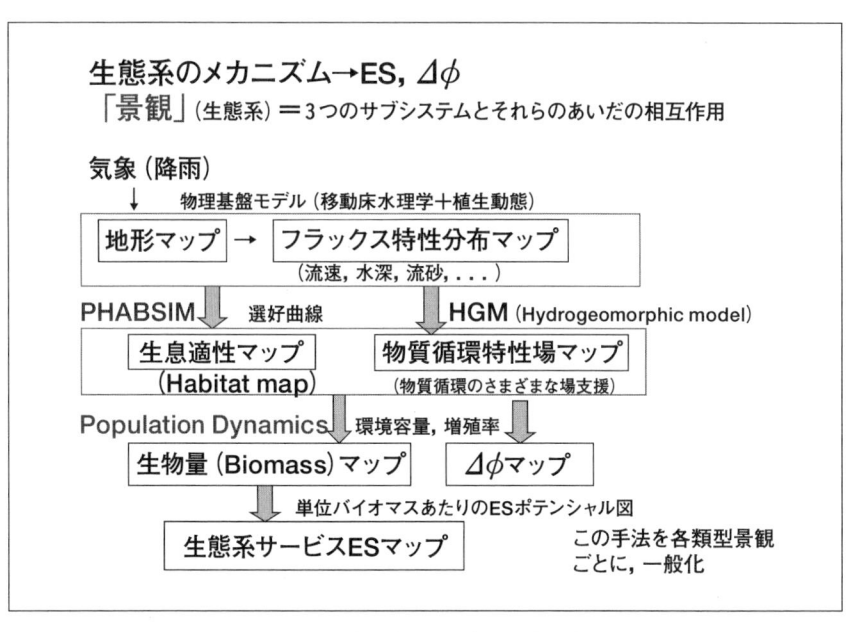

図-10.7 生態系メカニズムの評価手法

(Physical Habitat Simulation)というモデルが開発されている。ここでは選好曲線が写像関数となる。マップからマップに変換するような仕組みを我々は写像関数もしくは応答関数などと呼んでいるが，PHABSIM の中で使われているのは選好曲線というものである。どんな流速でどんな水深ならばその魚が棲む空間としていいのかを数値的に処理するという写像関数を我々が開発する。すると，先ほどの地形マップ，フラックスマップは，生息適性マップ，ハビタットマップに変わる。

一方，同じように，どこでどういう伏流水があるか，あるいはどんな溶存酸素(DO)の状態かということを決めると，物質循環の特性マップ，すなわち，ここは伏流が盛ん，DO が高い/低い，あるいは土砂や有機物を捕捉しやすいというような場のマップができる。この手法のことを HGM (Hydro-geomorphic model)と呼んでいる。物質循環のさまざまな場がどこで支援されているのかを我々は知ることができる。

すると，今度はハビタットマップと物質循環マップを使って，Population

Dynamics Modeling というのがある。これは，どれだけの餌を食い込んで，その生物がどんなふうにバイオマスを増やしていくのかというモデルになる。人口の増減などをあらわすモデルとしてもよく知られている。ロジスティック方程式と呼ばれるようなものがこれに当たる。ここでのパラメータは環境容量や増殖率みたいなものになるが，これによっていわゆるバイオマスマップができ，$\Delta\phi$ のマップもできる。

さらに，単位バイオマス当たりの生態系サービスというものをポテンシャルとして評価すると，今度はバイオマスマップが生態系サービスマップに変わっていく。この一連の流れをつくり上げることがアセスメントの中心部だというふうに考えている。

図-10.8 の上図は，塩性植物のハビタットスータビリティを示すものである。地盤高や粒度といった基盤の情報に対して，0から1までの数値に定量化された

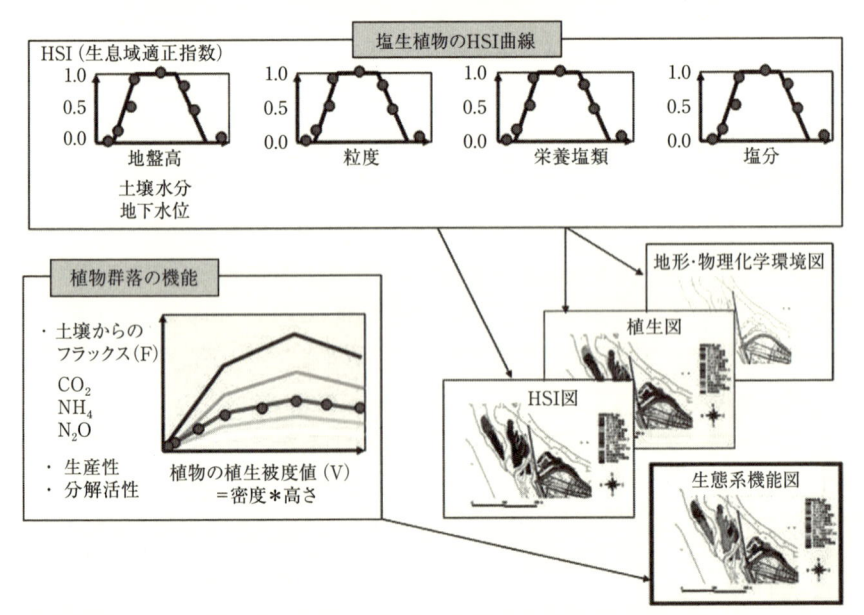

類型景観における「機能」（場の生態的機能と生態系サービス）評価

河口砂州景観の生態的機能（植生生育域）と生態系サービス（CO_2 削減量など）の評価例（野原（国環研））

図-10.8　河口干潟での生態系メカニズム評価例（国立環境研究所・野原）

生息適性があらわされている。もう一方で，単位バイオマス当たりの生態系サービスの量を評価する関数系をつくり上げること。これは，実験室レベルなどでつくり上げることもできるし，今までの情報を経験的に集めてつくることもできる。例えば，土地を被覆している植物の被度といったものに対して，炭酸ガスあるいはアンモニア，N_2Oといったものの生産性とか分解活性とかを示すような図を，生物生息の選好曲線と同じようにつくり上げておく。すると図-10.8右図のように，自由に地形マップ，植生マップ，ハビタットスータビリティマップ，生態系サービスマップをつくることができる。こういうものがアセスメントの根幹部分ということになる。

10.6 自然共生型流域圏環境アセスメント

最後にまとめとして，図-10.9に自然共生型流域圏環境アセスメントの手順を示す。まずフラックス網を解析し，注目する地先はどの類型に属するのかを調

```
自然共生型流域圏環境アセスメントの手順
 (1) フラックス網解析0次近似
 (2) 注目する地先がどの類型景観の属するか
       地先での施策（メニュー）群
       類型景観の生態系景観モデルを採用
 (3) 地先での施策群の局所的効果評価
       施策の有無による
       フラックス変化Δφ，生態系サービスESの評価
 (4) いくつかの地先を対象とした施策の結果変化したフラックス網
       各地先でのΔφを考慮したフラックス網
 (5) 更新されたフラックス網でのΔφ，生態系サービスESの評価
 (6) 陸域流末でのフラックスを湾に放出湾域流動シミュレーション
       ⇔沿岸域での生態系サービス
 (7) 流域圏全体として生態系サービス総和（化石燃料代替ポテンシャル）
 (8) 施策実施の自然共生度と併せてシナリオ評価
```

図-10.9 自然共生型流域圏環境アセスメントの手順

べて，類型ごとのツールを使ってフラックス変化や生態系サービスを評価し，流末にどれだけのものが出されるか。すると，今度は湾のシミュレーションを経て，沿岸での生態系サービスをカウントする。全体の生態系サービスは，化石燃料代替ポテンシャルとして読み直すことができるような仕組みに仕立てようとしている。**図-10.9** の(8)はまだできていないが，施策実施の自然共生度とあわせてシナリオを評価するということになるかと思う。

　非常にわかりやすいところだけを概略的に示したが，生態系サービスがどういうふうにして生み出されるかという仕組みをアセスメント技術として確立しようということをやっている。

　一番最初にもお話ししたように，アセスメント技術は，現実に自然共生型流域圏を構築していくときの車の両輪のうちの1つでしかない。もう1つはどういうふうにしてそういう施策をドライブしていくのかということで，これが非常に重要になる。ドライブするにもアセスメントあるいはアカウンタビリティが必要だということで我々はやっている。さらにもう1つは，この仕組みを使いながらどういうふうにして行動を刺激していくのかといったことが今後の課題だというふうに考えている。

第11章 森林利用に伴う生物多様性アセスメント

東北大学大学院生命科学研究科
中静　透

11.1　はじめに

　生態系サービスに関するアセスメントを考えると，水や物質にかかわるもの，栄養塩にかかわるものは物の動きとして比較的とらえやすいのだが，おそらく多くの方が，生物多様性のアセスメントとは一体どうやればいいのかと悩まれているのではないかと思う。一方で，2008年にボンで生物多様性のCOP9が行われ，今度2010年には名古屋市でCOP10を開かれるということで，名古屋でも生物多様性が注目されていることだと思う。

　本章では，生態系サービスや生物多様性を総合的にアセスメントすることについて一体どういうふうに考えていけばいいのかという話をしていきたい。それから，今回は水そのものに関する話はできないが，水の周りにある森林の変化を引き起こしていく要因（ドライバー）をどうとらえていくか，という視点で話をする。ドライバーが森林変化を起こして，その結果として生物多様性に影響が出るわけだが，その影響をどうとらえていくかということである。それから生物多様性の変化と言うと，トンボやチョウがいなくなるということで終わってしまうと思われることがある。そして，トンボ好きあるいはドジョウ好きな生物学者の自己満足で終わっているのではないかとよく言われるのだが，そういうわけではなく，そういう変化が生態系サービスの変化として人間に返っ

てくるのだという話をしていきたい。

11.2 生態系サービスとは

　国連が主導して5年ぐらいやったミレニアム生態系アセスメントのまとめとして，いろいろな生態系サービスについて述べられている。まず，「Provisioning」というのは，生物・生態系が供給するもの，生産するものを言う。食料，水，燃料などを供給するサービスである。それから，「Regulating」というのは，水質，気候の制御，もっと生物的なものでいうと病気を制御したりすることである。さらには，生態系が持続的であることなどにも生態系サービスがかかわってくる。それから，「Cultural」というのは生物や生態系がいることによって精神性，レクリエーション，美的な利益などが得られることを言う。この三つに基盤的

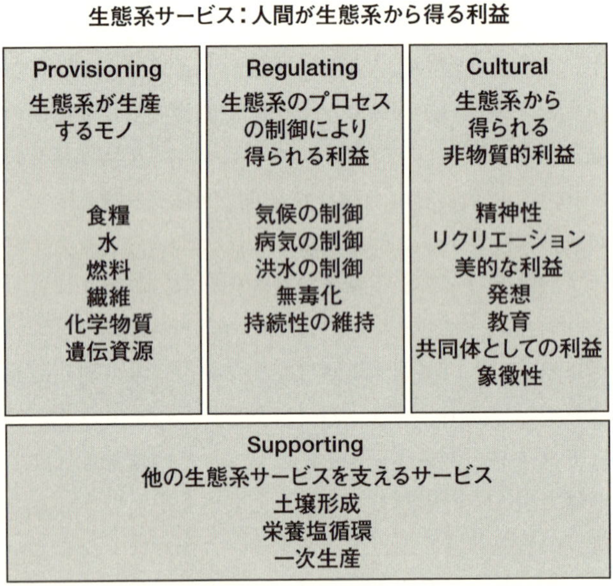

生態系サービス：人間が生態系から得る利益

| Provisioning
生態系が生産
するモノ

食糧
水
燃料
繊維
化学物質
遺伝資源 | Regulating
生態系のプロセス
の制御により
得られる利益

気候の制御
病気の制御
洪水の制御
無毒化
持続性の維持 | Cultural
生態系から
得られる
非物質的利益

精神性
リクリエーション
美的な利益
発想
教育
共同体としての利益
象徴性 |

| Supporting
他の生態系サービスを支えるサービス
土壌形成
栄養塩循環
一次生産 |

［出典］ミレニアム生態系アセスメント（http://www.millenniumassessment.org/en/about.slideshow.aspx）に加筆

図-11.1　生態系サービス

（supporting）なものを加えた4つが生態系サービスの大きな分類になる。

　実は，生態系サービスのすべてに対して生物多様性がとくに重要な働きを示すわけではない。例えば水とか木材の供給を考えると，別に生物多様性の高い森林が流域にあることはあまり重要ではなくて，スギ林でも十分それを果たしてくれるだろう。あるいはほかの単純な（生物多様性のあまり高くない）林でもいいのである。生物多様性がとくに重要なものは，例えば，「Provisioning」では遺伝資源だとか，化学物質，「Regulating」では病気の制御とか持続性の維持とかである。一方，精神的なものとか文化的なものに関しては，生物多様性は非常に大きな役割を果たしている。

　ミレニアム生態系アセスメントでは，これらの物質供給サービスや調節的サービス，文化的サービスが，人間の生活の安全性やよりよい生活に必要なもの，つまり健康で良好な社会関係にかかわってくるわけである。

　図-11.2の矢印の色の濃さは社会経済的な結びつきの強さで，つまり，矢印の色が濃いほど一般の人たちが経済に置きかえて考えやすいものだということを示す。太さは生態系サービスと効果の結びつきになる。我々が生態系サービスとして利益を得ているという実感が持てるものが太い線になっているわけである。

　先ほどの生物多様性がどういう生態系サービスを中心にもたらしているかを考えてみると，例えば，文化的サービスだったり，生物的コントロールだったりというところが重要なわけだが，この中では，おそらく線が細かったり色が薄かったりするものが多い。つまり，生物多様性を保全して一体何になるのかということに対して十分答えられていないのだということを物語っている。経済的な評価も低いし，生物多様性があることによって得られる利益は，明確に認識されていないのだということをこの図が示している。

　おそらく生物多様性があると，すべての生態系サービスが高まるというようなことはないと考えなければいけない。また，生態系サービスと生態系サービスの間には矛盾が起こる場合もある。最近よく言われるようになったのは，例えば，温暖化を緩和するために二酸化炭素を吸収してもらうということで木を植える。そういうときにどうするかというと，マレーシアやインドネシアに行って荒廃地に成長の早い樹木を植える。短期間ですぐ太くなるような成長の早い

生態系の劣化は人間生活にどう影響するか

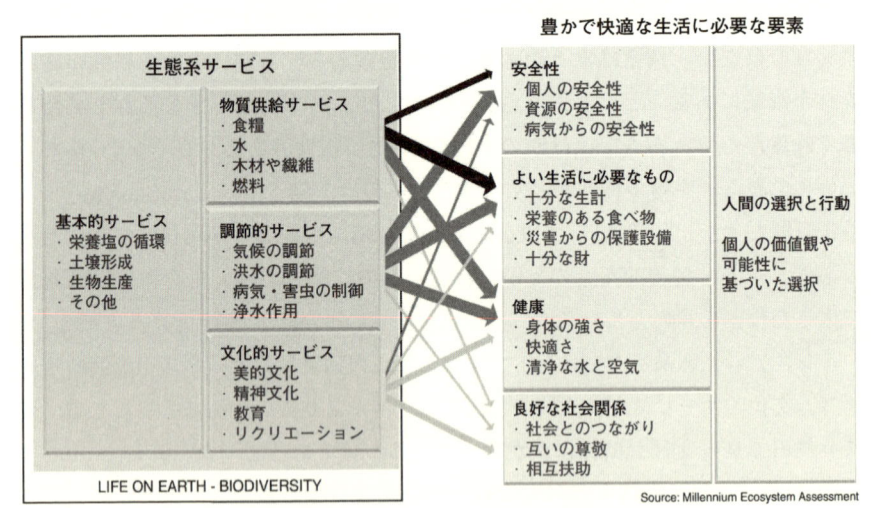

```
┌─────────────────────────────────┐        豊かで快適な生活に必要な要素
│  生態系サービス                  │     ┌─────────────────┐
│           ┌─物質供給サービス    │     │安全性            │
│           │ ・食糧              │     │・個人の安全性    │
│           │ ・水                │     │・資源の安全性    │
│           │ ・木材や繊維        │     │・病気からの安全性│
│           │ ・燃料              │     ├─────────────────┤   ┌──────────┐
│ 基本的サービス                   │     │よい生活に必要なもの│  │人間の選択と行動│
│ ・栄養塩の循環                   │     │・十分な生計      │   │          │
│ ・土壌形成   調節的サービス      │     │・栄養のある食べ物│   │個人の価値観や│
│ ・生物生産   ・気候の調節        │     │・災害からの保護設備│ │可能性に    │
│ ・その他     ・洪水の調節        │     │・十分な財        │   │基づいた選択│
│              ・病気・害虫の制御   │    ├─────────────────┤   └──────────┘
│              ・浄水作用          │     │健康              │
│                                  │    │・身体の強さ      │
│           文化的サービス          │    │・快適さ          │
│           ・美的文化              │    │・清浄な水と空気  │
│           ・精神文化              │    ├─────────────────┤
│           ・教育                  │    │良好な社会関係    │
│           ・リクリエーション      │    │・社会とのつながり│
│                                  │     │・互いの尊敬      │
│ LIFE ON EARTH - BIODIVERSITY     │     │・相互扶助        │
└─────────────────────────────────┘     └─────────────────┘
                                   Source: Millennium Ecosystem Assessment
```

矢印の色の濃さは，社会経済的な結びつきの強さ，
矢印の太さは生態系サービスとの結びつきの強さを示す

図-11.2　生態系の劣化が人間生活へ与える影響……

木を植えると炭素吸収量が高いので，そのような木をたくさん植えればいい。しかし，単一樹種の一斉造林では，実は生物多様性はすごく低くなる。そういうふうに，一方の生態系サービスを追求すると他方は低下する場合があるのだ。

結局，どういう生態系サービスをその地域あるいは流域の人たちが望んでいるかということを常に考えていかなければいけない。すべての生態系サービスを完全に満足するというわけにはいかないだろう。

11.3　生態系変化の総合的アセスメント

そういうことを考えながら，生物多様性に的を絞って生態系サービスあるいは生態系の変化をアセスメントしていくためにはどういう手順でやっていくのかということを考える。

最初にその変化を把握しようということになる。森林は確かに変化しており，

その変化を起こした要因を特定して，その強さを定量的にとらえようというわけだ。一方で，変化が起こったことに対して生態系としての変化あるいは生物多様性としての変化が起こり，それがどういうふうに人間に返ってくるかを把握する。これを両方合わせると，これまで起こってきた，あるいは今起こりつつある森林の変化が，一体的に評価できる。

さらに，森林を持続的に利用するためのさまざまな仕組みも発達してきている。そういう仕組みが本当に有効に働いているのかどうかを評価することが必要である。今までの森林変化，あるいは今起こりつつある変化が自分たちにどういうふうにはね返ってくるかということと，それを持続的に利用する，あるいは，森林の利用がマイナスの結果をもたらさないような形で将来を考えていくというアセスメントをすることが必要になってくる。それにはいろいろなツールが必要になる。

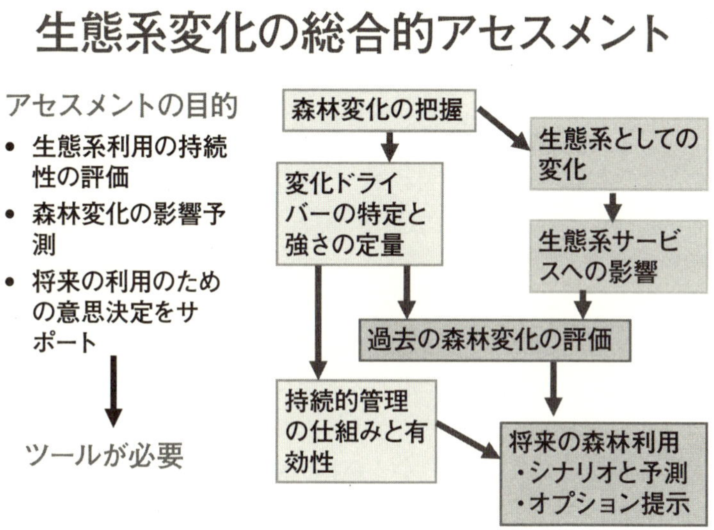

生態系変化の総合的アセスメント

アセスメントの目的
- 生態系利用の持続性の評価
- 森林変化の影響予測
- 将来の利用のための意思決定をサポート

↓

ツールが必要

[フロー図: 森林変化の把握 → 変化ドライバーの特定と強さの定量 / 生態系としての変化 → 生態系サービスへの影響 → 過去の森林変化の評価 → 持続的管理の仕組みと有効性 → 将来の森林利用・シナリオと予測・オプション提示]

図-11.3　生態系変化の総合アセスメント

11.4　森林変化とそのドライバー

　私は，総合地球環境学研究所という2001年に新しくできた京都の研究所に開設当時から5年間ぐらいおり，生物多様性とか森林の利用のプロジェクトをやっていた。生物多様性を中心に考えた森林の持続的利用について，マレーシアで2箇所，日本の森林地域で2箇所をモデル地域として多くの人と共同で研究してきた。

　マレーシアのサラワクの例では，空中写真から1961年，77年，97年当時の土地利用を作製した。原生林が伐採されて，伐採跡地や二次林になり，それが焼畑に使われていく。一時は田んぼが多かったのだが，最近は，むしろ焼畑が減っているという変化を起こしている。グラフにすると，原生林が77年から97年までにおよそ半分に減少している一方，二次林は倍増している。択抜林や二次林が増えている一方で，田んぼが減っているということになる（**図-11.4**）。それを**図-11.4**下のようにマトリックスの形に集計することができる。例えば，1977年当時に原生林で，今も原生林なのが63％であって，18％が択抜林に変わり，10％がゴムのプランテーションに変えられ，6％が二次林に変化したということになる。つまり，商業伐採が進み，跡地がゴムのプランテーションや択抜林になったわけである。

　もう1つの傾向は，昔二次林だった場所で稲作地に変化した割合が15％，その一方で稲作地から二次林に変わるのが59％という点である。焼畑がちゃんと回っていると，この比率はほぼ同じぐらいにならないといけないのだが，最近は焼畑をやめてしまっているところが多いとういことを示している。この理由は後でお話する。

　もう1つのトレンドがある。日本の鎮守の森のように，マレーシアの人たちも村の中に原生林のような森をちょっとだけ持っている。例えば，村が火事に遭ったときにそこから木材を切ってきて家をつくるとか，日本で言えば神社の森のようなものだが，お墓になっていたりして，よその人が入れないような森になっているところである。そういう森林が減って二次林が増えるという変化が起こっている。

　いったいどうしてマレーシアでそういう変化が起こってきたかを調べてもらっ

土地利用の変化（ランビル）

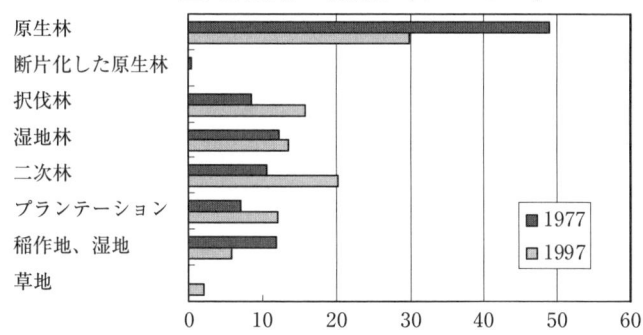

推移確率

1997	1977 Land use (%)						
	Pad. F.	Rub. P.	Sec. F.	Swamp F.	Sel L. F.	Frag. P.	Prim. F.
草地	0.6	0.1	13.4		5.4		0.3
稲作地、湿地	31.4		15.3				
プランテーション	0.2	99.9	3.3				10.5
二次林	59.0		57.6	6.9	17.2	74.9	6.8
湿地林	8.8		2.8	92.2			0.1
択伐林			6.3	0.9	77.2		18.7
断片的な原生林					0.2	25.1	0.3
原生林			1.3				63.2

Momose, unpubl.

図-11.4 Land use change ……

た。約100年前の植民地時代に，イバン人たちをこの地域に連れてきて焼畑をやらせたために原生林が減った。次に商業伐採が入ってきて，そのスピードが加速される。それから，朝鮮戦争のころにゴムの需要が高まって，ゴムのプランテーションが起こり，これも原生林を減らすということにつながった。マレーシア独立後は，ハイウェーができた。すると，今までは川沿いで焼畑をやっていたのだが，それが道路沿いで行われるようになった。集落も河川沿いから道路沿いへ移るということが起こる。さらに，ミリという石油の町が近くにあるのだが，この町が大きくなると，焼畑とかをやめて町で働いて現金収入を得るというような，40年ぐらい前の日本の田舎で起こったことが同じように起こっているわけである。それから，アブラヤシ（オイルパーム）は，環境に優しい洗剤として日本などに輸出されているほか，最近ではバイオエナジーとして注目されてもいる。アブラヤシが市場価値を持ってくるようになると，プランテー

ションが広がって，さらに原生林が減るということになる。その上，石油の需要が高まってミリの町がどんどん大きくなると，町の仕事で現金収入を得る人たちが多くなって焼畑がさらに減ってくる。こういう要因が森林の利用の変化を起こしたドライバーとなるわけである。

　これらのドライバーを，国際社会の市場が原因で起こったもの，国内あるいは地域社会の市場が原因で起こったもの，村落社会とか地域の経済が原因で起こったものと分けてみると，初期の焼畑による二次林と稲作地の循環的変化というのは，ローカルな経済だけで回っていたのだが，原生林の伐採が始まるとか，アブラヤシやゴムのプランテーションが起こるころからグローバル経済の影響が入ってくることがわかる。誰がそれらの変化を引き起こしたか（アクター）という面から見ても，かつては村人が主なアクターであったのに対して，最近は国や企業がどんどん入ってきていることがわかる。

　日本でも，最近100年間で大きな森林変化があった。森林変化が大きいといっても，日本ではこの100年間で森林面積は減っていない。むしろ100年前の森林面積よりも今の森林面積の方が若干増えているというのが現状である。質的な変化が大きいのだ。例えば，100年前の地形図（土地利用情報も含まれている）から，その当時の土地利用を復元してみることができる。阿武隈山地（茨城県北部から福島県の県境付近）では，馬や牛の産地だったので，100年前は草地がたくさんあった。それが戦後，軍用馬，農耕馬，農耕牛が要らなくなり，草地が減る。減ると同時に，それが一度は二次林として復活する時期もあるのだが，最終的にはスギ・ヒノキ人工林が増えることになった。広葉樹林を切って，成長が早く経済的価値も高かったスギ・ヒノキの人工林に変えるという，いわゆる拡大造林政策を戦後から30年間ぐらいかけて林野庁がやってきた。今になってみると，日本全国で森林の半分ぐらいが人工林になってしまった。

　このような分析により，最近50～100年は森林の変化が最も大きかった時代であり，その森林変化とドライバーがほぼ把握できそうだということがわかる。さらに，推移確率行列（マトリックス）を使った整理・比較をし，移行確率のそれぞれにドライバーの種類やアクターの分類をあてはめていくことができれば，ドライバーの定量化が可能になる。まだ不完全な部分はあるが，将来的には，どういうドライバーによってどういう森林変化が起こるかということが定量的に

予測・把握できるようになるだろう。

11.5　森林の変化が生物多様性に与える影響

　森林の変化が起こった後に，生物多様性が一体どういう変化をするのかを把握しなければいけない。そのモデル的な試みを，マレーシアのサラワク州と日本の阿武隈の森林で行った。ここには，国立公園のように完全に保護されている森林や焼畑が行われている森林，あるいはプランテーションが広がっている。こういうところにある，さまざまな森林タイプで生物多様性の調査をするわけである。原生林や孤立自然林(村の人たちが持っている鎮守の森みたいなもの)，焼畑をやったばかりのところ，焼畑を放棄して年数がたったところ，あるいは一度ゴムにしたのだがそれを放棄したところなどである。そのような場所で，プロジェクトに参加してくれた，いろいろな生物の研究者が手分けをして，生物の調査を行った。例えば，昆虫であれば，蛍光灯に集まってくるガを集めたり，飛んで舞い上がってくるような昆虫をトラップするような仕組みを使ったり，たくさんの方法を各森林タイプに統一的に使って多くの分類群の昆虫を調べてもらったし，鳥や哺乳類も調べてもらった。

　それらと森林の発達との関係を図-11.5に示す。図の横軸にとっているのは森林がどれぐらい大きくなったかということを示す。1番はチョウである。これは日本の森林の例になるが，チョウというのは，林が若いときにはたくさんいる一方，林が大きくなると少なくなる。2番はハチ，3番はハエ類だが，これも森林の発達に伴って減っていくという傾向になっている。4番はキノコを食べるダニで，森林の発達に伴って増えているのがわかる。あるいは全然傾向のないものもある。つまり，分類群によって生物多様性と森林の発達段階との関係はさまざまであり，必ずしも原生林に多くの生物がいるというわけではないのである。

　例えば，チョウを見ると，日本では森林を伐採したばかりの若い林にはたくさんいるのだが，森林が大きくなると少なくなる。逆にガは，森林が大きくなると増えるということがわかる。しかし，同じようなことをマレーシアでやってみると，実はまったく逆になる。マレーシアではチョウの種類は森林が発達

森林の発達にともなう生物多様性の変化

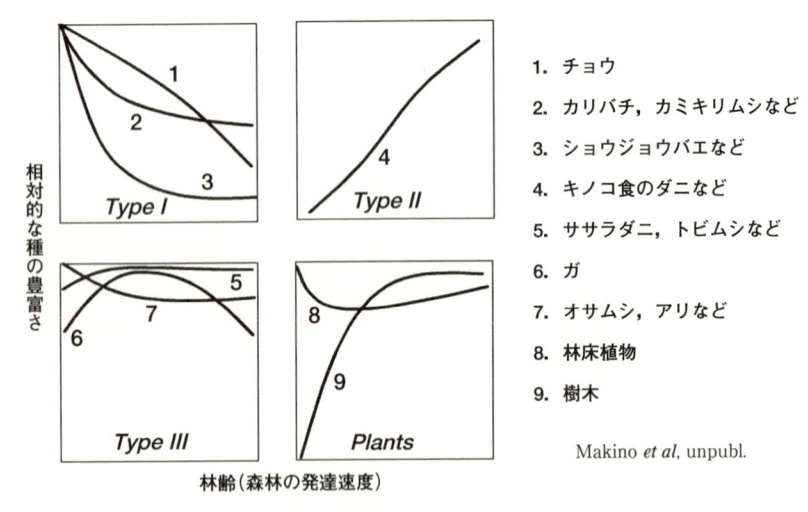

1. チョウ
2. カリバチ，カミキリムシなど
3. ショウジョウバエなど
4. キノコ食のダニなど
5. ササラダニ，トビムシなど
6. ガ
7. オサムシ，アリなど
8. 林床植物
9. 樹木

Makino *et al*, unpubl.

図-11.5 森林の発達に伴う生物多様性の変化

した方が多いのである。これは一体どういうことか。

　実は，森林の発達に伴って減っていく生き物は，今問題になっているような里山の生き物なのだ。おそらく氷期に日本が大陸と陸続きになったときに大陸から入ってきて，その後日本列島が大陸から離れても生き残ってきた。これらの生物を保ってきたのは，耕作をしたり，火を入れたり，森林を伐採したりという人間の活動なのである。里山の生物とは，そのような性質を持つと言われている。

　そのような経験をしていない，何十万年もずっと湿潤で森林が卓越するような気候であったマレーシアの熱帯雨林では，里山の生物に相当するものがあまりいないということだろう。つまり，今里山で絶滅する生物がたくさんいるということは，人間の活動と結びついた生き物が絶滅しようとしているということなのだ。

　また，鳥のなかでは大きな森林ほど絶滅危惧種や希少種が増えていくという結果も得られている。そういう解析をしてゆくと，森林の発達過程に対して敏感に反応するようなものに関しては，昔の生物多様性と今の生物多様性がどれ

ぐらい変わったのかということをある程度推測することができるのである。

　1962年から1997年までの阿武隈山地あたりでの森林の変遷と，この地域の林床に生えている植物の種類との関係を推定してみた。昔は林床の植物がたくさんあるところが多かったのだが，今はなくなっているということがわかった。この原因は何かというと，1つには，スギ林が増えたことにある。もう1つは，雑木林を切らなくなったこと，手入れをしなくなったことが原因になっている。

　さらに，こうした変化を生物多様性そのものではなく，その生物多様性が与えてくれる生態系サービスとしてとらえることが重要である。例えば，キノコ（とくに腐朽した樹木に生えるもの）は森林が発達すると増えてゆくが，1960年代にはこのようなキノコがたくさんとれていたのに，今はほとんどなくなってしまったということが推定できる。先ほどと同じ原因で，スギ・ヒノキが増えたこと，雑木林が減ったこと，大きな森林が減ったことが原因なわけである。つまり，キノコを供給してくれる生態系サービスが衰退してきたわけである。秋になると，わずかに残った原生的な林へたくさんの人たちがキノコをとりに来ている。ここへ行けばおいしいキノコがたくさんとれるということをみんなが知っている。そういうサービスをここでだけ享受できることをみんなわかっているのである。

　それは熱帯でも同じである。マレーシアでは，それぞれの林に生えている樹木について，それを地元の人たちがどういうふうに利用しているのかを区別してもらった（**図-11.6**）。林のタイプによって利用目的が違うことがわかる。

　例えば若い林では，燃料として使っているものがほとんどであるのに対して，大きな林になれば，当然のことだが木材や用材として使うような種類がたくさん生えている。文化的におもしろいのは「儀礼に使う樹木」というものだ。これは儀式などで，例えば，家を建てたときの建前に使うとか，何かおはらいをするときに使うとか，魔よけに使うとか，そういうような種類だが，明らかに原生林に多い。そういうふうに森林のタイプによって利用のしかたが違うため，森林の変化は文化の継承という点でも大きな影響をもたらすということになる。

　マレーシアでは，天然のゴムやトウなど，経済的な価値を持つものもある。もっと高価なもので言えば，沈香という，かつて金と同じ重さで取引された時代もあるというぐらい高価な香木などが森からとれる。こうしたトウや香木を

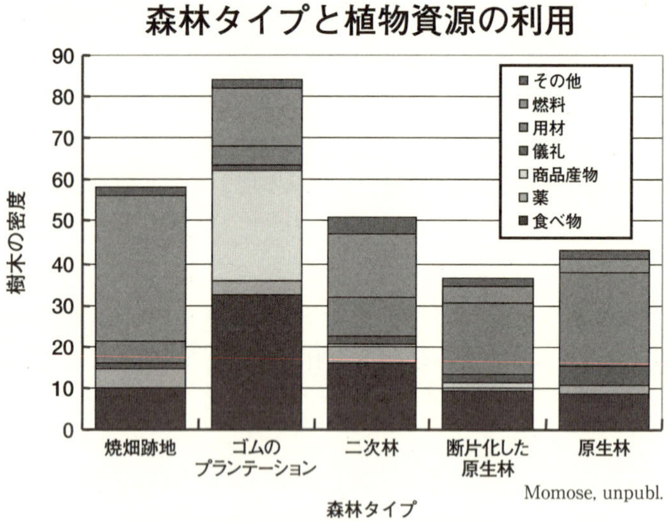

森林タイプと植物資源の利用

凡例：その他／燃料／用材／儀礼／商品産物／薬／食べ物

横軸：焼畑跡地、ゴムのプランテーション、二次林、断片化した原生林、原生林（森林タイプ）
縦軸：樹木の密度

Momose, unpubl.

図-11.6　集落周辺の森林の価値

原生林あるいは大きな林から採集することで，大きな現金収入を得て暮らしている人たちも多いのである。ここでも森林が変わっていけばこうした供給サービスも変わっていく。

　調整的サービスの例として寄生バチの例を挙げる。特定の昆虫の幼虫に親バチが卵を産みつける。産みつけた卵がその中でかえって，イモムシを全部食いつくして殺してしまう，というのが寄生バチである。なかでも，コマユバチ科のハチはとくに農作物に被害を及ぼすような昆虫に寄生するハチである。このコマユバチ科の寄生バチは，明らかに伐採したばかりの若い林に多いことがわかった。これをさらに森林の変遷図に重ね合わせると，1962年当時はコマユバチ科の寄生バチがたくさんいる環境が多かったのだが，今は少なくなっているということが推定できる。最近の農薬はいろいろな意味で進んでおり，虫を殺す農薬をそのまま散布するのではなく，ある虫の天敵を呼び寄せる農薬というのがある。そのような化学物質を置いておくと，葉を食べている虫の天敵がたくさん来て，その虫が天敵を食べてくれる。そういう農薬を使うと減農薬の栽培になる。そういう農業をやろうとしても，1962年当時は天敵がたくさんいる

環境だったのだけれども，今はいないということになるわけである。

別の例では，野菜も含めていろいろな作物に花粉を運んでくれるハナバチについても，1962年当時の里山システムが機能していたころはたくさんいたのだが，今はあまりいなくなっているということがわかる。無農薬栽培で花粉も自然にいる昆虫に運んでもらうというような農業をやるには，実は中山間地の方が適しているというわけだ。この30～40年間に起こった森林変化というのは，このような自然農業に対してはマイナスであったということだ。つまり，送粉や害虫のコントロールという生態系サービスがこの30年間で低下していることがわかる。

他にも，屋久島では，サルの被害リスクが地図にあらわせたりもする。サルは川沿いの林を伝って出てくるので，ミカン農園に被害をもたらしたりするわけだが，森林に起こった変化によって，そういう被害が起こりやすい場所が変化するということがわかる。これはマイナスの生態系サービスになると思うのだが，こういう手法によって生態系サービスの評価ができるようになるのだ。

森林の変化が生物多様性に与える変化も把握できるし，それを地図に落とすこともできる。さらに，生物多様性の変化だけではなく，生態系サービスや生物被害リスクの評価も地図化できる可能性が出てきたというわけである。ただ，問題点としては，景観レベルでの解析を十分やれていないことや，さらに使いやすい計画ツールにする必要があること，先ほどのマトリックス解析と組み合わせることでシナリオベースの予測を可能にするということがある。

11.6　生態系サービスを保つためのシナリオ

シナリオと言っても，この場合は非常にローカルで具体的なシナリオになる。今のまま現状を維持した場合，森林が30年後ぐらいにどうなるかというシナリオによってその時生態系サービスがどう変わるかという推定をする。現状維持というシナリオもあるが，例えば里山を復活させて，切ったスギ林はスギ林に戻さずに雑木林に変えようとか，雑木林も40年たったら切って，もう1回若い雑木林に返すというシナリオを考える。里山復活シナリオでは確かに送粉者は増える。一方，今のスギ林を100年置いておくとか，広葉樹もできれば100年置

いてゆっくり切るという超長伐期シナリオでは，今よりも送粉者がいなくなるという予測になる。

難しいと言われてはいたが，生物多様性と生態系サービスも，いろいろなアセスメントのツールとしてシナリオベースの予測も可能になりつつあるのだ。

11.7 生物多様性の持続的利用の仕組みの評価に向けて

最後に，生物多様性の持続的利用の仕組みを評価する基準をつくってみた。いろいろな仕組みを我々はすでに持っている。例えば，国立公園にするだとか，エコツーリズムをやって経済的に保全のインセンティブを導入するとか，いろいろな仕組みを使って生物多様性や森林を持続的に利用しようとしている。それらを評価するためには森林の持続的利用についてのいろいろな基準が必要である。

私たちがここで挙げた基準は，例えば，生態系サービスのうちの物質供給サービスや調節的サービス，文化的サービスを保つ機構を持っているか。あるいは，これは経済でいう「強い持続性」に相当する代替不可能な資源を保全するような機構を持っているか。さらに生物多様性条約の柱となっている衡平な利益分配ということになるが，サービスを地理的に衡平分配する機構を持っているか。あるいは，サービスを世代間で衡平分配する機構を持っているかということを基準として挙げてみた。

それから，生物多様性の持続的利用に関しては，生態系や景観の構成種の組成が安定する，遺伝的多様性が安定する，生態系の機能を安定化する機構を持っているか。あるいは，地域的な固有性・希少性・代表性を保全する機構を持っているかということを基準としてやってみた。

これらの基準をもとに我々が今持っているいろいろな制度や仕組みをもう1回チェックすると，例えば国立公園というのは，物質供給サービスなどはあまり考えていない。調節的サービスや文化的サービスはある程度考慮しているかもしれないし，代替不可能な資源の保全には役立つ仕組みを持っている。そういうふうに，仕組みの目的として考えられているサービスとそうではないサービスがある。種の保存法でも，物質供給サービスとか文化的サービスというのは

考えていなくて，代替不可能なものの保全に特化している。また，種の保存法は遺伝的なものを考えているが，多様性ホットスポットは，固有性や希少性を重視している。エコツーリズムは地理的に衡平な分配の効果を考えている。例えば，途上国のエコツーリズムが盛んになると，先進国からのお金が運ばれる。バイオプロスペクティングでも，新しい薬ができると，そこに先進国からお金がおりるということになる。それぞれの制度が目指しているものがかなり違うのだということがわかる。

　もう1つは，そういう制度が本当に有効に働いているかどうかもチェックしようということも考えた。最初にそれぞれの仕組みが実効性を持っているかどうかを考える。実効性がないとした場合に，いろいろな理由が存在する。その理由をもう少し分析していく。権利の所在の明確化というのは，熱帯林などの場合に見られることが多い。インドネシアやマレーシアの場合，国あるいは州がその森林を持っている。ただ，その森林の中にはローカルな人たちが昔から住んでいて，森林資源を利用している。そういうところで権利がぶつかる。ど

森林および生物多様性の持続的利用の仕組みを評価する基準（試論）

森林の持続的利用
- 物質供給サービスを保つ機構をもっているか？
- 調節的サービスを保つ機構をもっているか？
- 文化的サービスを保つ機構をもっているか？
- 代替不可能な資源を保全する機構をもっているか？
- サービスを地理的に衡平分配する機構をもっているか？
- サービスを世代間で衡平分配する機構をもっているか？

生物多様性の持続的利用
- 生態系や景観の構成種の組成を安定的に保つ機構をもっているか？
- 生物個体群の遺伝的多様性を保つ機構をもっているか？
- 生態系の機能を安定化する機構をもっているか？
- 地域な固有性・希少性・代表性を保全する機構をもっているか？

図-11.7　森林・生物多様性の持続的利用に関するしくみを評価する基準

ちらがどういう権利を持っているかということが明確になっていないから，例えば，国立公園として指定されても実効性がないということになるわけである。マレーシアの場合は，かなり権利が分けられてきているが，インドネシアの場合は，国立公園でもこの部分が十分に明確になっていない。それから，制度の統治者あるいは利用者にインセンティブがあるか，罰則があるか。せっかく良い制度でも，罰則がないと全然機能しないということがある。

　さらに，管理主体のスケール，サービスを受ける人のスケール，コスト負担者のスケールがミスマッチしているケースがあるだろう。例えば水源税などでも，水源として実際に使っているのはその流域の人たちだけなのだが，水源税をかけるときには行政の区画全体にかけるから，まったく関係のない流域の人たちまで税金を払わなければいけない。そのスケールミスマッチのおかげで，みんなが不公平な感じを持ってしまったり，持続的に利用しようとしたりするインセンティブが働かないということが起こってくる。ある地域に存在する仕組みをいろいろ整理していくと，「この地域はこういう制度を持っているけれども，こういう理由でうまく働いていませんよ」とか，「新たにこういう仕組みをつくりたいのだけれども，それにはどういう制度を入れたらいいのか」というようなことを診断できるだろうと考えている。それもアセスメントの中に組み込めばいいのではないかと思っている。

　生態系とか生物多様性の持続的利用を可能にするメカニズムの評価としては，それぞれの仕組みや制度がどのような生態系サービスや持続性を確保できるのかを評価することが必要になってくる。生物多様性についても，CDMあるいはオフセットのような制度や仕組みを考えている人たちもいるが，ここで述べたような評価を行ってみる必要がある。実効性の評価も大事だろう。実効性を持たせる手段の明確化や地域の目標に合わせた仕組みの導入と同時に，シナリオベースでの計画をツールとして用いていくことが大事だろうと思う。

11.8　おわりに

　5年間プロジェクトをやってきて，できたことというのは少なくて，まだたくさん問題点がある。例えば，ドライバーの効果の定量化がまだ十分できていな

いとか，景観レベルの影響評価で難しい面が残っているとか，あるいは，生態系サービスといっても，今回お話ししたように評価できているものもあるが，まだできていないものもたくさんある。シナリオベースのオプションを考えるのも，今回紹介したものはローカルでの具体的なオプションについての評価だったが，例えば国レベルとか国際的なスケールでどうやって提示していくかという事が，難しい問題である。まだまだやることはたくさんあるが，少しは生物多様性を考えるアセスメントも前進したのではないかという気持ちもある。

第12章 流域の水マネジメント
―黄河流域を例として―

北九州市立大学国際環境工学研究科
楠田哲也

　本章では，「流域の水マネジメント―黄河流域を例として―」ということで，お話をさせていただきたい。

12.1　水と流域水マネジメントにかかわる問題

　正月になると各新聞がいろいろな特集記事を掲載する。「水の危機」や地球温暖化，それに伴ういろいろな問題がよく特集される。20世紀は紛争の時代であったが，21世紀は水の世紀ということで，2008年7月7～8日の洞爺湖サミットにおいても，政治家が水問題についていろいろと発言されている。

　水はいろいろなものに使われており，また役割がある。まずは，命の水であり，次いで癒しの水だが，度を過ぎると洪水も生じるし，さりとて汚れている水は役に立たない。

　たいていのものの場合は一物一価になっているが，水の価値は多様であるため，必ずしもそうとは言えない。砂漠の真ん中で，生存可能限界の水しかなくなると，非常に高い値段がつくはずであるし，それをわずかでも超えた量が存在すると途端に価値が下がる。さらに量が増えると，使い方の問題もあり，すこし価値が上がるようなケースもある。そして，ある量を超えて災害が発生するようになると，途端にマイナスになるということである。このカーブは定量的ではないが，つまり，一物一

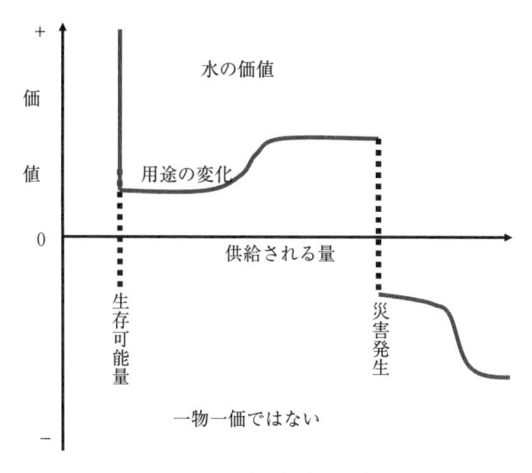

図-12.1 水の価値の変化

価ではないので，量に応じて価値が変わってくるということになる。

このような性質を持つ水を流域でのマネジメントとして扱うことを考えてみよう。辻本先生もおっしゃっていたように，流域の定義は種々ある。流域そのものは集水域だが，地下水の流域を考えるとそうでもないし，水が輸送されていく先を考えると，水の利用域となる。あるいは流域圏は，これも定義はいろいろあると思うが，ある流域の水の影響を受けている地域というある種の流域経済圏のようなものを想定すると，必ずしも集水域ではなくなる。

本章でお話をさせていただくのは，流域のマネジメントを考えるときに，流域の単位でとどまっていると解答が出てこないというところを中心にお話したい。竹村先生から流域圏で自立をというお話があり，事実90％はそうすべきだが，残りの部分はどうしてもそうはならない。それでは解答が出ないというところがある。また同じように，竹村先生が冒頭で，研究者ならばバウンダリーを設定して「ここから先は知らない」と言ってもいいというか，そうする研究者が多いとお話されたと思うが，流域圏のマネジメントでは，それをやると役に立たない論文ばかりが増えるということになると思う。

ここで統合的な流域の水マネジメントを提案する。私が考えているのは，洪水制御，水利用，環境保全，生態系保全を，流域外への影響をも含めて，社会

的な公平性のもとで，最小のコスト，最小の環境負荷，最小の資源消費，最小のリスク，最小の不満となるように，水にかかわる社会のシステムを構築する努力をすることと考えている。

この中の1つ，「最小の不満」というのは，通常は「最大の満足度」という言葉が使われるのだが，やはり「最小の不満」の方がいいのではないか。もう1つは，「社会システムを構築する努力をすること」ということで，「構築すること」とは申し上げていない。これは，後ほどまたお話するが，目標像を設定して，そちらに社会を動かしていこうというときに，目標像に到達するように努力するのだが，社会の動きの方が速いため，到達したためしがない。目標像に近づく努力でいつも終わっているということである。

現在の流域の水マネジメントにかかわる大きな問題には，7点ある。地球規模の水の存在形態の変化，地域的水循環の変動，水質の劣化，資源確保の強化，需要増加，国際河川，計画の熟度の低さである。まず，地球規模の水の存在形態の変化を取り上げると，竹村さんからお話があった雪が水に変わってしまっているという問題では，海水面の上昇が起こるのだが，それに伴って沿岸地下水が塩水化して，生態系が変化するということがある。それから，地域の水循環の変動については，降水量の変動が生じると，水資源量，洪水や渇水の変動幅を大きくする。水質も，世界的に劣化が進行している。きれいになっているのは日本ぐらいで，ヨーロッパでも栄養塩で悩んでいる。それから，資源確保の強化というのは食糧の話であり，争奪戦が拡大してくるだろうということは想像にかたくない。

図-12.2は日本の降水量変動を示す。よく言われる説明では，長期的に見て降水量が徐々に減っているが，最大値はあまり変わらず，最小値がどんどん減少しているとされている。しかし，少し区切り方を変えてみると様相が少し変わり，増減が見てとれる。この変化がいつまで続くかという想定は難しいが，これに地球の温暖化にかかわる変化が重なってくると，30年単位ぐらいの変化はなく，おそらく近年の傾向が続くと私自身は考えている。

例えば，アラル海は徐々に縮小している。縮小長さは400 km，500 kmの単位であるため，もとの半分以下になっている。ただ，考古学者が縮小して陸化したところで発掘したところによると，14世紀の集落の跡が出てきたということで，何百年かの間にアラル海は大きくなったり小さくなったりしているらしい。

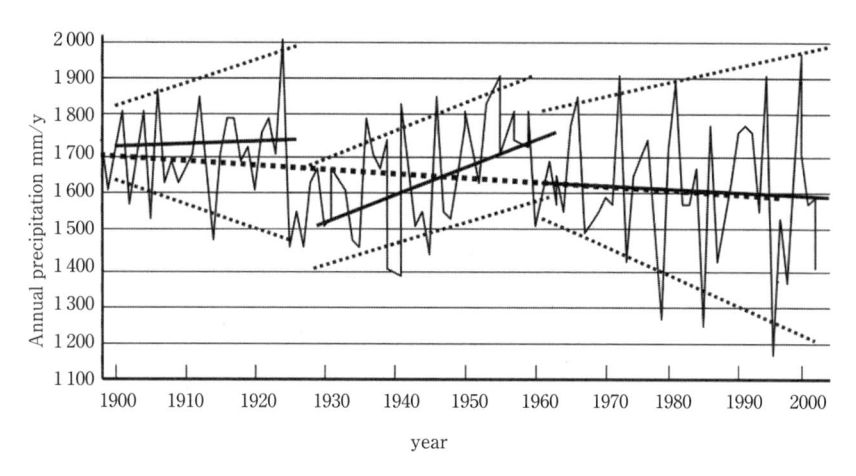

図-12.2 わが国の年間降水量の経年変化

アラル海の消滅（1957以降）

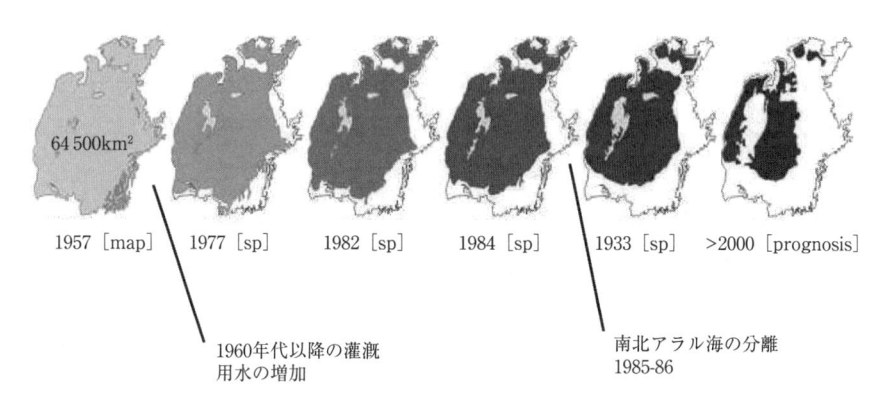

1957 [map]　1977 [sp]　1982 [sp]　1984 [sp]　1933 [sp]　>2000 [prognosis]

1960年代以降の灌漑用水の増加

南北アラル海の分離 1985-86

図-12.3 アラル海の縮小傾向

　ただ，今回のこの縮小は，綿花の生産増加が一番効いており，いわゆる産業構造と水環境の計画の熟度の低さが問題ではないかと考えている。
　ついで，水の需要増加である。日常生活の生活水準の上昇と人口の増加で水需要は増えている。先進国の中でも，とくにアメリカでは，1日1人当たり約300〜750 l 使う。最貧国では，1日1人バケツ1杯の30 l 程度の使用である。世

界的に見ると，水の利用比率は農業：工業：生活が７：２：１ぐらいになっている。日本もこの比率からずれているというわけではない。穀類生産も，食肉化によって穀物類のエネルギーは10分の1に減る。それから，バイオ燃料化で逼迫傾向にある。燃料と肉食増加とで大変な問題が生じてくる。

国際河川には，上下流問題や左右岸問題がある。左右岸問題は，ドイツが戦争に負けてライン川から水を取るのを禁止されたときに，ライン川の右岸側の堤内地に堤防にそって井戸を掘って，そこからどんどん水をくみ上げて以前と同じように取水したということである。

21世紀は，資源・食料争奪の時代に入っているため，水量，水質の確保が重要だ。そのような意味からも，流域のマネジメントというのがますます問題になるだろうと想定される。

これは辻本先生もおっしゃられたように，大気から始まり降水を経て川を流れ，湖から海へと来るという水の循環パターンと，途中でダムをつくり，水道，

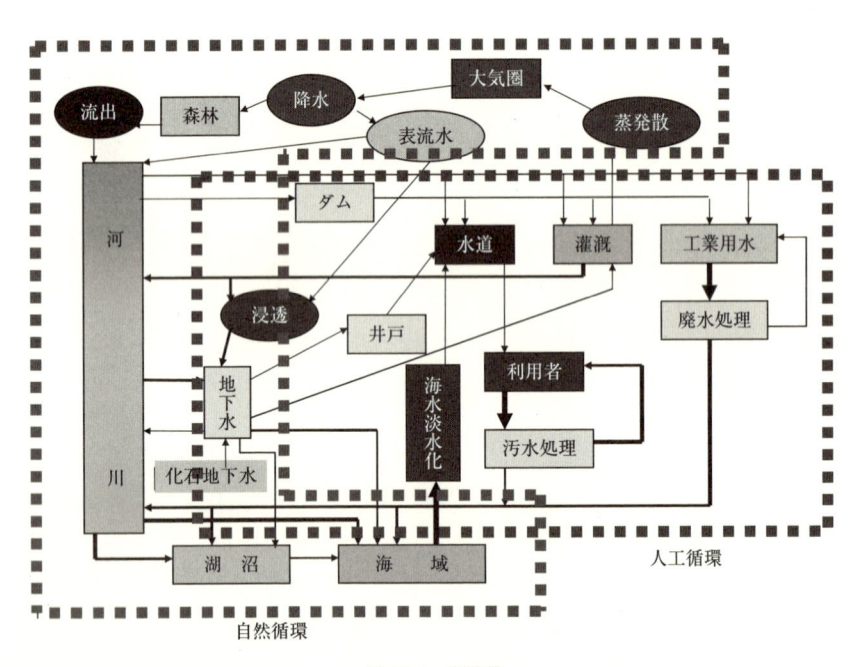

図-12.4　水循環

灌漑，工業用水等に使って，廃水処理を経ながらまた戻っていくというパターンがある。自然循環系を構成する部分と，人工循環系を構成する部分があり，両方を重ね合わさないと議論ができない。この比率は各地域によって異なる。

　流域の水のマネジメントを考える際には，水だけでなく，社会の構造も考える必要がある。水にかかわる問題として，水循環が当然あるが，それに加え，エネルギーの供給，農業生産，工業，商業，交通，通信，教育，医療，立法，行政，司法，雇用の問題がある。この最後の雇用がかなり重要である。流域の水のマネジメントにはこういう社会のシステムすべてがかかわってくる。つまり，研究者は問題をどこかで整理するために境界条件として境界値を与えてしまうのだが，実際はそう単純ではないと考えている。

　このいくつもあるシステムの中で，まず農業生産を考えてみる。先述したように，100ある水のうち70％は農業へ，20％は工業へ，10％程度は日常生活へという使用内訳になる。

　例えば，ある流域が豊かになりたいと考えたときに，水が足りないところでは農業を少しカットして工業に回す。国内需要で補える限りにおいてはこれで大丈夫だが，工業製品をどこか外国へ輸出するということになると，外国が買っ

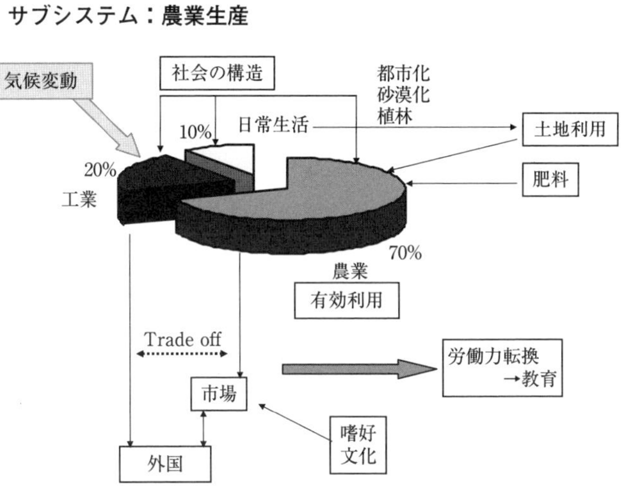

図-12.5　水資源利用比率

てくれるかどうかという条件をはっきりさせないと水の転用が定まらないことになる。そのような意味では，マーケットの存在が農業と工業との間のトレードオフの1つの要になる。市場がどれだけ消費してくれるかというのは，嗜好や文化も大きく効いてくる。

　農業から工業に水を移す場合には，水消費を農業の方で減らさないといけないため，有効利用の課題が出てくる。すると，先ほど述べた雇用という観点から，労働力の転換と，それに対する教育がなせるかというようなところまで効いてくる。そういう意味で，社会の教育というシステムと水の使い方がかかわってくると言える。

　当然，ほかの理由によると土地利用の変化が，面積変化となり農業生産に影響してくる。そのような意味で，都市化，砂漠化，植林するか否かでもってこの比率が動く。つまり社会の構造が変わってくるということになる。従来の流域の水のマネジメントとしては，研究者は，水資源の配分だけを扱う，あるいは水質管理，生態系保全，農業用水・都市用水の供給，放流水，つまり水質を絡めた問題だけを扱うということで多数論文が出されているが，目指すべき流域の水マネジメントというのは，この社会システム的な取扱いを強化しないと社会の役に立つ論文にはならないと考えている。

12.2　黄河流域の水マネジメント

　流域の水マネジメントの目標は上述のとおりだが，ここで，私どもがかつてしばらく続けていた黄河流域全体を扱った1つのマネジメントを考えてみる。最近は，発展を続ける中国で，日本にはいろいろな意味で影響をもたらしているため，その流域を理解しておくのも，将来の日本を考える上であながち無駄ではないと思っている。そこで使用した流域の水マネジメントの方法を簡単に説明したい。

　黄河流域の現在の問題点は，水不足で干ばつが割に多いということと，黄河下流での断流，つまり水が川の中へ一切流れなくなるということがある。断流は2000年の時点で一応解消している。それは，政府が強権を発動して取水を10％ずつカットさせると，途端に水が流れ始めたということによる。さらに，

黄河と言われるだけあって黄色い川のため，懸濁物質がたくさんあり，土砂の堆積が問題になる。各地でダムをつくっており，取水をカットするために，土砂輸送がなされないでどんどんたまり，下流は天井川という状況にあり，洪水も少なくない。単純に水が多いからあふれるのではなく，土砂が下流に溜まり過ぎて中流で氾濫をするということが起こる。そのため，水質は目を覆うばかりの悪さになり，流域の生態系も劣化を続けている。

　このような問題を抱えているなか，私たちがこの問題に対して取ったアプローチは，データを収集しながら水の循環にかかわる素過程，つまりエレメントレベルのプロセスを明らかにし，一部各地で実測を実施しながら，しかも節水技術を開発しながらモデルをつくりつつ統合化した。観測データ，資料等からモデルの中のパラメータを確定し，条件設定をしながら予測算定を行う。そして，この流域にとって何がハッピーかという評価手法を別途開発し，新しい水配分方法を提案するということを行った。

　本プロジェクトの主要メンバーは，総合地球環境学研究所 渡辺紹裕教授，九州大学大学院農学研究院 小林哲夫准教授，九州大学大学院工学研究院 橋本晴行准教授，清華大学水利水系 楊大文教授，山梨大学総合医工学研究科 竹内邦良教

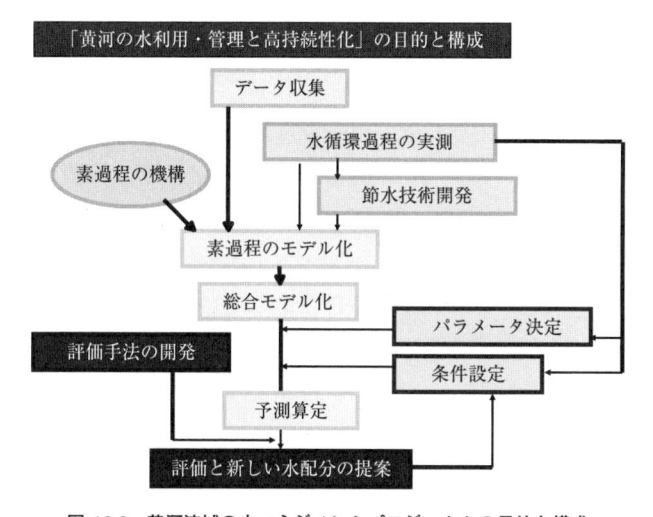

図-12.6　黄河流域の水マネジメントプロジェクトの目的と構成

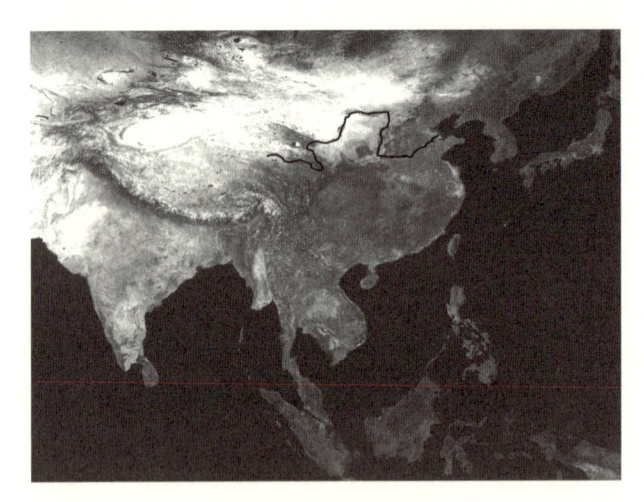

図-12.7 黄河流域の概況

授，名古屋大学大学院環境学研究科 井村秀文教授，広島大学大学院国際協力研究科 金子慎治准教授であり，他の研究者や学生を入れると100人を超える方々に5年間，御参加いただいた。中国側からは，中国科学院地理与資源研究所，中国農業科学院可持続性研究所，中国水利水電科学研究院，清華大学，北京師範大学，西安建築科技大学，内蒙古農業大学の先生方に御参加いただいた。

黄河は，チベット高原の隆起，黄土高原造成の侵食と堆積，華北平原の造山運動の3要素の結果できたものである。黄河は中国第二の大河で，チベット高原巴顔喀拉山北麓の海抜4 500 mの約古宗列盆地に端を発し，青海，四川から，乾燥地域の甘粛，寧夏，内蒙古を通過し，陝西，山西の黄土高原を抜け，河南，山東九省(区)を流れ，山東省墾利県にて渤海に注ぐ，河道全長5 464 km，流域面積79.5万 km^2(この内4.2万 km^2は流出せず)である。

地形的には，チベットの方からいつも押されており，高くなっている。そして黄河で削られているということになる。流域，つまり集水域は下流で狭くなっている。一方，利水域はかなり広がってる。これは天井川になっていることによる。

図-12.8は標高で，赤い方(左側)が高く，青い方(右側)が低くなっている。

図-12.9は年間の降水量分布である。

万里の長城は，300 mmぐらいの線に沿ってつくられているところが多くある。

黄河流域の標高

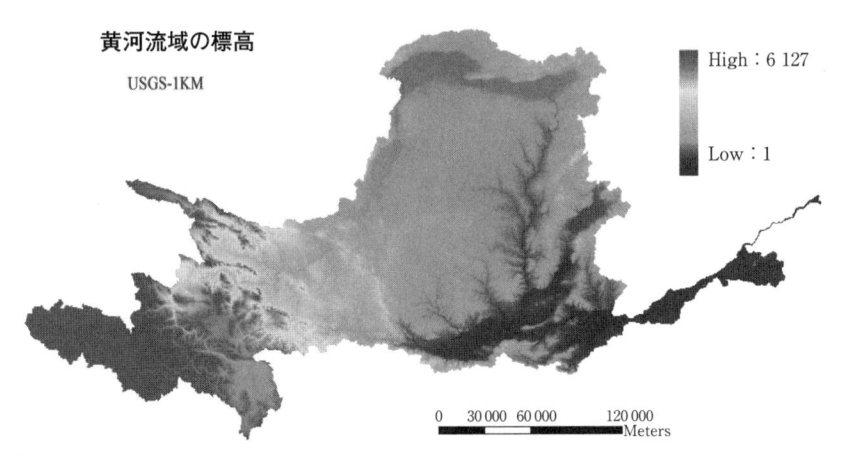

USGS-1KM

High : 6 127
Low : 1

0　30 000　60 000　120 000 Meters

図-12.8　黄河流域の標高

年間降水量分布

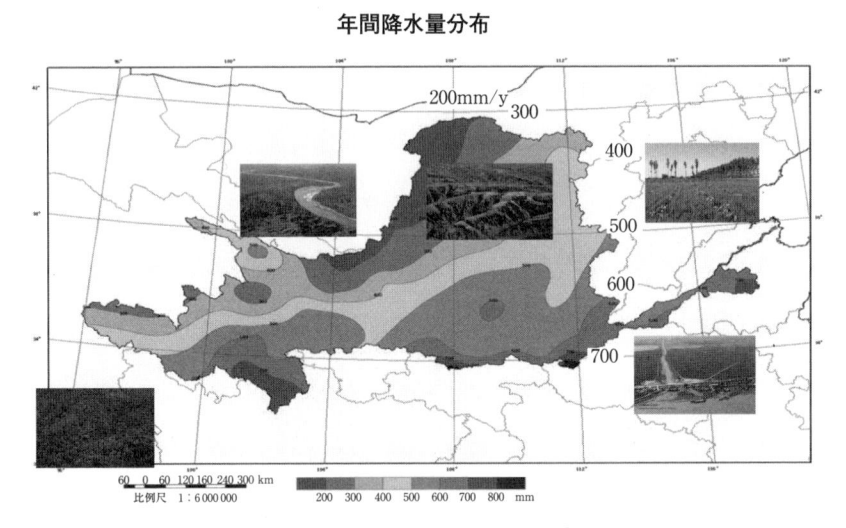

200 mm/y
300
400
500
600
700

60　0　60 120 160 240 300 km
比例尺　1:6 000 000

200　300　400　500　600　700　800 mm

図-12.9　黄河流域の年間降水量分布

つまり，この線より南側で，農耕が行われたということになる。降水量の分布が200 mmから700 mmということは，日本が約1 600〜1 700 mm程度なので，半分以下ということになる。**図-12.9**の写真からわかるように，上流に行くと蒸

発散量が少なく，気温が低いこともあって，比較的緑が多いのだが，中流では両サイドが砂の砂漠になっている。黄土高原は完全に隆起したものの侵食されているため，表面がなだらかで側壁は崩れている。次に，中下流をみると，農地が広がっている。トウモロコシや小麦など，それは降水量による。河口部はこのような状況になっている。

可能蒸発散量は，**図-12.10** のようになっており，左側の方が少なく，砂漠地帯が高い。下流のところも少し高くなっているところがある。

結果的に，水資源は蘭州という町より上流で6割近くが供給されて，あとは流れるだけである。黄河の名前の由来でもある黄土はこの辺からしか出てこないため，あとは運ばれるだけとなっている。大体ここから出てくる土砂が年間16億tで，水そのものが約700億m^3である。2000年で，総人口は日本と同じぐらいの1億700万人で，都市人口が3 000万人，人口密度は143人/km^2，これは日本の2.5分の1程度にあたる。さらに農地が1 260万haで，GDPが平均約14万円/年・人程度となる（**図-12.11**）。

水資源量784億m^3のうち，表流水が524億m^3，地下水が260億m^3（110億m^3

可能蒸発散量分布

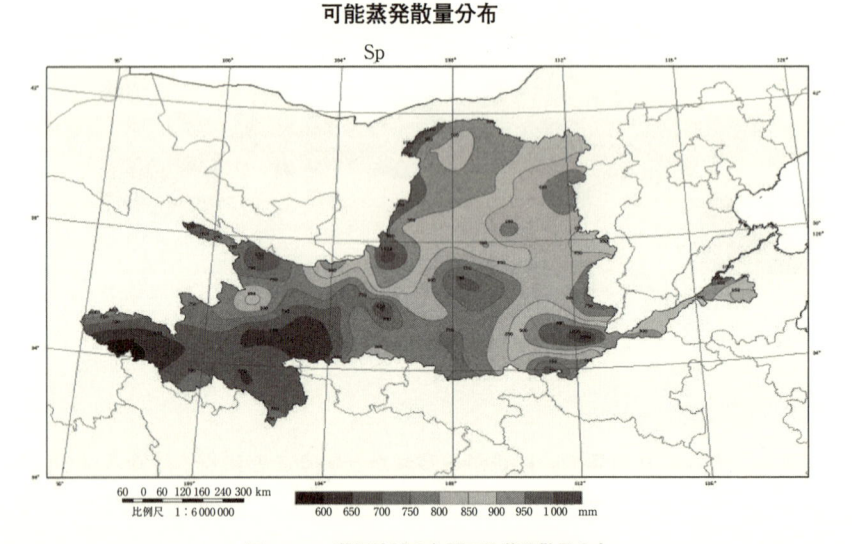

図-12.10 黄河流域の年間可能蒸発散量分布

水源と土砂の源

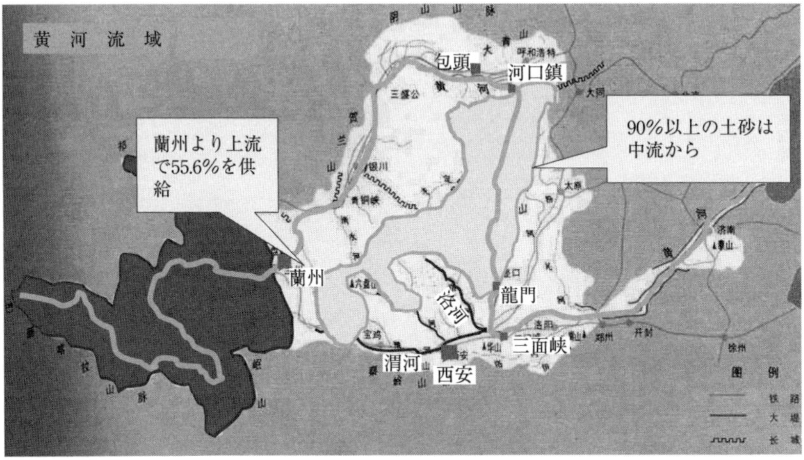

図-12.11　水源と土砂の源

とする論文もある）である。年間土砂発生量16億tのうち渤海湾へは，途中でカットするなり植林するなりして4億tになっている。黄河の流量は中国全体の2％，1人当たりの流量は527 m^3，耕地面積は約1 870万haで，中国の平均の15％程度になる。ダムが3 100箇所，取水施設が4 600箇所，揚水灌漑システムが2万9 000箇所，井戸が30万個，灌漑区が600箇所以上になっており，徹底的に水が使われている場所である。

　下流は天井川になっており，水面と堤内地とは，約10 mの差がある。

　流域の土地利用は**図-12.12**のようになっており，ピンク色のところは灌漑区である。淡い緑は草が生えているところで，空色のところが非灌漑の農地，緑色が草ないしブッシュのような感じのところである。全体としては，森林が6.6％，草地が51％，市街地が1％以下になっている。

　大型の灌漑区は**図-12.13**の上部左から青銅峡灌漑区，河套灌漑区，図の下部左側から西安灌漑区，位山灌漑区となる。

　何千年もの歴史を持つ国のため，大昔から配水路が**図-12.14**のように営々と造られてきている。河套灌漑区の三盛公頭首工を**図-12.15**に示す。黄河を横断してこの頭首工は築かれている。取水後は，総干渠，支渠，斗渠，農渠，毛渠

第4編 流域圏と評価

土地被服状況

CAS
- 1 Water body
- 2 Urban area
- 3 Bare soil
- 8 Shrub
- 9 Wetland
- 10 Snow covered area
- 41 Medium dense forest
- 42 Sperse forest
- 71 Dense grassland
- 72 Medium dense grassland
- 73 Sperse grassland
- 6 Non imigation area
- 51-54 Large scale imigation area
- 51 Qintongxia
- 51 Hetao (Inner Mongolia)
- 53 Yimong
- 54 Longning
- 57-59 Distnbuted imigation area
- 57 Upstream of Toudaoguai gauge
- 58 Fenghe-Weihe basin
- 59 Sanmenxia-Huayuankou

水域（0.55％）　　森林（6.6％）　　　　草地（51.3％）
市街地（0.63％）　灌漑農地（6.1％）　　雑木林（5.5％）
裸地（8.9％）　　 非灌漑農地（20.1％）　湿地（0.34％）

図-12.12　黄河流域の土地被服状況

黄河流域の大型灌漑区分図

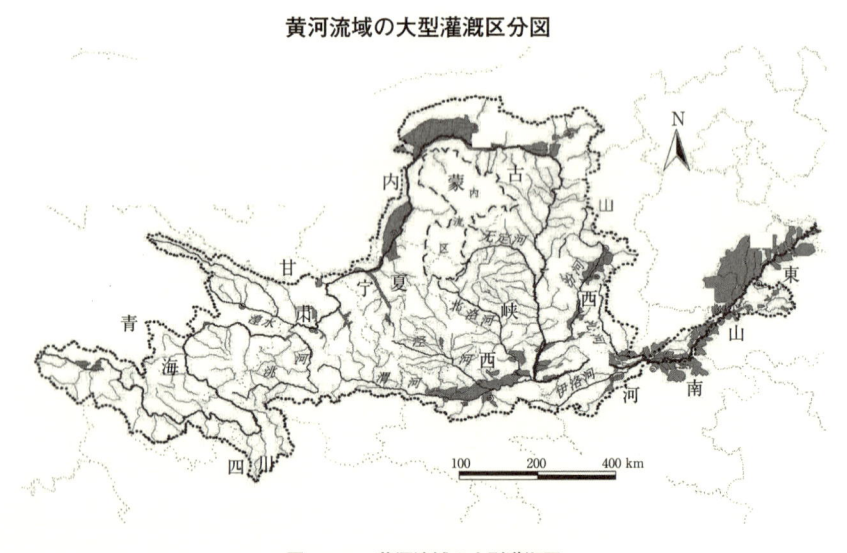

図-12.13　黄河流域の大型灌漑区

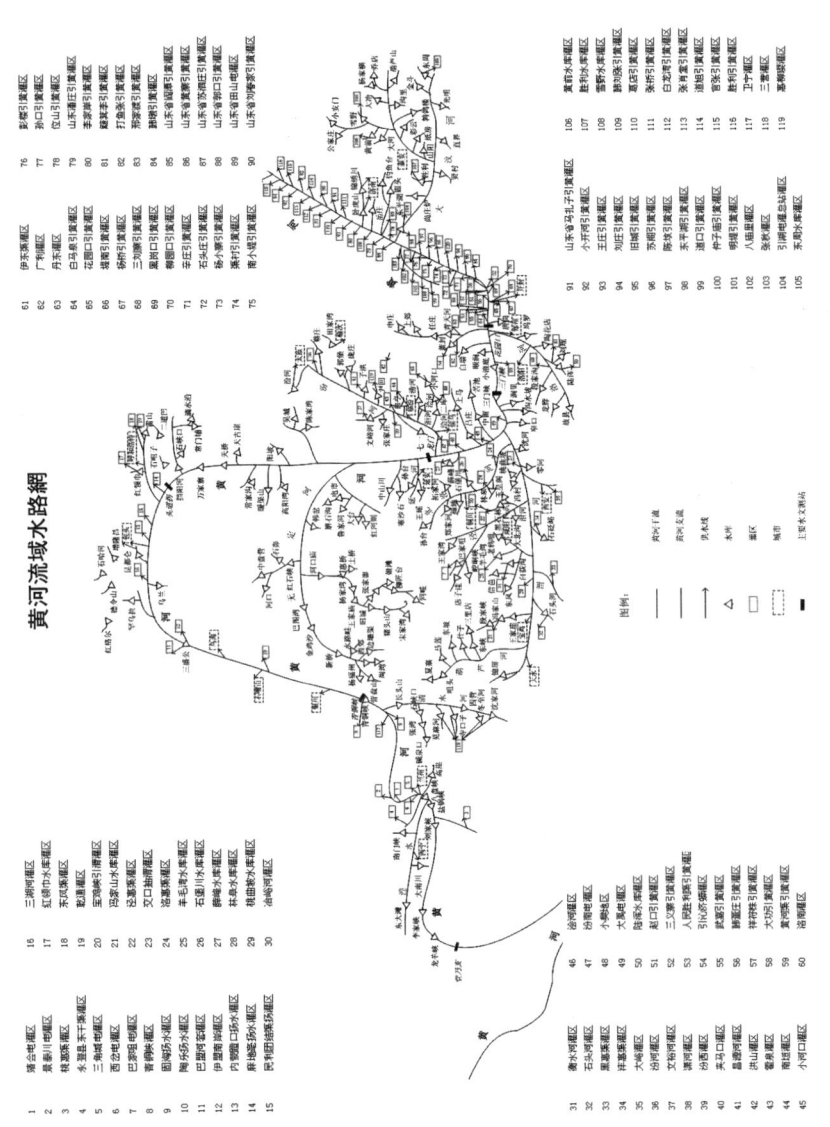

流域の水マネジメント—黄河流域を例として— 第12章

図-12.14 黄河流域の灌漑水路網

241

と枝わかれし，全域に張りめぐらされている。

　生育作物は，トウモロコシ，ヒマワリ，小麦である。生育作物の水消費量は，ヒマワリ，小麦，トウモロコシの順である。商品価格と水消費量に応じて，生育作物が選択されている。また，乾燥地域特有の塩害を回避するための細かい

図-12.15

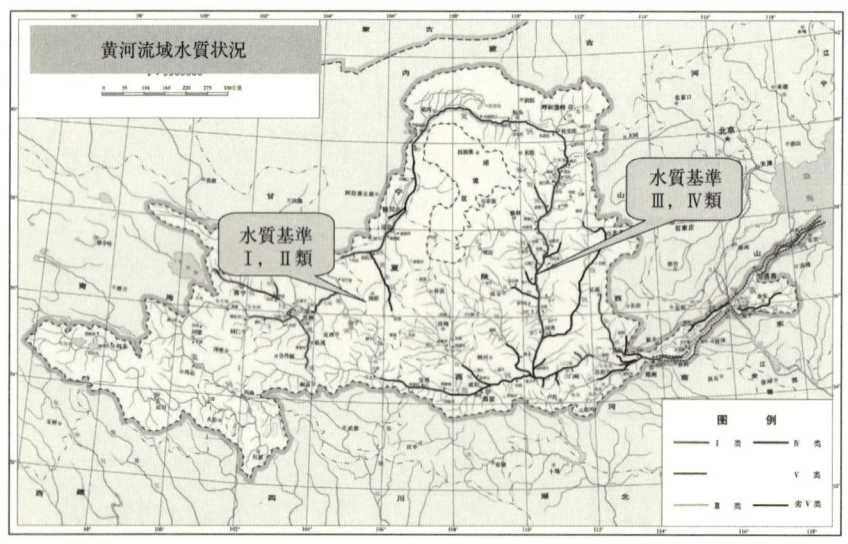

水質基準：
- Ⅰ：高質の飲料水および以下の利用
- Ⅲ：飲用可能水および以下の利用
- Ⅴ：農業用水および以下の利用
- Ⅱ：通常の飲料水および以下の利用
- Ⅳ：工業用水および以下の利用
- Ⅴ以下：利用不可

図-12.16　黄河の水質階級

流域の水マネジメント―黄河流域を例として― 第12章

黄河流域の社会経済・生産活動―人口―

総人口

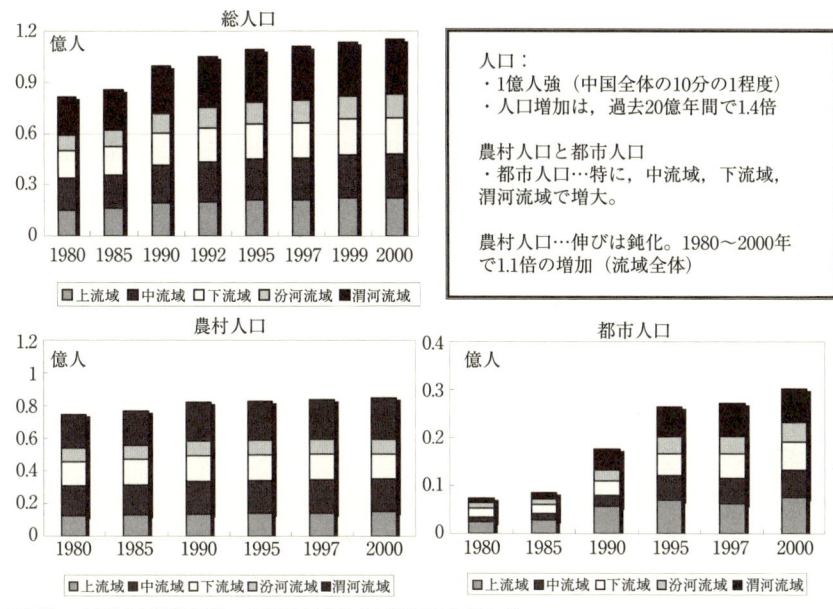

人口：
・1億人強（中国全体の10分の1程度）
・人口増加は，過去20億年間で1.4倍

農村人口と都市人口
・都市人口…特に，中流域，下流域，渭河流域で増大。

農村人口…伸びは鈍化。1980～2000年で1.1倍の増加（流域全体）

農村人口

都市人口

［出典］ 中国城市統計年鑑，中国県(市)社会経済統計年鑑など

図-12.17 黄河流域の人口変化

黄河・淮河・海河の一人当たりのGDP分布

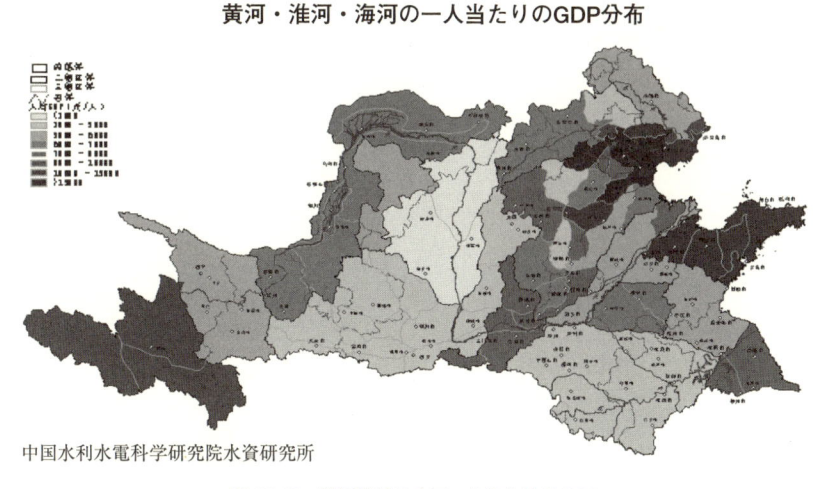

中国水利水電科学研究院水資研究所

図-12.18 黄河流域の人口一人当たりのGDP

手段として，いろいろ工夫がされている．送水はコンクリート水路でなされる（**図-12.15**）．冬季に凍上するため，春先には漏水が増えるのが常である．このため，頭首工から農地までの間にほぼ50％漏水してしまう．この漏水を防止すれば，かなりの水資源を生み出せる．

　水質基準は中国では，Ⅰ，Ⅱ，Ⅲ，Ⅳ，Ⅴ，それ以下となっている（**図-12.16**）．緑，赤，黒の順で悪くなる．黄河流域では青は少なく，黒と茶色が続いている．冬には，黄河支川でBODが220 mg/lで生下水並みという状況にあるところもある．

　黄河流域では人口は増加し続けている．都市人口が急増し，農村人口はあまり増えていない（**図-12.17**）．

　一人当たりのGDPは沿岸地域と上流域が高くなっている．上流域が高いのは人口が少ないことによる（**図-12.8**）．

　以上述べたことをもとに黄河流域の発展方向を探るために水資源に重きを置

黄河流域における水量水質統合モデル

モデルの概要			
対象と流域の時空間分割	対象範囲	黄河流域（源流〜花園口）	
	流域分割	Pfafstetter流域分割法（137流域）	
	グリッド単位	10 km×10 km	
	グリッド数	182×263=47 866グリッド	
	計算時間単位	1時間	
水文量解析に用いる基礎式	河川流量	Kinematic Wave法，Manning式	
	土壌水分移動	Richards式，VenGenuchten式，Darcy式	
	地下水移動	Darcy式	
入力データ	気象データ	降雨・降雪量，気温，風速，日照時間	
	人為的水利用に関するデータ	人口，工場数，生活・工業用排水量，排水処理率，ダム，灌漑区	
	グリッドデータ	標高，土地利用，斜面勾配，斜面長，土壌特性，地表層厚，植生分布，行政界	
	その他の条件データ	流域設定条件，河川諸元，作物パラメータ，土壌水分量パラメータ	
出力データ	河川	流量，蒸発散	
	グリッド	土壌水分量，地下水位，蒸発散量	

図-12.19　黄河流域の水量水質モデル概要

き，社会的要素も考慮した水量水質モデルを作成し，シミュレーションすることにした。モデルの概要は**図-12.19**のとおりである。

モデルでは，水循環として，降水量分布，流出，地下水浸透，取水，土壌水分，蒸発散等を考慮した。

流出量は121地点の降水量データ利用し算定した。水利用量は工業の業種，農業の作物別，都市・農村別に原単位に基づき算定した（**図-12.21 〜図-12.23**）。

水量のシミュレーション結果を**図-12.24**に示す。ダム貯水のような人工の手が加わっている条件を入れることにより観測値とかなり一致することがわかる。

次に水質の再現状況を西安市を流れる黄河支流の渭川について示す。

実測値とシミュレーション結果がかなり良好に一致していることがわかる（**図-12.25**）。

このシミュレーション用のモデルの完成を受けて，これを用いて社会の経済的発展方策を検討することにする。気象条件の降水量，日照時間，風速，気温は過去のデータに基づき分布形を定め，乱数により値を算定し，水資源賦存量

分布型水循環モデルの構築と水循環のシミュレーション

0.5度グリッドモデルを基にした10-kmグリッド単位の分布型水循環モデル

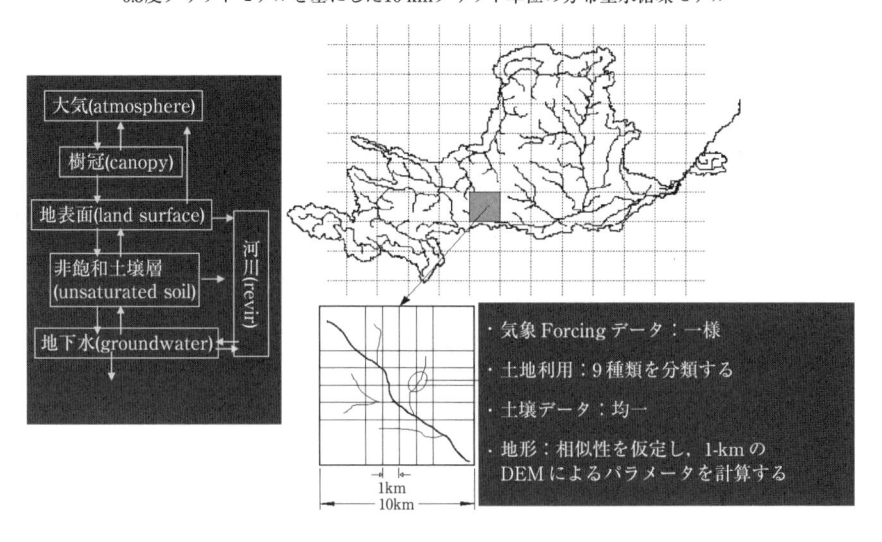

図-12.20　分布型水循環モデル GBMH の概要

第4編 流域圏と評価

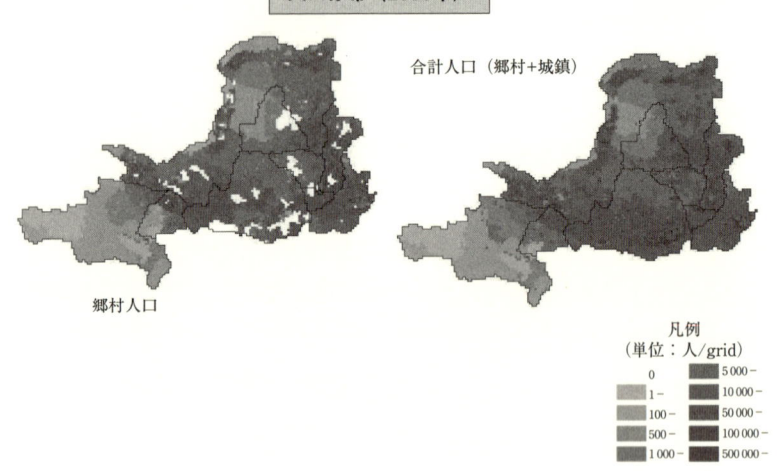

人口分布（2000年）

郷村人口

合計人口（郷村＋城鎮）

凡例（単位：人/grid）
- 0
- 1 –
- 100 –
- 500 –
- 1 000 –
- 5 000 –
- 10 000 –
- 50 000 –
- 100 000 –
- 500 000 –

図-12.21　人口分布算定結果

生活・工業用水量分布（2000年）

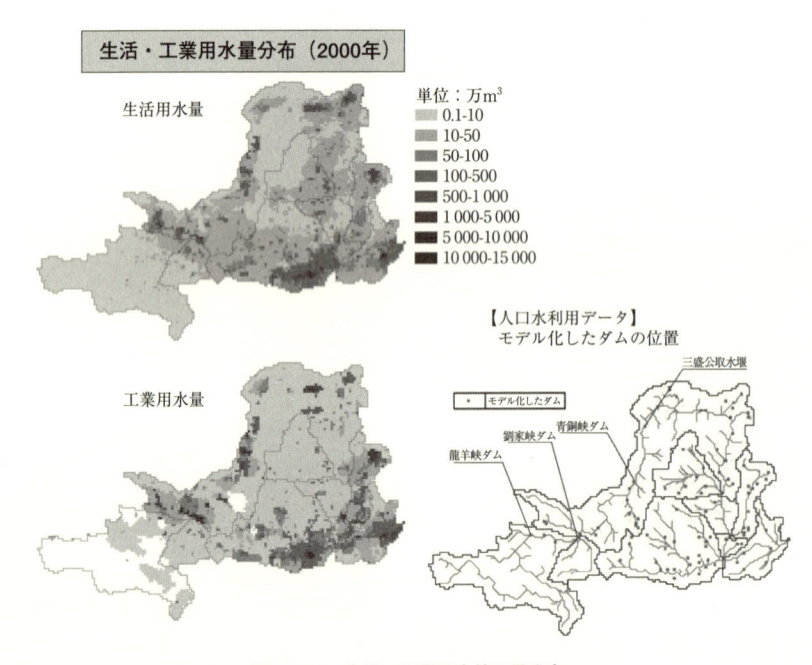

生活用水量

工業用水量

単位：万m³
- 0.1-10
- 10-50
- 50-100
- 100-500
- 500-1 000
- 1 000-5 000
- 5 000-10 000
- 10 000-15 000

【人口水利用データ】
モデル化したダムの位置

・モデル化したダム

龍羊峡ダム
劉家峡ダム
青銅峡ダム
三盛公取水堰

図-12.22　生活・工業用水使用量分布

流域の水マネジメント―黄河流域を例として― 第12章

農業用水使用量分布（2000年）

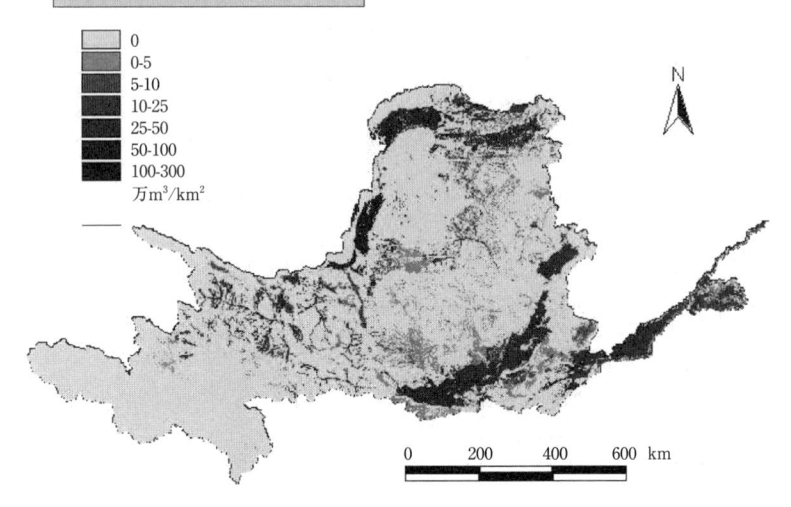

凡例（万m³/km²）:
- 0
- 0-5
- 5-10
- 10-25
- 25-50
- 50-100
- 100-300

図-12.23　農業用水使用量分布

水量計算結果（1997年）

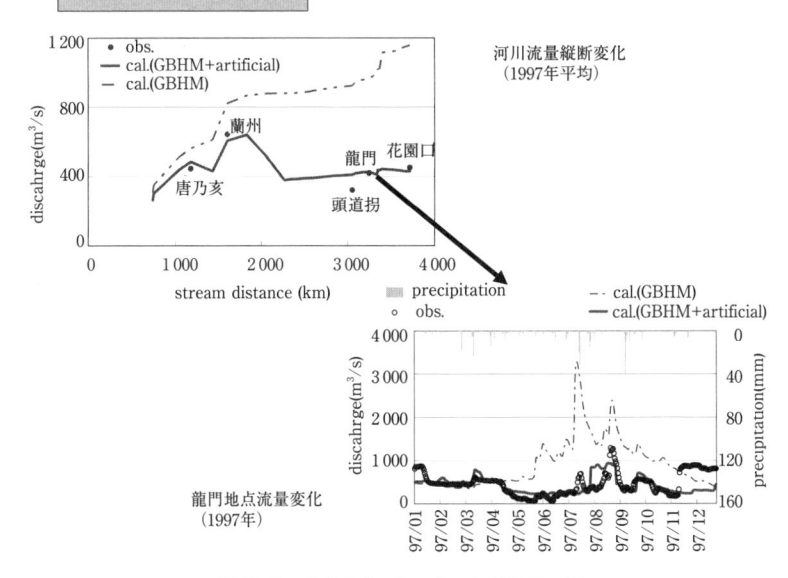

河川流量縦断変化（1997年平均）

地点：唐乃亥、蘭州、頭道拐、龍門、花園口

龍門地点流量変化（1997年）

図-12.24　水量シミュレーション結果の一例

水質計算結果（2003年）

流下距離に伴うBOD，SSの挙動変化

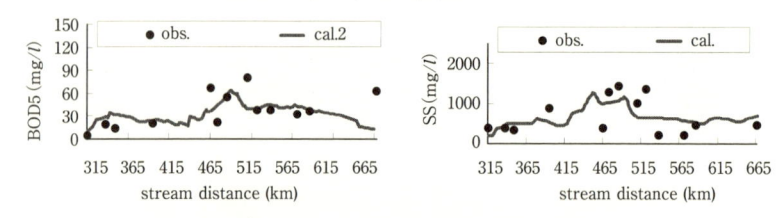

図-12.25　渭川におけるBODシミュレーション結果の一例

水供給制約下での効果的水資源配分シナリオ策定

●シナリオ評価フロー

水供給制約

区分	目標達成手段
人口	郷村余剰労働力移動／城鎮の人口増加・余剰労働力の受入
節水関連	灌漑効率向上／排水処理率向上／城鎮中水道普及／再生利用率向上
食料	耕地削減・食糧減産／耕地維持・食料生産維持／灌漑拡充・食糧増産
土砂輸送	耕地削減・造林促進

↓

シナリオの設定

↓

評価ステップ１

■流域利潤の比較■
- 収入増分：工業生産額・農業生産額
- 費用増分：水資源費用・食糧輸入額・他流域の自来水損失（未処理排水量）・労働賃金増

■食糧安全保障■

↓

相対評価効果から効果的シナリオの抽出

↓

評価ステップ２
■雇用状況・賃金の調整■
抽出シナリオの改良

↓

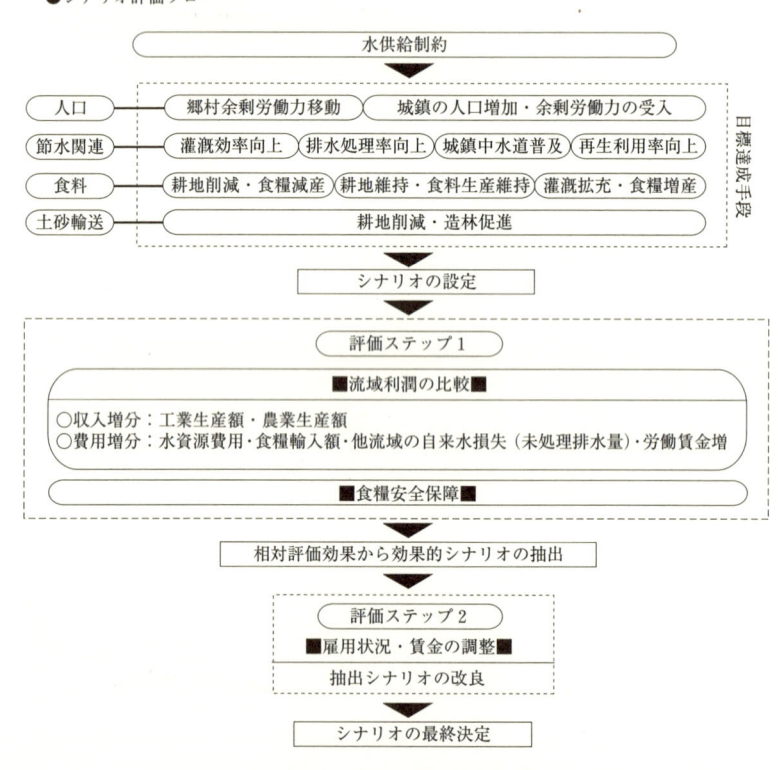

シナリオの最終決定

図-12.26　水供給制約下での効果的水資源配分シナリオ

を算定し，繰り返して解を求め平均値を将来予測値として用いた．

社会経済発展予測を目標時期を短期(2010年)，中期(2030年)，長期(2050年)として，さらに，上流，中流，渭河，汾河，下流に空間を分けて，実施した．社会経済発展のシミュレーションには，上下流の公平性，次世代との公平性，資源利用可能性，投入可能資金，自然環境保全，汚染防止，防災・減災，土砂流出制御などいづれに重点を置くか決めておく必要がある．黄河流域では，流域での収入を最大にする方策について検討した．

黄河流域では水供給が一番の制約条件になっているので，水資源配分について検討する．人口増加は政府の予測値に従い，食料自給を基本方針とし，工業製品は輸出可能としている．今回検討のシナリオを**図-12.26**に示す．

ここでは，渭川流域の算定について詳述する．具体的な設定シナリオはS-1からS-7までの7種である．

食料生産は増産，維持，減産，灌漑面積は拡大，現状維持，灌漑効率は向上，現

設定シナリオ一覧

シナリオ	食糧生産	灌漑面積	灌漑効率	排水処理	再生利用	退耕還林
S-1	減産	削減	維持	維持	維持	なし
S-2	減産	削減	維持	向上	向上	なし
S-3	維持	維持	向上	維持	維持	なし
S-4	維持	維持	向上	向上	向上	なし
S-5	増産	拡大	向上	維持	維持	なし
S-6	増産	拡大	向上	向上	向上	なし
S-7	増産	拡大	向上	向上	向上	促進

	現状	2010年	2030年	2050年	該当シナリオ
耕地削減率	-	10%	20%	30%	・1, 2, 7
灌漑効率向上	40%	50%	60%	70%	・3, 4, 5, 6, 7
耕地面積に占める灌漑面積比	52%	70%	80%	90%	・5, 6
		70%	85%	100%	・7
城鎮生活排水処理率	20%	50%	70%	90%	・2, 4, 6, 7 ・他は現状維持
城鎮中水道導入率	0%	10%	20%	30%	
工業排水処理率	20%	50%	70%	90%	
工業用水再生利用率	33%	50%	60%	70%	

図-12.27　設定シナリオ一覧

第4編 流域圏と評価

状維持，排水処理は向上，現状のまま，再生水利用は向上，現状のまま，退耕環林は向上，現状のままとした．変化率も一律ではなく，例えば，耕地の削減率は10％，20％，30％，灌漑効率の向上は40％，50％，60％，70％というように値を設定した．算定結果は図-12.28に示すように，流域の収入という観点からはシナリオS-7が最大で，S-2，S-4，S-6も良く，S-5，S-6，S-7で食料自給率が100％を達成で

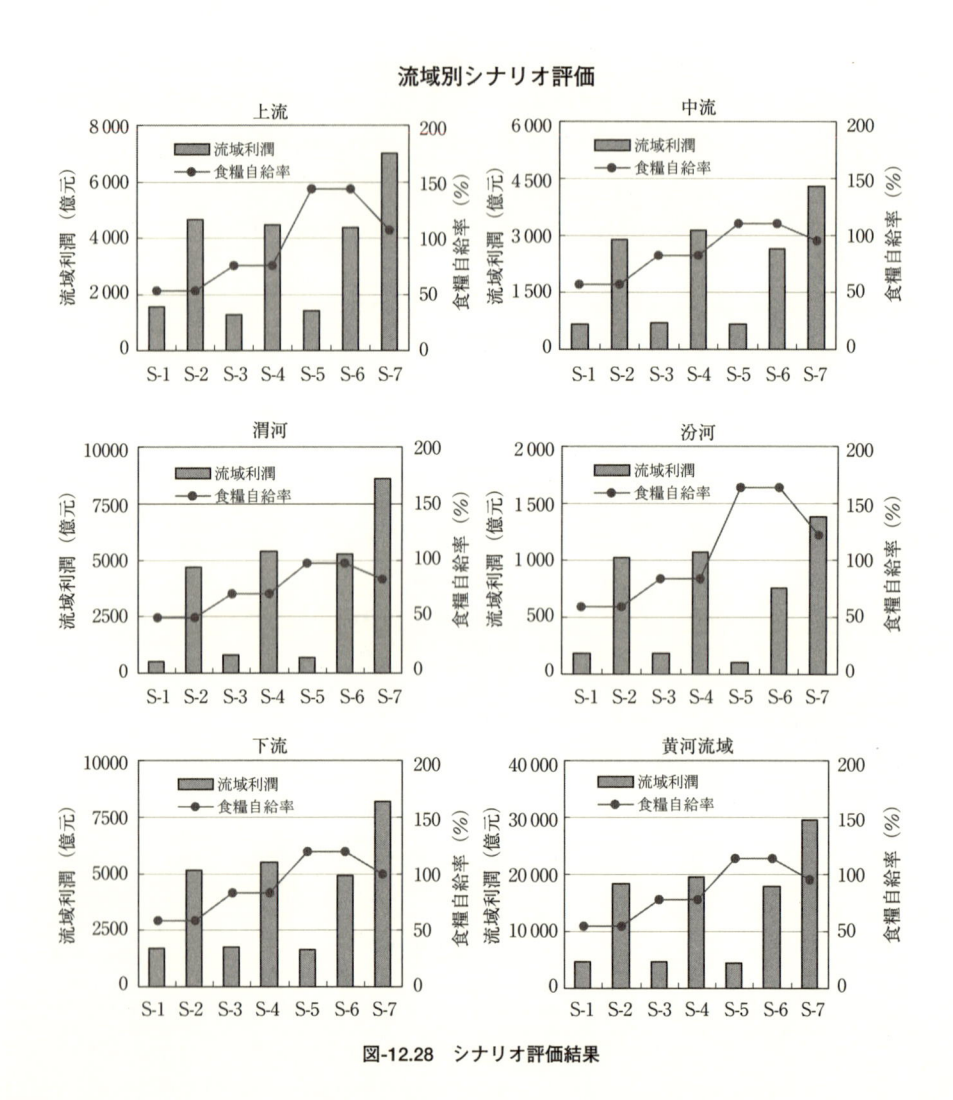

図-12.28 シナリオ評価結果

きることになった．そのため，S-6，S-7にサブのシナリオを設定し，農民一人当たりの耕地面積を，S-6（現状），S-6.2（1.5倍），S-6.3（3倍），S-7（現状），S-7.2（1.5

雇用と賃金の関係

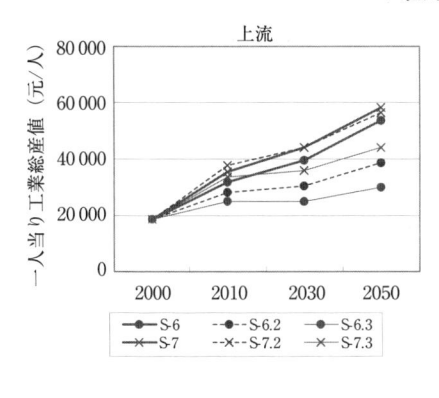

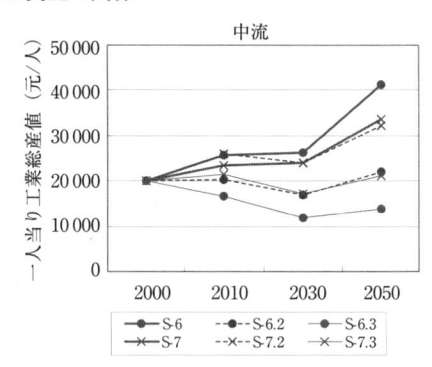

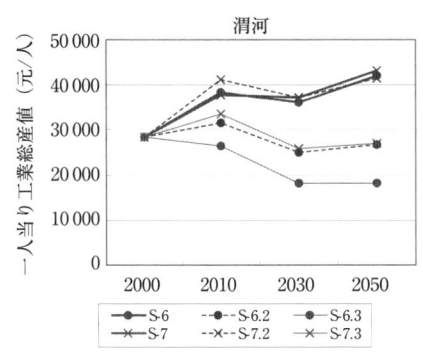

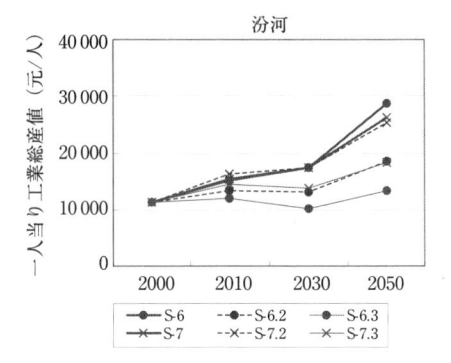

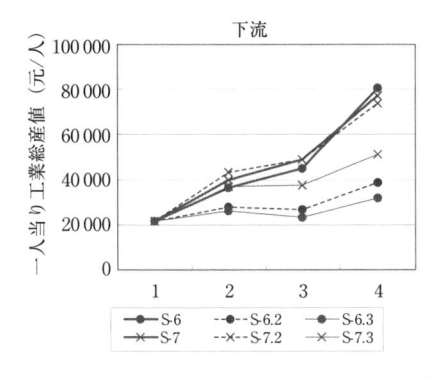

雇用調整のための副シナリオの設定
一人当り耕地面積
S-6（現状），S-6.2（1.5倍），S-6.3（3倍）
S-7（現状），S-7.2（1.5倍），S-7.3（3倍）

図-12.29　雇用と賃金の関係

雇用と賃金の関係

上流

中流

渭河

汾河

下流

雇用調整のための副シナリオの設定
一人当り耕地面積
S-6 (現状), S-6.2 (1.5倍), S-6.3 (3倍)
S-7 (現状), S-7.2 (1.5倍), S-7.3 (3倍)

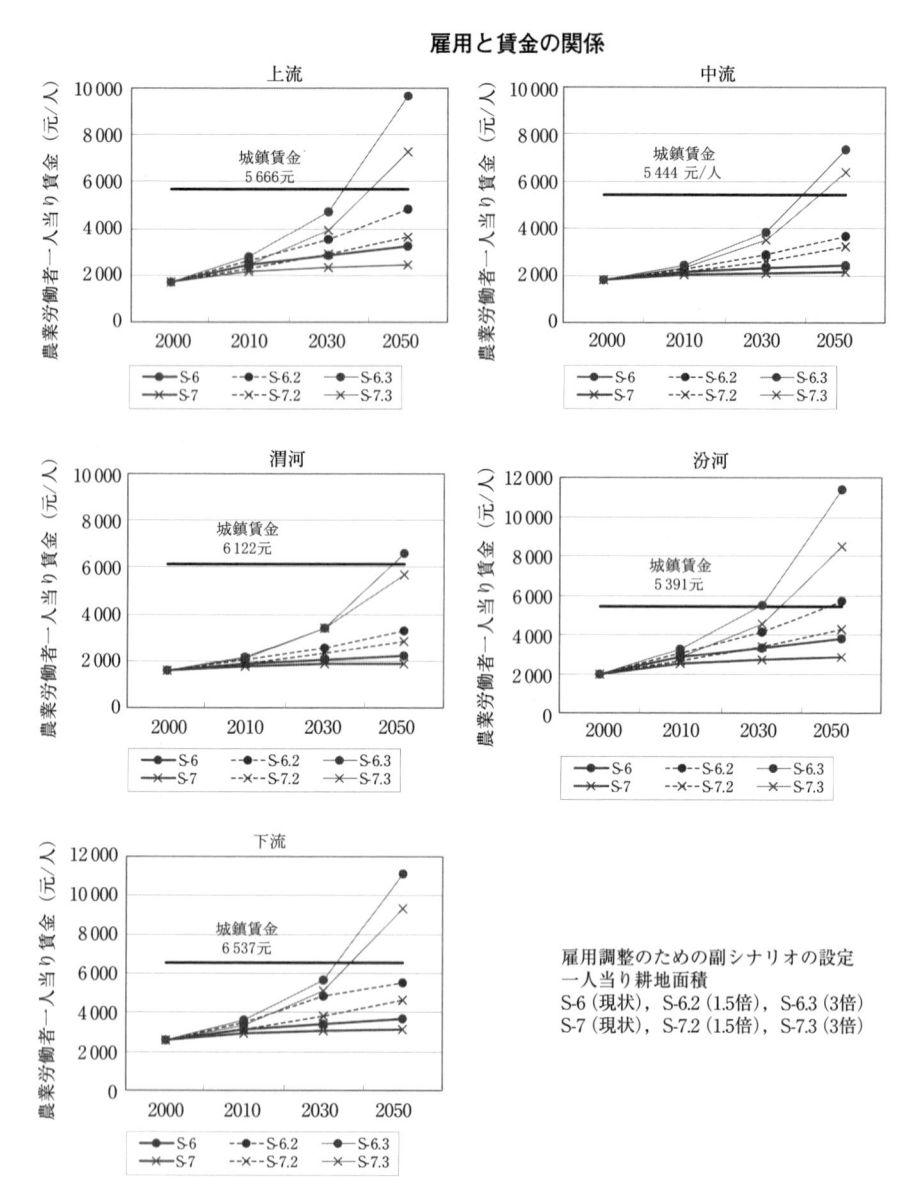

図-12.30　雇用と賃金の関係

倍)，S–7.3（3倍）とした。これは農業収入の増加を図るための配慮である。一人当たりの工業生産額，および，農業生産額の算定結果を**図-12.29**，**12.30**に示す。

最終的な結果としてはシナリオS–6.2とS–7.2，つまり，農民1人当たりの農地面積を1.5倍まで拡大すると，都市で商業とか工業で農業の余剰労働力を吸収しながら展開でき，食料自給もほぼ可能という結果になった。その中でとくに良好なシナリオであるS–6.2とS–7.2とを地域ごとに組み合わせることにして検討した。その結果，**図-12.31**に示すように食料自給率が100％以上で費用便益比が最大になる19と食料自給率は100％を下回るが，費用便益比が最大になる32を，シナリオAとBということに再度名付けなおし，より詳しく検討した。

シナリオAとシナリオBの水資源配分結果を，**図-12.32**，**12.33**に示す。これらのシナリオの費用便益を**図-12.34**に，工業総生産の推移を**図-12.35**に示す。言うまでもなく，これらのシナリオの採用の有無は，中国政府次第である。

流域別シナリオ組合せ検討

シナリオ番号	上流	中流	渭河	汾河	下流
1	S-6.2	S-6.2	S-6.2	S-6.2	S-6.2
2	S-6.2	S-6.2	S-6.2	S-6.2	S-7.2
3	S-6.2	S-6.2	S-6.2	S-7.2	S-6.2
4	S-6.2	S-6.2	S-7.2	S-6.2	S-6.2
5	S-6.2	S-7.2	S-6.2	S-6.2	S-6.2
6	S-7.2	S-6.2	S-6.2	S-6.2	S-6.2
7	S-6.2	S-6.2	S-6.2	S-7.2	S-7.2
8	S-6.2	S-6.2	S-7.2	S-6.2	S-7.2
9	S-6.2	S-7.2	S-6.2	S-6.2	S-7.2
10	S-7.2	S-6.2	S-6.2	S-6.2	S-7.2
11	S-6.2	S-6.2	S-7.2	S-7.2	S-6.2
12	S-6.2	S-7.2	S-6.2	S-7.2	S-6.2
13	S-7.2	S-6.2	S-6.2	S-7.2	S-6.2
14	S-6.2	S-7.2	S-7.2	S-6.2	S-6.2
15	S-7.2	S-6.2	S-7.2	S-6.2	S-6.2
16	S-7.2	S-7.2	S-6.2	S-6.2	S-6.2
17	S-6.2	S-6.2	S-7.2	S-7.2	S-7.2
18	S-6.2	S-7.2	S-6.2	S-7.2	S-7.2
19	S-6.2	S-7.2	S-7.2	S-6.2	S-7.2
20	S-6.2	S-7.2	S-7.2	S-7.2	S-6.2
21	S-7.2	S-6.2	S-6.2	S-7.2	S-7.2
22	S-7.2	S-6.2	S-7.2	S-6.2	S-7.2
23	S-7.2	S-6.2	S-7.2	S-7.2	S-6.2
24	S-7.2	S-7.2	S-6.2	S-6.2	S-7.2
25	S-7.2	S-7.2	S-6.2	S-7.2	S-6.2
26	S-7.2	S-7.2	S-7.2	S-6.2	S-6.2
27	S-6.2	S-7.2	S-7.2	S-7.2	S-7.2
28	S-7.2	S-6.2	S-7.2	S-7.2	S-7.2
29	S-7.2	S-7.2	S-6.2	S-7.2	S-7.2
30	S-7.2	S-7.2	S-7.2	S-6.2	S-7.2
31	S-7.2	S-7.2	S-7.2	S-7.2	S-6.2
32	S-7.2	S-7.2	S-7.2	S-7.2	S-7.2

食料自給率100％を確保され効果が大きい　シナリオA

効果最大ただし食糧自給率は100％未満　シナリオB

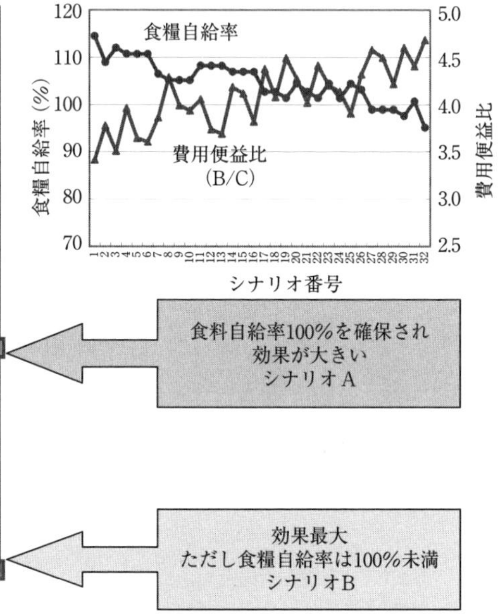

図-12.31　流域別シナリオの検討結果

第4編 流域圏と評価

新規用水量の変化（シナリオA）

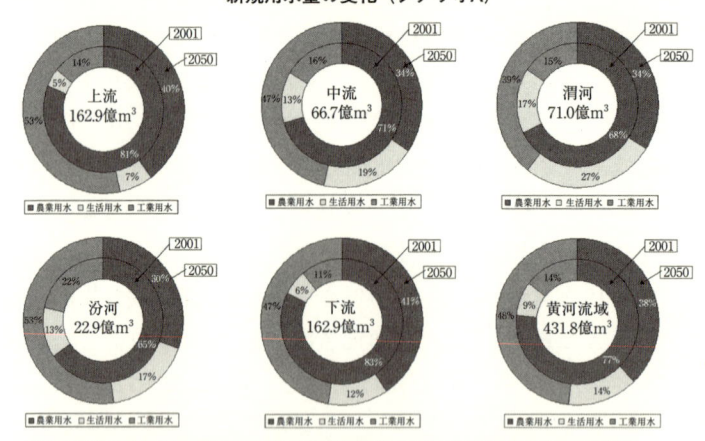

（上流 162.9億m³／中流 66.7億m³／渭河 71.0億m³／汾河 22.9億m³／下流 162.9億m³／黄河流域 431.8億m³）

シナリオA：上流域，汾河流域/都市節水対策有，食糧増産
その他の流域/退耕還林

- 農業用水を現状の5割りに抑制，工業・生活セクターでの再利用
  ⇒ 工業用水147億m³，生活用水21億m³の新規用水を新たに確保
- 流域内の食糧自給率はほぼ100%を維持可能

図-12.32　シナリオAの水資源配分結果

新規用水量の変化（シナリオB）

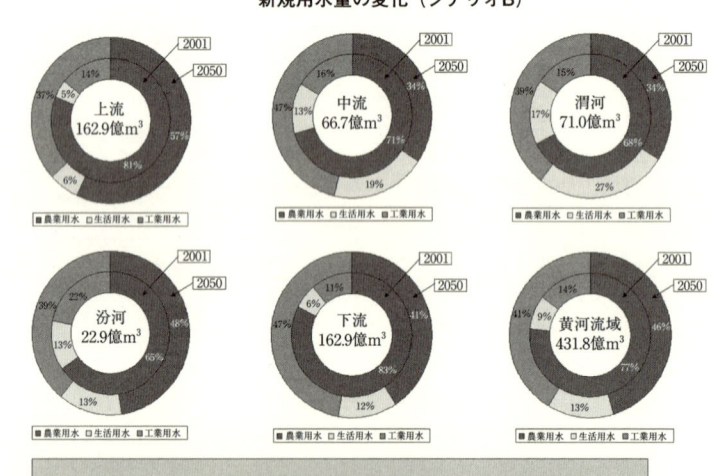

（上流 162.9億m³／中流 66.7億m³／渭河 71.0億m³／汾河 22.9億m³／下流 162.9億m³／黄河流域 431.8億m³）

シナリオB：全流域/都市節水対策有，食糧増産および退耕還林

- 農業用水を現状の6割に抑制，工業・生活セクターでの再利用
  ⇒ 工業用水117億m³，生活用水19億m³の新規用水を新たに確保
- シナリオAに比して，約600億元の投資が必要

図-12.33　シナリオBの水資源配分結果

流域の水マネジメント―黄河流域を例として― 第12章

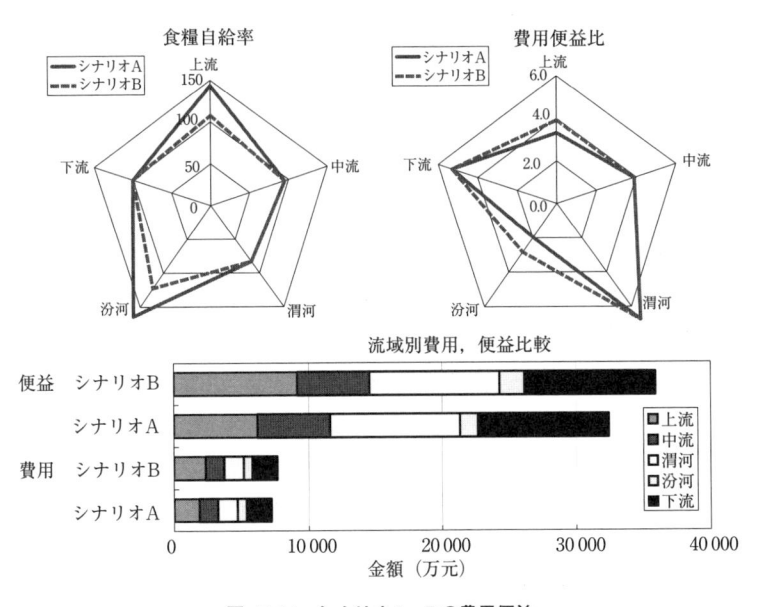

図-12.34 シナリオA，Bの費用便益

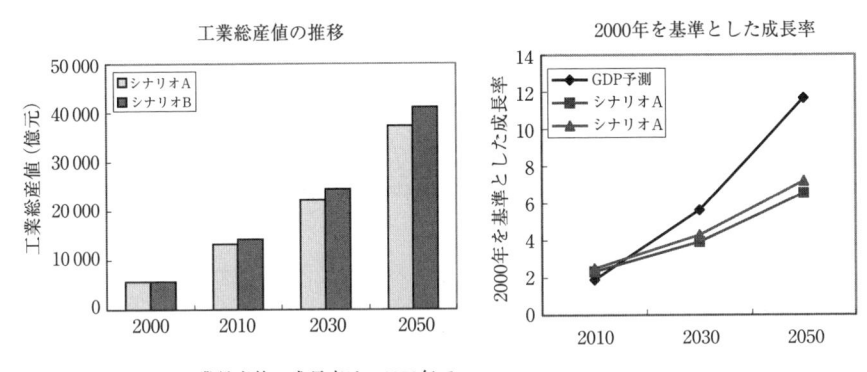

工業総産値の成長率は，2050年で
シナリオA：6.5倍
シナリオB：7.2倍

JBIC(2004年)資料によると，GDP成長率は2050年で11.7倍となっており工業生産量の増産に伴う供給過多は避けられると考えられる。

農業用水の削減分，節水分にて工業用水を生み出す。

図-12.35 シナリオA，Bの工業生産の推移

12.3　流域の水マネジメント

　統合的な流域水マネジメントでは，目標を設定して，それぞれの設定項目についてどうするかを検討し，そして，その実施方法を検討し，実施する。実施中にモニタリングをかけて，不都合，あるいは改善点があればフィードバックをかけることになる。

　この統合的な水マネジメントを考える際の要点は，

① 水資源の地域偏在性と気候変動
　　降水量の非一様性，一雨降水量の増大，雪解けの早期化
② 水利用の歴史的変遷
　　わが国では農業用水が慣行水利権として優位
③ 水不足時の利用優先順位
　　日本では飲料水，都市用水，工業，農業・水産業，生態系保全である。
④ 社会的公平性
　　上下流問題，ジェンダー問題（例えば，水汲みは小さな女の子の仕事）
⑤ 有効利用策
　　節水技術，水資源配分策の案出
⑥ 意図的，非意図的リスク削減
　　テロ対策
⑦ 制度
　　法制度の一元化，水利権，Full cost pricing，計画のチェック機構
⑧ 住民心理
　　具体的には，カリフォルニアにおける下水処理水の飲料水化反対
⑨ 情報伝達
⑩ 省エネルギー
⑪ 輸送
　　CO_2の排出削減
⑫ 生態系保全
⑬ 導入技術の副作用
⑭ 社会の要求の変化

ミネラルウォーターの消費量の増加

12.4　統合的水マネジメントの難しさ

　日本では人口減少，高齢化が問題になってきている。そういう意味から，流域の水マネジメントの難しさというのは，目標設定である。次いで，関係要素を定める境界の設定方法である。これは，流域の経済的利潤を高めるには農業用水を工業用水に振り替えればいいが，工業製品が輸出できるか否かを通常問わないで輸出可能と暗々裏に想定することが一例となる。さらに，移行過程のマネジメントが重要である。社会的合理性が高い水の使い方という目標があり，社会をそれに向けて動かしていくとしても，社会の現状と目標との間には，目標自身も動いており，社会も動いているため，必ずギャップが存在している。このギャップを埋めていくためのマネジメントのあり方の議論が必要である。ダイナミックに社会が動いていくときの問題の解き方というか，目的と現実との関係性をいかに解きほぐしながら住民の方に受け入れてもらえるようにするか，あるいは制度を少しずつ修正する移行過程のマネジメント，つまり，トランジットマネジメントの議論がこれから必要と考えている。持続型社会というのは，機能は一定であっても，構造は一定ではない。当然，人間だけ見ても，中で生活している人間はどんどん入れ替わっているため，それで持続型の社会をつくろうというわけであるから，機能は一定でも構造は一定ではない。必ず人間の変化の部分はリバーシブルではなくて，イリバーシブル，不可逆過程なところがある。そういうものを含めて機能を一定に保つというところに今後の研究課題があると認識している。

　結論になるが，流域の水マネジメントは，持続型社会が求めるシステムの1つである。ほかにも検討が必要な項目は多数ある。この水マネジメントの手法の開発は，移行過程のマネジメントを含めて考えないといけないということで，単一断面的解析はほとんど役に立たないと思う。そのためには，各分野の弾力的に対応できる研究者からなるチームを若い方にぜひつくっていただいて，ご検討いただきたいと願う。

第5編

パネルディスカッション

● パネルディスカッション

第1回 パネルディスカッション

辻本 それでは，お約束しましたパネルディスカッションの時間になりました。約1時間ございますけれども，よろしくおつき合い願いたいと思います。

　今までお聞きいただきましたように，本日「流域圏から見た明日」というテーマでお三方から御講演をいただきました。非常に興味深い視点でお話しいただけたと思います。これまで私もいろいろなところで

辻本哲郎

御意見を伺っているのですが，まとまってお話を聞く機会はそんなにあるわけではなかったので，非常に良い勉強をさせていただきました。

　ということで，総合的な討議に入る前に，もしこの3名の御講演に対して御質問がありましたら受け付けたいと思いますけれども，いかがでしょうか。

フロア 地球サミットが開催された92年に，生物多様性条約が署名されました。先週までボンで開かれた第9回会議で，2010年の第10回会議を名古屋で開催されることが決定されました。さらに日本では，先週，生物多様性基本法が成立しまして，その中で，日本がつくった生物多様性国家戦略として，

野生生物が生息する森林や里地・里山の増加，2つ目に，渡り鳥に欠かせない干潟の保全の再生，漁場の堆積物除去などの数値目標が示された次第であります。

　5月31日には，伊勢湾の海藻絵の美の記事が載っておりまして，これは漁協の副組合長さんが，浜辺に打ち寄せられた海藻を御丁寧に利用して，さまざまな形で展示しているという中で，講演にもありましたが，自然と人との共生の手がかりというものを再度お伺いさせていただきたいというのが1点。

　2点目は三野先生にお聞きしたいんですが，私も農業土木に携わっている者ですから，農業農村整備事業から見まして，流域圏から見た自然と人との共生の手がかりというものをお教えいただけたらと思っております。

　以上です。

辻本　ありがとうございました。

　個別の講演に対する質問からと思ったんですけれども，早速本質的な問題に入りました。この話は，このパネルディスカッションの大事なポイントにもなると思いますので，その前に，もし個別のことで少し聞きたい方がありましたら先にお伺いしたいと思います。というのは，今の話を回答していただきますと，多分そのまま総合討論になっていくようなテーマですので，今の質問は確かに受けとめました。それで，今日のディスカッションのテーマにもいたします。

　個別の御発表に対して，もしこの辺がわからなかったということはとくにございませんか。今回，それぞれの発表のところで質問の時間をとりませんでしたので，質問の時間を逸した方があったらと思って少しお聞きしたんですけれども，よろしいでしょうか。

　また，個別の質問等ございましたら，事務局までメール等でお寄せいただきますと，先生方にお問い合わせするというサービスもいたしますので，それでお許し願って，今御質問ありましたことについて，それでは早速入っていきたいと思います。

　最初のパートについては，多分須藤先生がお答えいただいて，後半の農業農村政策にかかわる環境直接支払といった話も含めて，三野先生にお答

●パネルディスカッション

えいただくことにしましょう。

　それでは，須藤先生から，この間の多様性条約にかかわることを含めてお願いいたします。

須藤　もしかしたら関口先生の方が，先ほども多様性のお話しをされていましたのでよろしいかと思いますけれども，まず私からお話ししましょう。同じことの繰り返しになるかもしれませんが，海の恵みを利用しながら人々が生きてきたということで，そこに初めて人の暮らしと強いつながりが出てくるんだろうと私は思います。

須藤隆一

　そういう意味で，従来，使い放しのようなことが海を荒らしたことになったわけでしょうから，そこで自然生態系と調和して人の手を加える。それはいろいろな人の手の加え方があるでしょうが，それを意識しながら海の恵沢を受ける，豊かな豊饒の海の恵沢を受ける形になるんだろうと思います。つながりというのは，生態系サービスを受けていく中で，さらに人手を加えることによって，さらにそれが持続できる，こんなことを考えて申し上げたつもりでございます。

辻本　これについては，また後から追加的に質問いただいても結構ですが，さしあたって三野先生から，農村政策についての質問に対してお話しいただけますでしょうか。

三野　さきほどの質問の内容をどういうふうに理解して，どうお答えしたらいいか若干混乱していまして，適切な回答になるかどうかわかりませんが。私が先ほどお話ししたのは，実は長い歴史の中で，水の循環とか生物多様性とかが，水田とか土地の利用を伴って形成されてきている。だいたい4000年ぐらい前の縄文海進の時代が，ある意味では，我々が伊勢湾を考えていく出発点になるのではないかと思っております。

三野　徹

　そのころの伊勢湾は，今の地形とまったく違って，水浸しの状況です。それからだんだん海が退いていくに従って濃尾平野が形成されていくと同時

に，とくに水田の開発という人為が進められます。当初技術の低い弥生時代の開発としては自然堤防地帯が一番適地でした。それは多分，一宮から津島あたりに自然堤防地帯，地形上の微高地があり，沼沢地もある。微高地で生活を営み，低湿地で稲作をしていくというところからずっと濃尾平野の地形が形成されると同時に水田開発。おそらく輪中とか地先干拓は，まさに木曽川周辺から大きく技術的に発展していったものだと思いますが，そういう形で土地の利用が進んできました。

全国の農地面積が増えていく動向の中で，戦国から江戸で急激に増えていった。そのときの一番典型的なのはやはり木曽川で，太閤秀吉とか信長が，あそこで農地の開発をして，領地経営を拡大していく中で全国を統一していく力を得ていくわけですが，その辺も全部木曽川周辺です。

これは堺屋太一さんが言われたことですが，高度成長期には日本の歴史が2回ある。その第1回目が，まさに戦国の河川の流路固定と同時に水田開発をしてきた，あの急激な伸びの時代が大変大きな成長期だ。

実はそのときに河川の流域が組織的に水田開発されていく。そうすると，氾濫原の生態系が，水田開発と同時に定期的に湛水され，非灌漑期には排水される。きわめて安定した水の環境，ある意味では，洪水の雨季と乾季の間に繰り返されるサイクルにすっぽりと氾濫原の生態系が水田の中にすみついていく。そこの中で共生しながら，水路のネットワークと水の安定した灌漑と非灌漑という中で，ある意味では生態系が人間社会に順応してきました。

琵琶湖でも非常に問題になっていますが，今コイ科とかフナ科の産卵，ライフサイクルを見ますと，まさに人間の田植えの時期と非常に密着したような格好で彼ら自身も順応してきて，そして二次的な自然が形成されています。その中でさらに，先ほどの生物多様性ですが，農水省の戦略は，昆虫を1つの指標にした生態系保全の仕組みを今考えております。世界中の国々で，地球上で10万種ぐらい昆虫がいるんです。ところが，ヨーロッパなんか3万種ぐらいで，日本がとくに多いというのは，まさに人間が土地を利用すると同時に二次的な自然が広がってきたこと自体が，今の環境そのものをつくり上げてきているということと対応しています。

パネルディスカッション

　それを長い年月かけてつくり上げてきたのは，結果的なものだと思いますが，水の循環と農地の水田の開発です。それが，ある意味では自然生態系と同時に，社会の仕組みをつくり上げる。そして，そういう形ででき上がった仕組みが20世紀の中ごろから急激に大きく再編成されていく。それに伴って環境の問題が出てきたという構図の中で考えるときに，直接的には農業農村整備がどうなるか。その中でどういうことをやり，どういうことが問題として残ったのかということをしっかりレビューした上で，先ほど言いましたように右肩上がりの成長時代から急激に，今までかつて経験したことのないような新たな社会形成へ向かって進み始めたと考えると，やはり必然的に農業土木は何を果たすべきかが浮かび上がっていくのではないでしょうか。

　それを私自身はソーシャル・キャピタルという切り口で，目に見えるいろいろなシステムについては，かなりいろいろなレビューがあるのですが，実は村の仕組みとか社会の仕組みそのものも1つの資本だという考え方が今出てきました。その1つが，集落とか水を守る仕組みというものの1つの切り口がソーシャル・キャピタル。

　それを今までのまま残せというわけではなくて，新たな形としてどう再編していくかです。これはきわめて重要な資本ストックの蓄積であって，あまりお金のないこれからの社会の中では，むしろ今まで蓄積された社会的なストックを改めて再編成していきながら，新たな世界に向かって対応していく。そうすれば，自然も水の循環も，さまざまな課題も，ある程度成熟社会に向けて再編していく1つの芽が出てくるのではないか。そんなふうに私自身は考えております。

　個別具体的には今例が浮かばないんですが，木曽川，淀川水系あたりで日本型稲作ができ上がってきた。この木曽川というのは，ある意味では，日本の風土に適した1つの水利の仕組みと地域の生態系が形成される本当の中心にあったところですから，その辺をじっくりこれから構えていくというのは，この研究テーマの非常に大きな意義だと感じております。

辻本　ありがとうございました。
　最初からかなり本質的なキーワードを含むような質問が出て，議論が一

気に広がりました。そこで，どの辺からディスカッションしていったらいいのか，ちょっと整理したいと思います。

今御質問の方から出ましたように生物多様性，あるいは何度か話に出ました生態系サービスは，ここで議論する1つのキーワードになっているでしょう。それから，本日お話いただいたテーマの中には「里海」という話がありましたし，もう1つは「農村」という話がありました。いずれも，人と自然あるいは生態が非常に密着したような形であるわけです。

一方，これまでの三野先生いわく，右肩上がり，あるいは生産性と人口増を目指してやってきた近代的なものに比べますと，単なる社会基盤，インフラ整備だけでなくて，自然資本とか社会制度資本，あるいは社会関連資本という違ったタイプの我々のストックを増やしていくというお話も出ました。

すなわち，人と自然が非常に近いところでは，ただ単に構造物とか人工的な基盤をつくっていくのではなくて，自然を利用したもの，あるいはさらに制度，仕組みを利用したものというお話が出ました。

一方では，その中で環境の問題と経済の問題をリンクする。環境を保全したり，自然を保全するために，例えば環境支払制度でしたか，環境のために何らかの直接支払い，国が対価を払うことによって，そういったところで守るべきものを守りながら，全体の人間の生活も所得補償という形で守っていくような話もありました。

それも1つの共生でしょうけれども，本日のお話をそんなふうにとらえ直したときに，まず基本的に考えなければいけないところは，やはり自然そのもののところで，その辺については関口先生が，湾域を中心にお話しいただいたと思いますが，そこでは個別の生物がやはり登場してきます。この中で，登場する湾域の生物，沿岸の生物は，今日お話を聞いたものでも，イセエビとかシジミとか，アサリとか水産資源ということで，生態系サービスの最たるものということです。

この生物多様性とか生態系サービスという視点を学術的な，あるいは科学的な視点でとらえたら，どんなふうに要約されるのかというところを関口先生から解説いただければと思います。

関口　まず，あちこちで多様性という問題を言いますが，漠然としています。だけど，これは非常に便利な言葉なんです。具体的に何を意味しているのと言ったら，非常に曖昧さが出てくるんですけれども，「多様性」という言葉はいろいろなものを含んで便利な言葉なんです。

関口秀夫

例えば，多様性って何なの，なぜ絶滅危惧種は絶滅させてはいけないのという話になってくると，この議論は結構わかれるところだと思います。ただ，人間中心主義でいく限りは，多分その答えは出てこない。そうすると，正直言って，学問的に言うと，多様性がどういう意味を持つかというのを自信を持って答えられる人はあまりいないと思うんです。だけど，今いる生物を少なくとも絶滅させないぐらいの謙虚さはあっていいのではないか。人間中心主義ではどうしてもいけない。そうすると，これまで多様性というものが維持されてきたんだったら，多様性が維持されたという歴史的過程を大事にすべきではないかと思うんです。

私が今具体的に個々挙げましたけれども，例えば干潟はどうなのと言ったら，干潟は，自然浄化の場としては大事です。だけど，自然浄化の場としての意義だけだったら，逆に言うと，もっと排水処理のテクノロジーが上がってくれば，干潟は要らなくなるのという話になってきてしまう。だけど，干潟にどういう生物がいるのかを考えると，やっぱり独特ないろいろな生物群集がいるわけです。

例えば河川からの農業利水の問題では，必ず環境と経済発展がいろいろぶつかるので，何とか妥協点を見つけようとしています。産業とか工業とかいろいろなところから，利水は経済の面ではっきり金額としてその意義を出せるわけです。だけど，環境改変に反対すると，じゃ，どうしたらいいのと言われますが，我々にとって環境は何だということを答えるには，環境の方の知見は乏しい。

例えば，西洋人が言う環境と，日本人が育ってきた環境は違いますよね。この環境の言葉自体が明治時代にできた言葉です。そうすると，保護と保全と，言い出したら切りがないんですが，我々の環境観はどうなっている

のというところまでいくわけです。ただ，多様性と言ったら，今のところ，はっきり言って，無茶してつぶすよりも，できる限り多様性を今のまま保持できる方向にいきましょうということだと思うんです。

辻本 ありがとうございました。

名古屋では2010年に，生物多様性条約にかかわるCOP10が開かれることが決定しましたけれども，どんな議論を重ねていくと，それを我々の土地で開催したことを誇れるのか，なかなかわからない状況でもあります。

現実にどういう理屈づけをされているのかというと，我々がいろいろなものを勝ち取ってきた中で，人間のサステーナビリティの中で，生物を模倣しないで我々が独自に生み出したものはないし，我々が知らない仕組みは，まだまだ多様な生物界の中に存在しているので，一種たりとも，できるだけ絶滅させるようなことがあってはならないというふうな表現。そうなると，それぞれの生物は，それぞれに生態系サービスを担っているはずだから，そういう機能を確保するためにも生物多様性は維持しなければいけない。どちらもある程度人間に勝手な議論ですけれども，どうもそんな議論が進んでいるようです。

生物多様性という視点と生態系サービスという視点をまぜこぜにしながら話している。生態系サービスという点では，水産とか農業生産という視点からすると，人間に都合のいい機能を持った生物に特化して守ってやれば，人間に都合がいい。でも，これだとひょっとしたら危ないという危機感から，生物多様性という視点が語られているのかなという気もします。その中で，コンプロマイズした形で日本の生物多様性国家戦略も里山・里海を取り入れたのでしょう。やはり生物多様性は，生物の面だけでは語れないということが多様性国家戦略を議論されているときにも出てきたのでしょうか。その辺，環境省で議論されたところは須藤先生が詳しいと思いますので。

須藤 私は多様性国家戦略自身を議論したわけではないんですが，先生がおっしゃる中で，生態系サービスは人間の都合で考えているわけですから，人間の活用ですから，それに対応する生物は，当然水産とか目的によって決まります。ですけど，例えばそれを守ろうとか，育成しようといっても，そ

●パネルディスカッション

の背景には，その1つの生物もいっぱいいろいろな生物のつながりをもって生きているわけですよね。ですから，あるものだけ対象にしたやり方では，これは絶対うまくいかないわけです。

一例を挙げますと，私が水の環境の中で一番問題にしているのは，先ほど環境基準の話をしましたが，生活環境項目と健康項目とある。健康項目というのは，生き物の健康はまったく無視して，実は人の健康だけに限っているんです。それが最近，生き物の健康を考えましょうというので，水生生物保全の環境基準をつくり出しているんです。御存じかもしれませんが，今，亜鉛だけが1項目入っております。それをつくるだけで，何年もかかる大論議になってしまいます。それはどうしてかというと，環境基本法というのは，環境の最も基本となる法律です。その第16条に，環境基準は健康項目，要するに，人の健康を守ることと生活環境を守ることであるとなっている。生態系を守ることの環境基準はなくて，生態系を守ることは必要だというのは書いてあるんだけれども，基準をつくれとは書いてないのです。

そうなると，要するに生き物を守るための環境基準は，その時点ではつくれない。私はそこを変えろと主張しているのです。これは基本法ですから，そうそう変えられないわけですね。そうなると，今のようないろいろなお話，生態系サービスを受けるとか，あるいは育成をしようとかは，生活環境で読めるではないか。それは何か。水産がある。生活環境は水産があるから読めるじゃないか。そうすると，水産の対象の，さっきのアサリだのシジミだの，イセエビだのを守ればいいじゃないか。そこで基準をつくれるだろう。

しかし，それを守るためには，それの背景になっている餌です。要するに，食物連鎖を考えなくてはいけないから，それぞれの食物，食物網で考えるか，どちらに考えるか。あらゆるいろいろな生物をそこで守れるだろうというので，生態系を守るというわけにはいかないけれども，水産生物を守るということは，その餌生物も守ることになるということです。結果としては，生態系の保全をするための環境基準はつくり得ないけれども，水産生物を守るための環境基準は，大体その餌を考えれば多分守れるだろう。

こういうことで，本来は人のためなんだけれども，人のためにやっただけでは，その対象の水産生物を守り切れないから，その背景にあるものはほとんど守ろうということです。
　ただ，それをやると，海と直接関係はないけれども，それになかなか匹敵しないホタルとかメダカがちょっと抜けるんです。これは餌になるかどうかはともかくとして，ホタル，メダカは，ほかの水産魚と大ざっぱには同じだろうということで，ホタルもメダカも大体大丈夫だろうと我々は今判定している。
　ちょっと話が横道にそれたかもしれませんけれども，要するに，生態系を保全するためとなると，あらゆる生物ということになるんだろうと私は思っています。多様性というのはそういう問題なんだろうなと思うんだけれども，法的にはそこを取扱い得ないという問題があるということを一言申し上げておきます。

辻本　法的あるいは工学的には，非常に機能の高い，例えば生態系サービスで明確なものを生み出す種が主体になるけれども，食物連鎖の関係で追っていけるところまでは，だから，餌になるものとか，分解してくれるものとかをできるだけカバーしていくという発想を，工学者とか法の仕組みでは広げていくということなのでしょうか。
　それでは，三野先生。

三野　私も農水省の生物多様性戦略の委員をしております。まさに今お話しのように産業目的ですので，林野庁と水産庁と，農水本省の方でいろいろ検討しておりまして，どちらかというと，今の先生のお話の中から，さらに利用というのが非常に強調されております。つい先月もこの委員会の中で，農水省は指標をどういうふうにつくるか。それから，多様性の認証制度をつくるという形で，これから政策の中に多様性をどう組み込むかということが課題になっております。先ほど紹介しました農地・水・環境保全向上対策事業では，それぞれの主体が，例えば多様性というのを大事にすることになれば，それを保全していくことに対してサポートしていくような仕組みになっております。これはいろいろなことができるのですが，逆に言ったら，非常にわかりにくい制度だというので評判が少し悪いんです。

● パネルディスカッション

そういう形で農水省では，コウノトリ米とか，メダカ米とかトキ米，まさにそれを指標として多様性を守る。一生懸命大事にしつつ，できた生産物ですということで認証することによって付加価値を高めるという方向で多様性をどう広めていくか。そんなところに来ているんですが，ただ，その中で少し議論がありまして，1つは，政府が責任を持って認証制をしっかり基準を決めるのか。あるいは，認証だから，それぞれのところでこういう方法でやるということを提案すればいいのではないか。それが社会に耐えられなかったらどんどん淘汰されていくわけだから，残ってこそ初めてその認証の意味があるということです。そんな制度をいろいろ検討しているところです。

滋賀県は県単独で，いち早く魚のゆりかごと，もう1つは環境こだわり農業という施策によって，この制度ができる前からいろいろ検討しております。魚のゆりかご米とか，あるいは農薬を半分，肥料を半分にした「環境こだわり米」の認証を張ると市場で物すごく評価され，したがって，そのお米が別においしいわけではないのに，そのマークだけで市場価値がすごく上がって，それを今どんどん拡大しようという流れがあります。だから，何が多様性で何がというのは，多分それぞれの地域，それぞれの個々人あるいは社会としてどう評価するかというのは，それぞれ多様だと思うんです。

そういう形で改めて自然というものをしっかり見据えて，大事にしながら農業生産を進めていく，あるいは水産，森林経営をしていく。「認証制」が今非常に大きなキーワードになって，具体的には進めようとしている。そういう戦略を今検討しているところです。

辻本 ありがとうございます。

生物多様性についての議論ですが，1つは生物多様性の理解の仕方で，須藤先生から食物連鎖とか，逆に代謝とか分解も含めたところでつながるところまで守っていくという視点が話されました。それから三野先生からは，「魚のゆりかご」のように直接水産資源でない環境も，認証制度など仕組みによって守れるかもしれないという話がされました。我々が築いた多様な生物の守り方を，人間に対して生態系サービスをしていることが明確でなくても，そういうものがよしとするような雰囲気をうまく利用して，いわ

ゆる環境として理解して，それを進める仕組みさえあれば多様性が守れるという話だったと思います。

いずれにしても，比較的人間の勝手な議論の話で今進んでいますが，関口先生，いかがでしょうか。

関口 僕の専門分野ではないけれども，ちょっと疑問があるのは，例えば農業や水産の就業人口は1％か2％です。農水産業からあがる金額は，これもまた数％です。だから，水産業と農業は，金額とか就業人口を言ってしまうと，他産業に比べて農水産業はもう全然話にならないんです。そういう状況の中で，多様性が農業や水産業と係わりがあると言っても，なかなか成り立たない話です。しかし，例えば漁業が伊勢湾でできるということは，少なくとも漁業が成り立つような生物が生きる健康な海があることを意味しています。

水産業や農業にしても，就業人口や生産額以外の社会的共通資本に関する指標みたいな考え方を興さないといけない。今のままだと，確かにケース・バイ・ケースとしては認証制度とかは出てくるけれども，根本の社会全体として，圧倒的に大部分の食料は大企業か商社で輸入して，自給率どうのこうのしているときに，果たしてそれで水産業や農業が自立した産業としてわが国で成り立つのか。

例えば我々は生態系サービスと言うけれども，水とか空気をそれが生み出した利用価値の方から，逆に価値づけやろうとしているわけです。水そのものを社会的共通資本として直接の価値づけを政府がちゃんと責任持ってやるなら別ですけれども，そこのところへ踏み込まないと農水産業の位置づけは難しい。

生態系サービスの考え方は従前よりいいけれども，そういうふうに考えてしまうと，今のままだと農水産業は衰退して救いようもない。だけど，農業とか水産業という実際の現場を見てしまうと，実際に海とか畑とか森林に我々はほとんど関与しなくなっている。人間がほとんど関与しなくなる状況が出てきて，知らないところから，外国から代替品を持ってくることになる。制度的な問題と環境に対する価値観，社会的共通資本を生態系サービスの一環として多様性の問題というふうに，相互にうまくリンクさせな

●パネルディスカッション

いといけない。

　一つ一つの各論は確かにおっしゃるとおりなんだけれども，実際に現場で問題にしようとしたときに衝突が起こる。川にダムをつくるときは，ダムをつくらないで川の連続性を確保するのはいいとはだれもが思うけれども，では水害への対策はどうするのとか，農業のために利水はどこから持ってくるのかという具体的な話になってくると，環境はなぜ守らなければいけないかという話とのつき合わせが必要になってきます。環境に関する定量的なデータがなかなか出せないので，そうすると，ダムの建設の是非や農業利水のあり方をめぐって，やっぱり価値観の問題，灌漑問題，党派的な問題が出てくることになるのです。

三野　まさに先生のおっしゃるところが本質的なものだと思うのですが，私は，どちらかというと社会的共通資本は社会原理に任せるのがよいでしょう。規制がまずかったのは，社会主義国の環境破壊が一番激しかったことでわかるでしょう。これはまた別のメカニズムがあるんだと思いますが，それに対して市場原理，排出権取引のような格好で，何とか新しい価値づけを行った中で市場原理でやるというのが，何となく今の環境管理の中で議論がその方に向いてきています。その中で，水の管理は社会原理か経済原理かというのはその辺ですが，今の環境認証制度は，まさに経済原理の中，市場経済原理の中にどう持ち込んで，その中で保全をしていこうかという規制のような社会原理で生態系を守っていくやり方です。

　その辺はまだまだ議論しなければならない問題があって，多分これは先ほど言いましたヨーロッパの農業環境政策の中でかなり議論されていて，レファレンスレベル，あるところまではPPP(pollutant pay policy)の原則でいくし，あるところから上は奨励策でいく。その使い分けでレファレンスレベルをどう設定するかということに，この間，学術会議のシンポジウムをやりましてかなり議論が出ました。わが国でも農業政策ではキャップという形で，どこまでが規制で，どこからが奨励策でいくかというあたりの使い分けが政策論的には非常に有効です。これがたぶん生物多様性の問題について，とくに林業とか水産業とか農業という一次産業の中では，ここが非常に大きなポイントになってくるのではないかと私は思っております。

須藤　今日は，私は里海とか水の話を主にしているんですが，このところ数年は，実は低炭素社会づくりということで，今度のサミットに向けて，わが国がどれだけできるかということを議論させていただいている機会が多いのですが，一言で申し上げれば，現在のカーボンを80％削減にしないとわが国はやっていけないということです。そうすると，先ほど先生は，海外から入ってくるじゃないか，それをどうするかとおっしゃったんだけれども，とてもじゃないけれども，海外からは数年のうちに，数年かどうかわからないけれども，わが国ですべてを回さなくてはいけなくなるだろうと思われるわけです。

　ですから，そういうときに，6％の京都議定書の削減すらおぼつかないで，1兆円近く金を国外の排出権取引で，多分1回目はやらなくてはいけないだろうと私は思いますけれども，その次は本当にもう何もないので，わが国だけでそのことを成立させなくてはいけなくなるだろうということになります。そのときに，本当に80％いかなくても，せめて50％ぐらいは。それはいつかと言ったら，2030年とか2050年とか，そういうときにCO_2の削減をやるとなったときには，それこそ今の生態系サービスもそうだし，結局，多様性の維持，育成とか，こういうこと自身が最も大切なことになり，結局，環境にお金の価値がつくということにもなるでしょう。

　例えばカーボンプライシングと言いますか，カーボンがお金になるんだということで，さっき先生もおっしゃったような国内の排出権取引は，日本は非常におくれているんだけれども，多分すぐに始まるだろうと私は思います。CO_2を中心として，金銭的な，戦略的な価値があるものとして環境を守ることが自分の収入も豊かになるということにつながる時代を，そんなに遠くない将来に迎えるだろうと思っています。

　そうしないと，日本はだめというか，つぶれてしまうだろうと思うので，こういう問題の中に，低炭素社会を近い将来迎える中で，今後，生態系サービスも含めてどういうふうにやっていくかということは大切なのではないかなと私は思っているわけです。

辻本　議論は地球環境問題にまで膨れ上がってきました。というのは，例えば生態系サービスを享受していきましょう。そのために自然共生型技術とか，

あるいは社会制度資本と言われたものも，ある意味では，従来の社会基盤型に比べると，そういう側面を持っているでしょう。そういうものに切り替えていくことは，実は低炭素社会，例えば化石燃料を代替していけることにつながるという見方が1つありますという話に理解したらよろしいですか。

須藤 はい，そうですね。

辻本 いずれにしても，低炭素社会に切り替えていくためには，自然共生型とか社会制度資本みたいなものを主体とした我々の環境を守っていきましょう。その環境の指標としては，1つは生物多様性があるし，生物多様性を確保しておくと生態系サービスも享受できるという流れが見える。

ただ，こうした方向転換をしていくときには，一方ではかなり強制的なものも必要だろうし，もう少し経済的な市場原理みたいなものでドライブする方法があるだろうということでしょう。今出ているのは，1つは認証制度というのもありました。それからもう1つは，直接支払みたいなものですかね。

昨日もテレビでやっていましたけれども，ソーラーパネルを売るかわりに，電力会社の電力料金がどんどん上がっていって，国民は結局，税金が上がっていって，電力代も上がっていくから，仕方がないからソーラー発電に切りかえていくというふうに仕組みを変えれば市場も動く。制度を変えれば市場も動く。そういう形で環境がよくなるという仕組みをつくることが大事だというのが，日本でなかなかうまくいかない。ドイツとかその辺ではうまくいっているんだけどというお話が出ていました。

三野先生のおっしゃった環境直接支払についても少し補足してもらえますか。

三野 今の農水省で実験されている例では，取り組まれている農業・水は，基本的にはいくつかの段階があって，最も基礎レベルあるいは誘導レベル。それに対して，もっと高度な取り組みというといくつかの段階とともに単価が決められています。その単価は，半分は政府が，国が支援して，残り25％は県が，さらに25％は市町村が支払う。

その受益は，ある意味では市町村が丸々1つやれば，自分のところのい

ろいろな仕組みに4倍に返ってきますから，市町村は非常に利益が多いですね。国は国で，国の施策として割合財源的にも可と言えるでしょう。一番のごみ溜めが県になっているわけです。県は県民税をつぎ込まなければならない。県民税をつぎ込んで，県全体で合意がとれるか。市町村は市町村単位で，直接基礎自治体は，そこに住んでいる人が行動して，住んでいる生態系サービスをたくさん受けるところですから，それはあまり抵抗はないのですが，県が今一番問題です。県としてどう取り組むか。県民税をつぎ込む県としての役割分担の中でどういう目標設定をするかが，今一番問題になっています。

　なぜこんなことを言ったかといいますと，非常に多様なんです。それぞれ環境の対応は，県レベルなのか，国レベルなのか，市町村レベルなのか，あるいは個人のクラブ財，ある程度土地改良区のような公共組合のレベルなのか。それぞれ多様ですから，それぞれに画一的な目標を付与することができないのです。

　たぶん生物多様性も，これを保全しなさいということではなくて，そこに住んでいる人が自発的に選んで，それを自発的に対応していけるような，保全していくような仕組みが必要。たぶんこれはPDCA。生態系も環境管理もそうだと思うのですが，走りながら考えなければなりませんし，結論や目標があるわけではない。それはあるPlanをして，Do，Check，ActionというPDCAサイクルを回すことによる順応，アダプティブマネジメントというのが，たぶん生態系管理の基本原則になりつつあります。

　そうすると，何を目標に置けというわけではなくて，それぞれ活動しながら地域の人が，あるいはある単位の人がそこで一番いい形のものを選びながら行動していくという組織づくりが，辻本先生が今描いておられる伊勢湾にしても，次に出てくるのは，その単位と行動をどういうふうに制度設計していくかということで，これは負担と受益の関係を除いてあり得ないので，社会科学とか法制度論が，多分自然科学的な知見以上に，これからアクションとしてやるときには大事になってきます。そんなことを私自身は考えておりましたので，そのように今日報告させていただいた次第です。

● パネルディスカッション

辻本　ありがとうございました。

　　こういった問題に，制度設計とか自然科学を超えたものが1つ必要ではないか。とくに後半出ました市場原理も動かしながら，市民のモチベーションも生かしながらというところはそうだと思うんですけれども，やっぱりもう1つ，トップダウン的な話もありそうだと思うんです。

　　1つは，例えば里山のところで，里海でも採用されたいというコモンズという価値観の転換です。これはどちらかというと，ある意味ではトップダウン的なしっかりした理念が伴えば，トップダウン的に我々の水環境あるいは里山・里海を，我々のコモンズとしての1つの大事なものとして理解し直すことが，ひょっとしたらできるかもしれない。コモンズは，里山・里海のところで非常に重要な概念として出されたけれども，意外と市場原理と別の1つの経路かなという気がするんですけども。

　　関口先生は，今日はかなり真っ向から自然科学の話で迫られたんですけれども，自然科学でなお欠けていて，人を動かすところというのは，どの辺があるんでしょうか。

関口　僕は海洋生態学をやっていますけれども，僕がいつも不快なのは，何か公共工事をするときに，環境に対する影響を低減するためにはどうしたらいいですかねとか，そういうふうに来るんですね。例えば，いろいろな公共工事を各省庁やりますけれども，計画アセスメントが実施されていないものですから，その工事がなぜ必要なのか，「なぜ」，「どういう理屈で」に関して公開性と透明性がない。今おっしゃったようなことは，確かにみんなそれぞれ個別ではいいと思います。

　　今言ったようなことは，確かに反対する理由は全然ないけれども，例えば共生と言っても，本当に共生って何なのと言ったら，標語として作用しているだけで，実際にやっていることは共生になっていないじゃないか。共生って何だということになってしまうわけです。

　　いろいろなところにダムをつくっている，いろいろな水資源の整備をやっているけど，これもトップダウン式に来ている。それはもちろんいろいろな権威の先生方が入って会議をやっているんでしょうけれども，でも，計画アセスメントとかを飛ばして，例えばいったん走り出したら，もう変わ

らないというふうなスタンスでずっと来ていますよね。すると，多様性どうのこうのと言っても，実際にそういうふうなトップダウン式に土木国家みたいな格好でずっと走って公共事業をやっていると，共生あるいは再生と言いながら，土木工事するために標語が変わっているだけじゃないかと，そう見えるんです。

　だから，共生，多様性，一つ一つを反対することはない。だけど突き詰めると，実際に現場で何しているのといったら，みんな自然を改変して何か工事しようということになりますね。なぜしなくちゃいけないの，「なぜ」というところになっちゃうと，もう問答無用でやって，できるだけ環境への影響が少ないようにするにはどうすればいいですかという相談になっています。

　別に日本だけではありませんけれども，そういう面から言うと，ほとんどの場合，トップダウン式というシステムが今なお生きている。今の里海の話は，きっとトップダウン式ではないですね。むしろ，研究者や地域住民のこれまでの活動の蓄積の上に「海里」という考えが出てきたもので，その上である程度それを引き受ける素地がみんなあるんですよね。

　そういうものだと思うので，環境問題を扱う自然科学の僕のスタンスは，誰の目から見てもはっきりしたシナリオを出すことです。だけど，自然科学的にベストなシナリオは，はっきり言って，社会経済的な問題を無視しているので，実行できないシナリオが多いですよね。そうすると，次善の策としては，自然科学的にベストなシナリオはこれだけれども，社会経済的な問題を無視できないので，やっぱり別のシナリオを採用することになる。だから，僕の役割は，複数のシナリオを提示し，いろいろな行政や政治が何かするときの選択肢を与えることです。自然科学者の仕事は決してそれが主ではありませんけど。

　行政や政治と絡んで，いろいろな公共事業の実施の際に群がっている研究者の話でいつもむなしいのは，言葉の遊びが多いということです。余計なことを言いました。

辻本　ちょっと誤解があったと思うのは，私がトップダウンとかボトムアップと言ったのはガバナンスという意味で，行政から市民に向けてというのを

トップダウンと言って，市民がいろいろ考えて合意しながらできてきた施策はボトムアップだというのも1つですけれども，今関口先生がおっしゃったように，自然科学がいろいろなものをきちっと明らかにして，こういう考え方があるというものをきちっと知った上で，すなわち，ある程度演繹的な物の見方に基づいていろいろな施策を考えてみるというものをトップダウンと言っています。逆に帰納的にいろいろなものを並べて，その中から経験的に，あるいはモチベーションだけで進んでいくというのをボトムアップといって，そういう意味では，コモンズという概念を与えて，みんなで考えましょうというのは，ある意味では，考え方としてはトップダウンのやり方だと言ったわけです。

関口　ごめんなさい，ちょっと修正させてください，一部。

　僕はサイエンティストで研究者だから，研究的な仕事をしていますけれども，研究者として，科学者として僕が言いたいのは，科学的究明を最後まで待っていたら手遅れになることは多いということです。だから，皆さんも多分そうだと思うんですけれども，科学的という意味を疫学な意味で使っています。つまり，細かいところまで原因を最終的に明らかにしないと何も動けないというのでは，わかったときにはみんな手遅れになっているから，やっぱり予防原則という格好で。どの程度のところで予防原則を働かせるかは，やっぱり社会的合意がないといけないんですけれども。

　だから僕は，自然科学的という意味は，Aという現象はBという原因で起こりますよ。そのBがわからない限りは何もできないという厳しい，物理学で言うような因果関係のそれは考えていません。

三野　かえって茶々を入れるかもしれませんが，辻本先生がおっしゃった公共というのを英語に訳したときに「コモンズ」と「パブリック」とあるんですね。パブリックは，また全然正反対のものだと思いますし，それから施策としてどうやっていくかというのは，やはり国の役割と，先ほども何度も言いましたが，県の役割と基礎自治体の役割と個人の役割，その役割をどう適切に分担し，社会として最も望ましい方向に皆がウインウインの関係をつくっていくか。個人と社会は必ず矛盾しますから，それを調節するのが法律であり制度であるわけですから，そういう意味で，何も自然科学を無視

するということではない。

　関口先生が今おっしゃったように，わかっていないものもやっていかなければならない場合がありますけれども，それはだれがどういう役割を担うのか。例えばダムは，高度成長のときに，やはり一人一人の基本的な生活権としての水の最小の保障は国民である以上，その恩恵は国の責務としてやっていこうというのが開発の目的だったのですが，どうも水の使い方あるいは水に対する戦略は，府県ごとにも違うし，市町村によっても違うし，あるいは個人としても違う。その辺をもう少し柔らかく見据えていけば，どうしたらいいのかというのが成熟型社会の話であって，それぞれの役割が時代とともに変わってくるんだと思います。その変わり目に今あるから，これだけ議論しなくてはならない。

　けれども根底は，やはり生物多様性にしても，社会と個人との関係を，個人にとっても最適，社会にとっても最適に一致させるものをどう制度として設計していくかということになろうかと思うので，方法論の話と目的論の話を一緒にすると混乱が出てくるかなという気がいたしました。

辻本　大分話に熱がこもってきたんですけれども，予定された時間になりました。

　今日聞いていただいた皆様方は，2回目，3回目にも来ていただけるものと期待しています。先生方は，いつもというわけにいきませんけれども，次回以降も同じように，来ていただいた先生方から，場合によっては，その場その場で出てきた話題とかに臨機応変に答えていただきながらも本質に迫っていくことが続くと思います。

　またパネルディスカッションの様子は先生方にもメール等でフィードバックしますので，そこでまたパネルに参加していただくという形で今後とも続けさせていただきたいと思います。

　今日来ていただいた方々には，また来週，再来週と引き続き参加いただけますようにお願いして，また，本日来ていただきました3名の講師の方には，非常に熱心な御講義をいただいた後，非常に熱いディスカッションをいただきまして，本当にありがとうございました。

　今日の，連続講演会の第1回目はこれで終了させていただきたいと思います。どうもありがとうございました。（拍手）

第2回 パネルディスカッション

辻本 それでは，時間になりましたので，お約束の総合討論に移りたいと思います。

　お三方のお話だけでも十分お楽しみいただけたと思うんですけれども，総合討論もぜひ楽しんでいただきたいと思います。

　連続講演会といたしましては，第1回，前回は須藤先生が水環境，水質と里海の話をされました。それから，三野先生が農村の話をされました。これも人と環境，人間と生態のかかわりという形で，先ほどの里海の話と非常に関連深いものがありました。とくに環境の問題として，社会的なシステム，仕組みといったものがどれだけそういうものを保全したりあるいは修復したりすることに効果があるかという観点も述べられました。すなわち認証制度とか，あるいはソーシャルキャピタルというような表現をされました。これらは総合討論の重要なテーマになりました。一方では，関口先生が伊勢湾の生態系の話をされました。という形で，生態系サービスとか生物多様性というものがキーワードになって，パネルディスカッション，総合討論が進みました。

　さて，今日は，最初に，松田先生からは，とくに人口減少というシナリ

オの中にあるということ，それから，昔から非常に長い歴史の中で，川，流域というものは人とかかわっているし，川も流域も変わっている。奈良盆地に至っては，飛鳥時代にもうほとんどの集積平野が水田化した。こういう歴史の中で，土地利用が変わっているというお話がありました。

大西先生からは，国土形成計画の話から，ここでも人口減少というシナリオの中でどう考えるかという話がありました。もう1つは格差是正の話もありました。とくに人口増を前提としたシナリオがこれまでの全国総合開発，一次から五次までのシナリオであったのに対し，人口増を前提としないシナリオの中で，自然環境保全というものがおのずと出てきたということか，という視点もございました。さらに，定住自立圏というシナリオについてもお話があり，三全総から四全総にもそういうイメージが生まれていることが話されていました。そういう仕組みの話と，一方では，三遠南信地区ではいろいろな人々の取り組みをある意味では寄せ集めてみれば，よく見れば，流域圏という枠組みが前もってあった。それは松田さんがおっしゃったように，日本ではかなり古い時代から流域の土地をどう使うかというものが，ある程度歴史を刻んでこの地域に育ってきたのが表面的には失われ，今，もう一度地域づくりとかブロック形成を考える中で人々の活動を寄せ集めてみれば，実は，背景にそういうものが取りまとめになっていたというお話でした。

金田先生からは，鴨川の流域管理としての鴨川条例のお話がありました。いろいろなところで流域委員会の話，あるいは河川整備計画の話，そういった話がある中で，どちらかというと理念的なことを条例として決めて，条例で行動を規制して，ある意味では河川整備の前提条件を先につくっちゃうようなお話だったと理解しました。河川整備計画とは少し違った仕組みで，流域あるいは河川沿川の理念が住民によって固められたということで，今後いろいろなことを実際にやっていく中での枠組みが先にできたという，おもしろい試みかと思います。

というふうに，いくつかキーワードがあるかと思います。どういう切り口から議論していったらいいかというのは難しいんですけれども，今，私から御紹介し直しましたように，いろいろな方がいろいろな側面からお話

しいただきました。そして，いろいろな分野の方が今回そろっておられます。ということで，できれば，一番最初に，例えば松田さんのお話しになったことに対してほかの先生方から何かコメントなり御質問いただく形にしたいと思います。続いては，大西先生のお話しいただいた話の中で，そしてまた金田先生のお話に対して残りのお二方からコメントいただくということをまずやってみたいと思います。

その辺で少し時間をとりまして，議論の軸を見つけて，総合的な討論という形で進めたいと思いますが，いかがでしょうか。よろしいでしょうか。

そうなると，まず松田さんから，水田風景を示していただきながら，人口減少も含めて，最近の河川の状況，都市化の中での水害の状況までお話しいただきましたけれども，それぞれの御専門とか御経験の中で，松田さんの御講演に対するコメントとか質問とかがもしありましたら，先生方いかがでしょうか。

大西 私も最後に，三遠南信の天竜川の話でもうちょっと続編があったのです。松田さんは河川行政にずっとかかわってこられたわけですから，流域というとらえ方が非常に強いんだろうと思うんですが，一方で，国土計画とか都市計画というのは，流域に橋をかけて横につないで，つまり，沿岸沿いに街がつながっていく。太平洋ベルト地帯とかいう言葉もありますけれども，そうやっていわば近代化が行われてきた。流域というのは，山から海に向かってを縦と仮に呼べば，それに対して，海岸線に沿って横に人が道路をつくって橋をつくって活動をつなげてきたということがあると思うんですね。私のとらえ方からすれば，都市化が一段落として，流域圏というような概念が自然保全ということともあいまって重視されるようになってきた。おそらく災害が増えてきたということも，そういう意識をまた深めているのかもしれませんが，ただ，一方で社会的に発達して，沿岸沿いの横のつながりというのももちろん重要なつながりとしてあると思うんですね。そういう意味では，縦軸と横軸と両方がともに強調されていく時代ということになると思います。

大西　隆

松田さんのお話は，河川の領域を広げるというテーマで始まって，その領域を広げるという意味が縦横無尽ということなのかどうか，そのあたりを伺いたいと思います。

松田　コメントありがとうございました。たいへん本質的な質問をされました。

　流域というのは，現代の土地利用や都市計画や国土計画にどういう意味を持つかというのが，あまり具体的に，実は，正直言って見えないんです。それで，私，今日のお話で，やたら水田というか稲作にこだわったのは，昔ですと，動力がない時代に水を引っ張るということは，愛知用水じゃないけれども，山のずっと上流の方から延々と，堰をつくって用水路で引っ張ってきてというわけで，木曽川なら木曽川の田んぼであれば，木曽川の世界で生きていますよというのが非常にはっきり見えていたんですね。現代みたいに，遠くからパイプラインでどんどん水を引っ張ってくる，何mの落差があっても，ポンプでどんどん汲み上げるという時代になると，流域という姿が具体的に見えない。むしろ，精神と言うと大げさですが，物を考える気持ちの整理かあるいは象徴的なものかなと思って流域を主張しました。

松田芳夫

　実は，最近，流域ということがちょっとずつはやってきているんですが，具体に何を現代の文明の中でとらえるかというのがかえってわからないという気が，私はしております。ですから迷っております。

　それから，河川の流域を広げるなんて大層な題でやってみたんですけれども，現代は日本に農地が470万haぐらいあって，田んぼが254万haぐらいあるんですが，実際はその3分の2の170万haぐらいしか耕してなくて，3分の1は余っているわけです。

　話の出だしに，人口が減る時代はチャンスだと申し上げたのは，食糧自給が問題になっていますけれども，さりながら，人間の絶対数が減っていけば食べ物だって減っていくわけですから，今以上に水田を増やそうという話はあり得ないだろうと。すると，土地というものをもう少し河川の流域ということで意識して，自然生態というのか，あるいは都市の安らぎの

●パネルディスカッション

景観とか，アメリカの事例を大西先生から紹介していただいたけれども，都市近傍の景観地帯にするとか，いろいろ利用勝手が今後出てくるであろうということで，河川の領域を増やすなんていう題名にしてみたのです。その辺は，お話しする時間がなかったので抜けておりました。

ただ，三全総のときだったかな，下河辺先生たちのグループからお聞きしたことがあるんですけれども，昔の大名の藩というのが，ちょうど今でいうと小選挙区と一致していて，約300ぐらいあったらしいんですけれども，そのテリトリーが川の流域とリンクしているようなのが多くて，改めて気がついたというお話を聞いたことがあります。

それに反して，現在の国土総合開発計画，最近は変わったようですけれども，何とかベルト地帯とか言ってつないで，東海道新幹線とか高速国道網でつなぐという方向に来ていますから，流域の分断と言うとよくないですが，流域の分割された話よりは，つながっていくという話の方が現代的かななんて思ったりしております。

辻本 今の話は，私も非常に関心のあるところで，まず1つは，分水嶺のお話，流域圏の話と行政界については，この連続講演会の前に，2年前になるのですが，国土形成に関して，「流域圏と大都市圏の相克と調和」というテーマでシンポジウムを開きまして，現在，本になってますが，そこで沖さんが，流域圏と行政界というのは意外と一致している。一致していないところで，確かにさまざまな問題を引き起こしているけれども，意外と一致しているものだということをおっしゃいました。

流域圏というのは，私のとらえ方では，水循環に駆動されて，かなり自然のもので動かされているものから人間の欲しいもの，機能を受け取っていくというスタイルであったのが，それだけじゃ十分人口増のシナリオの中では生きていけずに，隣の流域圏とつなぐとか水の行かないところまで，それも，松田さんがおっしゃったように，長い距離を用水路で引っ張ってくるとかいう話だったのがポンプアップまでするようになった。一方では，食糧をつくらないで，食糧を道路で引っ張ってくる。それがまさに分水嶺を越えたり川を横切ってつなぐようになった。まさにバーチャルウォーターという概念が使える大きな対象です。それが将来の姿と現在の平等性の問

題の中でどこまでやれるのかということをやっぱり見きわめないといけないと思っています。都市化というものをきわめて進めていけば，まさに格差の拡大につながりかねない中で，平等性と将来に対する平等性も含める持続性を考えるとき，やはりその分をどれだけコントロールしていかなきゃいけないのか。すなわち，他流域圏と人工的に取引する分はどれぐらいにしなければいけないのか。それからもう1つは，それにかかわる化石燃料というもの。こういった視点で，やっぱり流域でものを考えるというのは，それを実行する以上に必要なものだと考えています。それはある意味ではリファレンスと我々呼ぶことにしていますが，流域で我々の環境容量を知ろうじゃないか。その上で，隣とつなごうが，下流域と，山とつなごうが，あるいは地域を越えてアジアとヨーロッパとつなぐことも考えてというふうに思っています。すなわち，食糧なんかは水とか物質の移動そのものですけれども，それが姿を変えて行われているものを現実につなぐ，我々の限度というのはどこにあるのかということを知るためのものだというふうに私はとらえています。

金田 松田先生のお話にかかわってお聞かせいただきたいのは，要するに，伝統的なスタイルというのを考えますと，人間の生活を地域の環境，河川流域環境とかに対応して合わせるというのが伝統的なスタイルですよね。それを近代的なスタイルに変えたときに，2つの要素が入っていると思います。1つは，それを改造してもっと利便性を高めるということ。そのときにもう1つは，平等性ということとちょっとかかわるんですけれども，非常に画一的な政策が行われているということの2つの問題があるんですね。その2つとも，一概に悪いとは言えないかもしれませんが，一方で，今度は人口の頭打ちから減少へという方向性と，その利便性を求める改造のための無限の財政支出が不可能になってきたということを考え合わせるときに，どこに接点を設けるべきかということを考えないといけないと思います。

金田章裕

そのときに1つ忘れられてきたのが，親水性と言いますか，水と一緒に

● パネルディスカッション

なって生活をしているという環境を人々が認識せずにそこで生活するというスタイルが蔓延してしまった。したがって,その地域において自分たちが住んでいる場所に関与すべきことがらが何かもわからなくなってしまっているというのがあるんじゃないかと思うんです。その点についての方向性とかあるべき形とか,お考えの点がありましたらお聞かせいただきたいというのが1つです。

　それからもう1つは,河川管理のときに,私の技術的な視野が少ない目から見ますと,どの河川の場合でも技術的に同じようなスタイルのものが採用されるという傾向が非常に強いような気がするんですが,河川は一つ一つ,流量も,扇状地性の地形を形成するとか後背地をたくさんつくるとか,先ほどの写真にもありましたが,いろいろな違いがあるのですが,違いがあるところに画一の土地区画をつくって同じような水田経営のスタイルで持っていくといった政策が一般化してきたような気がするのです。そういったものに関してどういうふうに考えられているのでしょうか。私は,もうちょっときめ細かに地域の実情に合わせたような形に再編しないといけないんじゃないかと思うのですけれども,そういったところに関して,先ほども湿田の状況の写真とかいろいろなものをお見せいただいたんですけれども,どういった方向性でお考えなのか,お聞かせいただければありがたいと思います。

松田　1番目の,利便性のための改造とか画一的な政策という過程で親水性を忘れてきたのじゃないかということは,確かにそうだと思います。しかし,昭和30年代,半世紀にもなりますけれども,水害なんかが多かった時代に人々の水とのつながりというのが,洪水で家が流されるとか,道路だとか住宅だとかという条件が非常に悪かったら,水に親しむというよりは,雨が降ればぬかるんでいて学校や職場へ行くのが嫌だなとか,雨漏りするとか。

　私は,今は水商売をやっているわけですけれども,水があまり好きじゃないということを何かに書いたことがあります。育った当時は,台風が来れば雨漏りはする,水質が悪い,まだ下水道なんかない時代でしたから,トイレの問題とか。物は腐るし,傘を忘れると,おふくろから半殺しとは言

わないけれども，えらい叱られた記憶があって，水っていうのはあまり好きじゃなかったですね，正直。自分の経験で言うのは一般性はないかと思いますけれども，やっぱり水に親しむ親水性というのは，生活が豊かになって，周辺の居住環境なりがきれいになって，それから皆さん外国へ出かけて，外国の水辺がきれいだったという情報がどんどん入ってきて，我が身を見渡せば，日本だってきれいじゃないかというのもあるんじゃないかと。

　2番目の，河川管理というか，どの河川でも同じように押しつけてきたのではないかというのは耳が痛くて，まったくそのとおりで。

　歴史的に言いますと，昔は，河川の技術というのは，それぞれの地域に固有のものがあり過ぎて，うっかりすると物の呼び名さえ，例えば，川で水をせきとめて取水する装置を，堰だとか井堰だとか何だとか，地域によって呼び名が違ったりということもあって，むしろローカル色が強かったんだろうと思いますが，近代的な国家主導による河川改修なり整備が入ってきてから，やはりある程度の標準化が必要だということで，河川管理施設等構造令なんていう法令までありまして，大体原則論が決まっちゃっているんですね。それが，河川というのは地形から，雨の降り方から，その河川と人々の生活のかかわり合いだって違うわけで，おっしゃるとおりだと思います。

　だから，これからむしろ，いけいけどんどんでいろいろ工事に追われている時代じゃなくて，1本1本の河川について丁寧に考える余裕がかつてよりは出てきている時代ですから，河川関係に従事している人々も，それぞれの地域の河川の特色，つまり，先生の専門分野の歴史だとか，あるいは河川の生態学とか環境問題とかいうものを全部眺めて，個性のある河川整備というか河川管理をやる時代に入ってきたということだと思います。

辻本　ありがとうございました。

　それじゃ今度は，大西先生の御講演に対して，ご意見をいただきます。

金田　大西先生から，日本の地域構造，国土計画としてどう考えるのかという考え方の変遷をお話しいただいて，大変参考になりました。私は同じようなことを申し上げて恐縮ですけれども，こういう全体の計画を立てるというとき，どうしてもそうなりがちですけれども，やはり国土の構造が画一

● パネルディスカッション

というか均一構造をベースにして,その上で格差是正であるとか連結の問題でありますとか,環境の悪化を防ぐでありますとかいういろいろな施策がすべて考えられるわけでありますけれども,どうしても画一的な方向に進み過ぎないかと。

例えば,こんなところで大学の話を持ち出しますと,少しぼやきみたいになってくるんですが,戦後新制大学になりまして,制度としては「御破算で願い上げましては」みたいな状態になりまして一定の時間がたって,その時間の中でそれぞれに特色が少しずつ出てきて,個別多様性が出てきたというのが実情であったろうと思っております。そのいいところまでをつぶして,また「御破算で願い上げましては」みたいな形で,一律の法人化システムに移行してしまった。こういう制度の改変というときには,これもしばらく定着するとすれば,そのうちにまた独自性が出てくるわけですが,それはちょっと時間がかかるわけですね。再スタートするという段階では,やはり個性が埋没するか,ないしは尊重されないということが起こるんじゃないか。

計画というものに関しても,そのような状況がしばしばありがちではないのかということが基本的な懸念としてあるわけですが,国土計画を議論されたり構想されたりするときには,そういった点についてはどういうふうな考え方を基本的になさるんでしょうかということを教えていただけたらありがたいと思います。

大西 御指摘の点については,独自性と格差と言いますか,それが同じものの裏表の関係という,そういう問題と関係があると思います。

国土計画では,まさに画一化をある意味で指向していたと言いますか,均衡ある発展という言葉が国土計画の一番普遍的要望だと思うんですね。

国土計画ができたというのは,日本で具体的には1960年代からですけれども,40数年にわたって,今つくっている計画を入れると6回つくったわけです。どの計画にもだいたい似たような,均衡ある発展とか格差是正という言葉がかなり重要な概念として入っています。一時期,90年代,バブルが崩壊した後の時代に,その均衡ある発展というのが,結局,まさに画一化というあしき側面が強まっているんじゃないかと。むしろ,それぞれ

独自な道を歩んだ方がいいという議論が起こって，均衡ある発展をやめようかという議論をしました。

ところが，さっきスライドでもお見せしましたけれども，最近になって，また少し所得格差が広がっているというデータが出てきて，格差がだんだん拡大しているかいないかという議論が出てくると，やはり今つくっている国土形成計画という最新のものの中にも，国土の均衡ある発展というのは2回ぐらい出てくるんです。

おそらく，この問題は結局，国というのがどういう役割を持っているのかということと深く関係しているんだろうと思います。つまり，極端に言えば，貧しくてもいいという自由まで認めれば，それぞれの地域がまさに自分の才覚で独自にやっていくということでしょうが，例えば，最低限の生活を保障するという，最低限のレベルというのがだんだん，いわゆる最低ではなくて，もう少し中くらいのところだというふうになってくると，そこをある意味で制度的に保障するということで，逆に言えば独自性が失われていると。ある規格の学校をつくらなきゃいけないとか，役所の建物はこういうものでなきゃいけないということで，言ってみれば補助金を出すことを通じて企画化されていくという歴史を今まで繰り返してきたと思います。

そろそろそこから離れて，独自にデザインしたり，独自にお金の使い方を考えてもいいのではないかという議論は確かにいったん強まったのですが，また格差が拡大しているという数字が出てくると，ある程度のところはみんなが共通に持っていなきゃいけないという均衡論が台頭してくる。

繰り返しと言っても，均衡論がいったん失われかけたのは，90年代の1回だけだと思うんです。少なくとも1回そういう経験をしたけれども，またもとに戻ったということだと思います。

そういうふうに考えてみると，1つの国を形成している以上，一方で均衡ある発展ということに込められている，みんながある一定の生活を享受するということも必要だし，ただ，個性とか独自性というのも非常に重要な価値だとみんなが思っている。だから結局，一定のベース上でどの程度の独自性を発揮できるのか，あるいは逆に言えば，独自性の中に最低限のと

ころをどう抑えるのかとかいうことは，ある意味で永遠のテーマなのかなと。ただ，最近，一回均衡ある発展を捨てようとした経験を我々は持っているので，少し独自性重視の方向に踏み出しているだろうと思うんですね。逆に言えば，国が面倒を見切れる財源というのが乏しくなってきたということもあると思います。

だから逆に，今度は国じゃなくて，もう少し強い地方政府がその地域の一定のレベルを保障をするべきだということで，道州制の議論なんかが出てきていると思うのですが，そうなれば，私は「八ヶ岳論」というのが持論ですけれども，国の画一的なスタンダードではなくて，北海道から沖縄までいくつかの地方政府，道州政府の一定のスタンダードのもとにそれぞれが生活のレベルをあるところに目指していくという，少し独自性がある画一化に変わっていくというのかなという気もするんです。

もちろん個人的には，芸術作品とか大胆なデザインとか独自の着想というのを評価するという気持ちを私も持っているので，画一性という言葉よりは，独自性という言葉が好きですが，しかし，社会保障とか生活保障とかいろいろなことを考えていくと，国土計画というのはやはりその2つの間を動いていくという宿命を持っているような気もします。

辻本 ありがとうございます。

金田さんからの画一性への危惧が指摘された中で，国は均衡とかそういうものを目指す役割も背負っているということが議論だったと思います。それは，先ほど松田さんもおっしゃったように河川の方でも同じです。あちらこちらでさまざまな基準で河川を整備してきたけれども，やはり国の基準として，国がこれぐらい最低限のレベルをクリアしなければならないということが必要だろう。ただ，それがある程度レベルが保障されたときには，何らかの独自性が欲しいねという議論が出てくるねという話だと思います。

それからもう1つは，まず考えるときのベースが，日本の国がどこでも同じなんだというところに立っているように見えるねというのは，やはりちょっと困るねと。北海道と九州じゃ気候も違うし，平野部と中流部と山地では全然違うんだから，当然，目標ではなくて，とられる施策が多分違っ

てくる，メニューが違ってくるだろうとか，その辺，画一性と独自性というのは，今回の総合議論の対象になるところかと思います。

松田 大きい意味じゃ国土計画の一環かもしれませんけれども，人口が減っていったときの日本の都市のあり方というのがどう変わっていくのか。

　狭い意味の河川屋の立場から言うと，先ほど，親水性なんてタームがありましたけれども，街のごたごたした中にもう少し河川の水辺景観というか，親水空間を生かしたような都市計画，アーバンデザインにしてほしいと思っているのですが，そんなことも含めて，大西先生，どういうふうに今後，人口減少時代の日本の都市というのが変わっていくべきであるか，何か御意見ありましたら。

大西 松田さんがおっしゃるように，人が減ると，非常に端的には土地が余るわけですね。今までのように住宅とか工場のための用地というのがそう必要なくなると。都市にいったんなった土地をどう使うかということになるので，とくに海沿いとか河川沿いというのは自然がまさにそばにあるわけですから，自然的な土地利用にしていくという場所になると思います。

　さっき，ソウルの例を出しましたけれども，あれに触発されて，東京では日本橋の高速道路を何とかしようという議論が起こっています。最初は日本橋の橋を復活させるというか，その橋の真上に高速道路がかかっているので，それをどかすことによって，橋がちょっと見栄えよくなるようにしようということだったんですけれども，なかなかそれにはお金がかかると。ソウルでは道路を撤去しちゃったわけですけれども，日本の場合には，高速道路のネットワークの一環なので，つけかえなきゃいけないということで，数千億のお金がかかるということで，東京都知事が「そんなお金がかかるんだったら，道路は撤去せずに，橋をほかに移したらいいんじゃないか」と。例えば，皇居のお堀にでも日本橋の橋を持っていくとよく見えるようになるということを言い出したので，誰かはよくわかりませんけれども，慌てた人たちが，川の復活ということを言い出したんです。今の構想では，川はある一定の長さにわたって道路をどかして川を復元しよう。川の両側の河岸についても，復元というのか，河岸空間をつくって憩いの場にしようという計画，構想があります。

●パネルディスカッション

　都市の使い方，土地利用のあり方というのが，その自然をもうちょっと豊かにしていくような格好で変わっていくというのは非常に望ましいことだと思います。

　ただ，私が少し気になるのは，例えば東京でいうと，隅田川というのが都市内河川として一般の人にも親しまれているんですが，そういう親水的な空間をつくるということになると，例えばスーパー堤防をつくろうというような議論とどうしても重ね合わさってきて，それはかなりの大事業になるんです。つまり，いったんそれぞれの建物がどいて堤防を拡大してから，その上に建物を乗せ直すという。だから，もう少し多様なメニューで，もちろん治水ということは前提としなければならないのですが，治水のある範囲の中で，親水性を増していくとか，あるいは自然的な空間をどう広げていくかという，技術をいろいろ工夫していく必要があるのかなという気がしています。

　河川空間ではないのですが，ドイツで，とくに東ドイツが人口が減っていくので，東ドイツが西ドイツと統一されたときに，すべての建物を将来修復する必要はないんじゃないかとの意見が出ました。そのとき1割程度人口が減ると見越して，1割ぐらいの建物は撤去して，そこを主にはオープンスペース，緑地にしているようですけれども，そうやって建物を間引いて緑地をつくることによって，残った建物の価値が増すといいますか，あるいはそこに住む人のアメニティーが高まるということは実際にやっているんですね。

　日本の大都市で目に見えて人口が減るというよりも，むしろ逆に，大都市の中心部では今，瞬間的には人口が増えているんですけれども，将来必ずそういう時代が来るので，そのときにいかにうまく間引けるか，あるいはその間引いたところを河川空間とどう結びつけていくのかというような手法を，地方都市ではすでに起こっているので，そういうところで少し経験を積んで準備していくというのが大事なことではないかと思います。

辻本　どうもありがとうございました。

　それでは，金田さんの御講演に対してお話を聞きたいと思います。金田さんのお話では，鴨川条例がポイントになったわけですけれども，河川整

備計画が河川管理者側から発議されて，流域委員会をつくって，設計図をつくっていくという1つの方向性に対し，今回やられた鴨川条例は，必ずしも河川整備というものをターゲットにした計画ではなくて，河川とどんなふうに市民は付き合わなければいけないかというものを条例でいくつか決めていって，もし必要な河川整備があれば，その枠内でやってくださいよというスタンスじゃないかと思うんですけれども，その辺の計画の順序みたいなものですね。

　今日のお話の中で出てきたいくつかのシナリオは，河川整備計画でうたわれたりしていますね。河川管理者が何にもできないのに，ごみの問題とか自転車の問題とか不法占拠の問題とか維持管理，いっぱい整備計画の中に書くんだけれども，結局は何もできないというシナリオですね。この辺，そういう条例の話と整備計画の話も，河川管理にかかわられた松田さんの質問の中にも含めて，金田さんに，河川の整備計画みたいな話と条例というのはどんな関係になっているのかということも含めて，お話が聞けたらと思っていますが，まず松田さんから。

松田　日本の河川管理には河川法という法律があって，それに基づいて，主として改修の基本的な方向を決めたりしているわけですけれども，地域で河川との付き合い方の条例というのは前例がないわけではなくて，私の知る限りで一番古いのは，仙台の広瀬川の清流条例っていったかな。もう30年以上前になると思いますけれども，昭和50年代初期にもうすでにありましたから，これが一番古いんじゃないかと思うんです。その後，清流で有名になった四万十川とか，調べてみると，ずいぶんいっぱいあると思うんです。

　ただ，鴨川というのは，毎週テレビドラマに1回は出てくるような著名な川ですから，罰則とまで言いませんけれども，違反したときの規制措置まで含む条例をつくられたというのはすごく立派なことだと，私自身は思っています。

　私は，どちらかというと，条例で河川の，いわゆる国が主導する公式的な河川管理の中でできないようなことは，やっぱりその地方自治体でやっていただくより仕方がなくて，何をやるかというのは，いつもお願いする

んじゃなくて，やっぱり地域で1つのルール，それが条例なら条例でよろしいんですけれども，そういったもので明確化して，その地域の住民と地方政府というか地方自治体が一緒になっていろいろなことをやっていただけるというのは，河川管理者にとっては非常にありがたいはずです。でも従来，時と場合によっては，余計なことをしてくれるというふうに，へそ曲がりの河川管理者がいなかったとは言い切れないと思っています。

ただ，少し気になるのはやはり災害との問題で，鴨川っていうと，何年前かな，北山ダムという計画がありました。鴨川の上流の北山にダムをつくるのはいかがなものかという本質論はあるんですけれども，数年前に結構大洪水があったというお話もありますから，やっぱりたまには水害があり得るということを皆さんに知っていただかねばなりません。鴨川の場合は幸か不幸か，幸いだったんですけれども，昭和10年以来洪水がなかったものですから，日本を代表するような超文化人でさえ，鴨川には将来，未来永劫にわたり二度と水害はないというようなことを新聞記事なんかに書いてありまして，たまげちゃったんですけれども，そういう感覚で皆さんが議論しているんだったら，今度大洪水が出たときどうするのかというのがありますから，その納得がどうなっているのかなというのがちょっと気になりました。

金田 洪水とか治水対策という点からいきますと，2つないし3つほどの議論があります。

1つは，先ほどちょっと申しましたけれども，100年に1度とか1000年に1度というような確率の問題がありまして，1000年に1度の集中豪雨にも耐えられるような，例えばスーパー堤防といった形で河川工事をするという発想が一方にあり得るわけですね。そうすると，それに必要な財政的な支出はどれだけであって，市民生活に対する影響はどれだけであって，それに対して，1000年に1度のためのものに市民はすべてを投げ打って，税負担も生活上のことも含めて対応しないといけないのかという発想も一方にあって，そういう中で，何かその間にミッシングリンクがあるのではないかという議論をしたわけです。それで必要なのは，伝統的な生活の中で鴨川と人々の生活はどのようにリンクしていたのか，どのように対応してい

たのかというところを探して，今まであまり認識されてこなかった部分をひとつ認識し直してみようじゃないかというのが1つの発想です。それだけでできるわけではないんですが。

それともう1つは，治水とは直接はかかわりませんけれども，生活とか都市内の河川，つまり，これを厳密な都市公園じゃないんですけれども，都市公園に準じた空間と位置づけているわけですが，そういうふうに位置づけた場合に，先ほどスライドでお見せしたような放置自転車の問題であるとかさまざまな問題がありますので，そこをどうするのかという，治水とは関係ない部分の問題解決の必要性があるわけであります。

もう1つは，治水ではないんですが，日常の河川管理の問題があるんですね。例えば，河川敷の中に中州ができて草が生える。例えば自然環境保護団体は，そこに非常に貴重な種類の昆虫ないし魚類が生息しているのを損なうような，ブルドーザーを入れて中州を整理するようなことはやめてほしいという議論があり得るわけです。実際にある。ところが一方では，あんなに州があると蚊柱が立ってしようがないから，それを早く刈ってほしいという要望もあるわけです。河川管理者としては一体どうすればいいのかわからないというのが，これは治水対策の問題じゃないんですが，日常の管理の問題として，実際問題としてあり得る。それに関しては，住民の方でそこの議論をして方向性を見出さないとしようがないというものがあるわけですね。そういったものを，それではどういう形で議論してコンセンサスを得る道筋を見つけるべきかという議論がもう一方，1つの段階としてはあり得ると考えました。

したがいまして，治水の方向性と財政負担の問題，それから日常の河川管理の問題，環境・景観の問題，そういった3つぐらいの問題の解決のためのミッシングリンクと言いますか，これまであまり認知されてこなかった，あるいは重要視されてこなかった部分を，伝統的な生活と川とのかかわりを，ちょっと拡大解釈に近いかもしれませんけれども，親水的な空間あるいは親水的な性格というふうに申し上げているんですけれども，そういったことの意味をもう一度考え直そうではないかというような形ででき上がってきたのが，京都府民会議という構想であるわけです。

● パネルディスカッション

　したがって，問題がうまくいくかどうかは運用の問題でありまして，自治体の最終の決定権は議会にあるわけですから，当然その議会が決めることでありますから，それと初めから違う段階で方向性を決めてしまうということはできないわけです。つまり，議会に決めていただかないといけないわけです。しかし，議会へ問題を投げかける，あるいは提案するようなことは，あってもいいのではないかというのが1つです。もちろん，その執行の責任者である知事はそれを尊重してやるということであります。

　そこが基本的なバックグラウンドですが，河川管理，治水の観点から，それじゃ1000年に1回の確率の集中豪雨にも耐えられるような工事をするだけの財政的基盤があるんですかという発想になるわけですね。そうすると，それはない。では，総合的に対応せざるを得ないという話になります。例えば，ネックになりそうな橋梁の改修でありますとか，洪水のときに流下物を出してしまうような堤内の施設の撤去あるいは改善といったことの総合的な対策をしないといけない。そういった総合的な対策をするためには，住民の協力がぜひとも必要であるというような，ある種の循環論を繰り返し吟味する中で，それではひとつ試みとして新しい装置を動かしてみたらどうかということになったわけであります。

　最終的には，国の委託を受けた事実上の管理者であります知事も，その意思決定にかかわる議会も，それを了解したということです。ただし，問題はこれからでありまして，すべて解決したわけではありません。ですから，治水という，あるいは流域管理という両方の面から1つの新しい装置をつくり出したわけですが，つくり出しただけでいいというわけではないので，いろいろな問題は今後に持ち越して，ただ，その問題点を表にクリアに出して議論をする場だけはつくったという状態であろうかと思います。

大西　金田先生のお話の中で，とくに，京都府の条例の景観と鴨川の関係という，条例の中に良好な景観の形成という条項がいくつかあるということに非常に興味を持ちました。

　というのは，どうも日本の川，都市内の河川を周りの都市の建物が取り入れて，いわば川に面を向けて建っているような街並みが少ないんじゃないか。とくに，少し河川の規模が大きくなるとそういう感じがしているん

ですね。

　私は，川と身近に付き合ったのは2回あって，1つは，隅田川のそばにかなり子供のころ住んでいて，そのころは堤防は低くて川面が見えたんですが，伊勢湾台風の後ですかね，かみそり堤防ができて見えなくなった。

　それから，仕事でというか，最初に赴任したのが新潟の長岡というところで，ここは都市の中を信濃川が貫流しているんですね。当時，アメニティタウン計画という計画をつくる仕事を頼まれて，市役所の人と一緒にアメニティタウンをつくろうと。長岡におけるアメニティって何だろうかとずっと議論して，結局，信濃川をもうちょっと生かしたらいいんじゃないか。ちょうど信濃川で都市が二分されているんですけれども，それぞれ背を向けていて，唯一信濃川を眺めるようにつくられている建物は，建設省の河川事務所だけなんですね。ここは屋上がちょうど花火を見る展望台も兼ねていたりして，まさに河川を管理しているので河川を見ているんですが，ほかはみんな背を向けているわけです。せっかく雄大な川があるので，これをもっと景観に，街の中に取り込むようなことをしたらいいじゃないかというので，どういう結びつきかを説明したのか，ちょっと今覚えていませんけれども，まず，世界の大河を見にいこうというので，ライン川に出張する計画を立てて，ライン川の上流からずっと下流まで，1か月ぐらいかけて見て歩いたんです。

　確かにライン川はそれぞれの都市がうまく利用しているんですね。例えば，コブレンツというのはモーゼル川とライン川がちょうど合流するところにある街で，そこは合流点のところに船のへさきみたいな格好で，堤防を兼ねた場所をつくったところがレストランになっている。モーゼル川はちょっと甘めのモーゼルワインが名物で，ライン川はラインワインがあるので，その両方のワインを両方の川を眺めながら飲めるレストランがあったりして，まさに川を生活に取り込んでいるという感じがして，ぜひ長岡でも川をうまく都市の中に取り込むと言いますか，親水的な空間をつくったらいいのではないかと思いました。

　ただ，信濃川は非常に大きな川なので簡単にはできなかったんですが，その後，信濃川河川敷の開発というのが持ち上がったときに，そこに美術館

なんかをつくったり，大学をつくったり。そのキャンパス計画なり敷地の計画の中で，うまく川が見えるようなデザインをとり入れました。とくに大学は，もちろん堤防があるわけですが，その堤防にスロープのようなものができていて，かなり川を一体的に取り込んだようなキャンパス計画ができあがりました。私は，まず川を都市の中に景観的に取り込んでいくということが，水質を考えたりあるいは治水を考えたり，そういう問題を身近に市民が考える上で重要ではないかと思います。

　その意味で，鴨川について良好な景観ということがありますけれども，鴨川の場合には長い伝統，川と都市の長い歴史があるので，でき上がっている景観を守るということに力点があるのかもしれないと思うんですが，もし新しい建築をするとか，開発というか建て替えをするというときに，ある種のコードとかをおつくりになっているのかどうか，そのあたりをお聞かせいただければと思います。

金田　私自身が学生時代から景観の研究者で，昔はこんなものが行政課題になるとは思っていなくて，単に小さな片隅の研究テーマだと思って，個人でこつこつとやっていたんですが，いつの間にか。

　私は国交省の景観法には関与していませんが，おおむねリーズナブルな法律だと思います。改正をして，重要文化的景観をつくるという定義をつくったり制度をつくるのにはずっと関与いたしましたし，現在も，言うべきことを委員の方々にお願いして，私は国の重要文化的景観の専門委員会の委員長をしているわけです。

　やはり今の大西先生の御指摘にもありますように，川が背ではなくて，川の中からちゃんと見て景観を認識するというのが非常に重要な点でございまして，その点は，鴨川は歴史的に河川敷の中に人が入ってそこを楽しむという習慣ができ上がっていますし，河川敷を人が歩いていたりペアになって座っているという写真をお見せいたしましたが，あれは河川敷の中でございまして，納涼床もその河川敷の中に張り出しているわけであります。ですから，この条例では，実は河川敷の中そのものは制限のコードがあります。

　ただ，先ほどもちょっと申しましたが，河川敷の外側は京都市の管轄ですので，これが行政の問題で，うまくこの中に一括しては盛り込めていな

いんですが，京都市も最近，景観に対するいくつかの条例とかでいろいろ方向を出しているんですが，その1つに，鴨川からの眺望景観というのをつくっております。ですから，鴨川の河川敷を散策するときに，東山の，例えば東大文字であるとか，もっと北へ行けば，舟形，五山の送り火の山々が見えるような高さ制限でありますとか，とくに，世界遺産に登録されている歴史的な建造物からの伝統的な，例えば大文字であってもいいんですが，そういう眺望景観が保障されるような高さ制限を含めたもの，それから看板の制限などを，今，京都市でもつくり始めておりますが，そういったものを意図として両方が反映しながら相互にやっていこうという方向性づけでありまして，完全にリンクしているわけではありません。ですから，これはむしろ理念条項みたいなところが強いわけでありますけれども，理念としては，方向性としては強く持っているという状況でございます。

辻本 ありがとうございました。

今日は，三人の先生方の講演をもとに相互に議論するということをやってきました。熱心な議論で，いつの間にか時間が来てしまいました。少しここまでの議論をまとめますと，1つは，画一性というのが問題だねという議論が出ました。これは，国としての均衡を保つためには必要なものだという一方，やはり国土，すなわち地勢，地理とか地質，地形，気候といったもの，あるいは歴史性を踏まえた多様性は認識されないといけないねという話であるとか，あるいは伝統的なスタイルの中にひょっとしたらいいものが見つかるのではないかとか，あるいは「八ヶ岳方式」というふうな話が出ました。国のスタンスと県のスタンスと市のスタンスとか，ダブル・トリプルスタンダードを決めて，ある程度基本的なところは国のスタンダードで画一性を保って，そこからいろいろなところで多様性を担保していく。この話はいずれ，主体としての地方分権と言っていいのかな，そういう話につながる話の芽が出ました。

それからもう1つは，親水という言葉が出ました。これは，今日の話では金田さんから最初に出たと思います。よくアメニティとかレクリエーションという視点，言葉と同様に使われるのですが，今日，最初に出てきましたのは，川と人とのかかわりという意味で親水が使われて，府民会議につ

●パネルディスカッション

ながった。これを実現するには，多分，大西先生が言われたように，アメニティを考えた川の中の設計であるとか景観デザインとかいったものが必要で，親水という言葉を簡単に，メニューの方に使われるアメニティとかレクリエーションで使われるんだけれども，やはり人とのかかわりを意味するんだということが，今日の話の中のホットポイントという気がいたしました。

そのほかにも，流域と都市のつながりはどうあるべきかも，今のことにかかわっていると思います。さらに，背景的な人口減のシナリオの中で我々はどうするのかという話も，まだ議論が十分できていないところでございます。

今のところ，すでに予定の時間をオーバーしていますが，せっかくの機会ですので，もし会場からどなたか御意見のある方，手を挙げて御意見を聞かせていただきたいと思います。

フロア 金沢学院大学，玉井です。

辻本さんは今日は司会で，このパネルでは御意見を言われなかったので，辻本先生にひとつ御意見を伺おうと思っています。

最初に名古屋大学のプロジェクトとしてやっておられることの御説明で，5つのサブテーマ，大変綿密といいましょうか，よく考えられたすばらしい取り組みだと思います。時間もないので，1つだけ伺いたいのは，今日，お三方の御意見なり発言，提案，御議論になっていたような変化なりインパクトが起こったときに，辻本さんの伊勢湾流域圏の管理技術というのはどのぐらいそういうものを取り込んで，定量化した形で説明できるか，あるいは説明しようと考えておられるのか，その点についてちょっとお考えを伺いたいと思います。

辻本 時間がないので，2点だけお話ししたいことがございます。

1つは，今日の意見の中で画一性の話と多様性の話がありました。我々の研究プロジェクトの中では，流域圏の自然共生型の評価をしようとしています。ある意味では，かなりトップダウン的なことをやりたいということですので，画一的になりがちです。一方，研究者は，それぞれの地域はそれぞれの特徴を持っているという意味で多様性の中に生きています。これ

をどうつなぐかが我々の研究の中の非常に重要なポイントで，類型的な景観という視点を持ち込んでいます。すなわち，金田さんがおっしゃったように，中流なら中流の特色があるでしょうとか，あるいは歴史的に使ってきた土地利用の仕方にも特徴があります。こういうもので流域の中はいくつかの類型に区分されて，その類型区分によって多様性を確保しながら，類型の中では画一化を目指していく。すなわち，類型の中には画一されたメニューが提示されるかもしれないし，画一化された評価法がとられるかもしれない。ただ，流域全体をかなりの数の類型に区分して，多様性は担保できるようにする，こういった考え方をとっております。

　それからもう1つ，親水の認識とかあるいは画一性を避けるために，どういうふうに主体を考えるのか。あるいはダブルスタンダード，トリプルスタンダード，八ヶ岳方式という形のところは，今後，我々はアセスメント技術をつくるだけでなくて，本当の意味でも伊勢湾流域圏再生のシナリオをつくっていかなければならないわけですね。そうすると，今までやってきました，ある意味では論理的な仕組みだけでできない部分は，本日議論いただきました流域と都市のつながり方の考え方，あるいは親水，川と人の付き合いの形，それから，そういうものを今日聞かせていただいた鴨川条例のような，ただ単に国土計画とかあるいは河川計画とかいった枠組みでない仕組みで発展させていくことを考えています。ぼんやりしたイメージでしかありませんが，八ヶ岳方式というのは非常にいい言葉だと思ったのですが，そういう複数のスタンダードでつなぐシナリオで合意いただけるかどうかを市民の方々とか行政の方々と議論していくきっかけにさせていただけたらと思います。本日聞かせていただいた連続講演会の議論を我々の研究成果の中にもアプライさせていただきたいと考えております。

辻本　時間が来ました。最後には私にも，私の持っているプロジェクトに対して先生方の今日の御講演いただいた内容の発展のさせ方を述べる機会をいただくことになりまして，本当にありがとうございました。

　非常に長時間，熱心にお付き合いいただきまして，ありがとうございました。先生方には，貴重な御講演とパネルディスカッションを，本当にありがとうございました。（拍手）

第3回 パネルディスカッション

辻本 それでは，お約束の時間になりましたので，総合討論を始めたいと思います。

　本日，竹村先生の方からは，とくに温暖化シナリオというのがキーワードになって，その中でも食料問題という切り口で，水と絡んでお話をいただきました。できれば流域圏で閉じたいというお話が出ていました。

　中静先生からは，森林に着目して，生態系アセスメントというふうな視点でした。生態系の話になりますと，第1回のときにもちょっと議論があったのですが，生態系サービスと生物多様性の2つをどう結びつけてアセスメントするかというところがポイントになっていたかと思います。生態系サービスは，どちらかというと生態系の持つ機能をうまく引き出すという観点が強いために，余りそれに固執すると，別に多様でなくてもいいのではないかという視点も出てくるというような興味深いお話でした。そこをどうつなぐのかがポイントになっていたように思います。

　それから，講演会に先立って私の方で話題提供をしましたときに，我々の方では生態系サービスをどう評価するのか，その生態系サービスを生むことによって，ある程度その代わりとして生ずるようなフラックスの変化

分をどう流域の中で配分するのかという話もしました。そういう意味で，アセスメントというのが1つの切り口でした。持続的社会とか何らかの持続的な像を求めていくときには，1つにはアセスメントが必要で，もう1つは，やはり行動を何とかドライブするような仕掛けが必要で，その両者が一体となったものが多分マネジメントだと思います。

最後の御講演は，楠田先生から，水に着目した統合マネジメントというお話でした。この中では，ベースとしてはアセスメントを内包して，流域の中にあるさまざまな素過程あるいは要素過程をきちっと解析的に評価できるような仕組みをつくりながら，むしろ社会的なシナリオをどう選んでいくのかという形でお話をされたように思います。アセスメントを議論した私と中静さんのお話の中でも，一番最後の部分はうまくマネジメントできるかできないかというところに依存しているのだと思うのですが，その辺に関する示唆をいただいたかと思います。

それぞれの話を本日聞いていただいて，どんなふうに結びつくのかと考えると，関連があるようでも，やはり個性のある講演だったと思います。ということで，パネルディスカッションの最初は，お一人の御講演に対して他の御講演者がどんなふうに感じられたか，一言ずつコメントをいただくところからスタートさせていただきたいと思います。

最初，竹村さんに，かなり世界的なところから，地球温暖化の問題がわが国あるいは流域圏としてどんなふうに抽出できるのかというお話を伺ったのですけれども，このお話に対してまず中静さんからコメントをいただいて，それから竹村さんにお答えいただいて，また楠田さんにコメントをいただいて，竹村さんにお答えいただくという形で始めていきたいと思います。

中静 竹村さんのお話の最後のところはとてもおもしろくて，流域がいろいろなものの単位になっているというようなお話だったと思うのです。私も最後のところで少し言いましたけれども，いろいろな制度が空間的なスケールとか範囲とミスマッチになっているケースがすごく多いのですね。例えば，我々は，必要とするものをすごく世界中のいろいろなところ

中静 透

から持ってきているけれども，ごみは自分の周りに出しています。それから，水源税なんかでも，税金をかけるのは県だけれども，ちょっと違うところの人たちがその水の利益をもらっている。

あるいは，屋久島などで聞いた話ですと，世界遺産になるのはいいし，世界遺産になっていろいろなお客さんが来てエコツーリズムが盛んになるのはいいのだけれども，実は世界遺産になったことでいろいろなレギュレーションがかかるようになって，そのレギュレーションのコストを払っているのは島の人たちである。でも，そこで享受しているのは，そこに来ている世界中の人たちであるわけですから，そのコストは本当は世界の人たちが負担しなければいけないものなのに，それが負担できていない。

そういう環境問題に対してかかるコストとか，それで生じるメリットみたいなものをどういうふうに分担していくかという中で，ミスマッチがいっぱいあると思うのです。流域というのは，そういうものが，例えばフローに関してとか，いろいろなものに関して非常にわかりやすい1つの単位になり得るのかなという意味で，すごく興味深かったと思うのです。

生物多様性みたいなものはちょっと違うかもしれませんけれども，例えば，水のこととか，物質のこととか，栄養塩のことなんかだと，流域というのは非常にいい単位で，自分でやったこと，自分で環境に与えた負荷とか，自分がメリットを受けたこととかの責任といいますか，その結果がどうなるかが見えるというところが，流域というのがシステムとしていいところで，何とか流域内でいろいろなレギュレーションなりシステムなりが働くようになると，本当にうまくいくようになるのかなという印象を持ちました。

竹村 確かに近代化というのは，スペースのミスマッチというか，スペースがどんどん拡大していきました。

水を飲むときも，水はすぐに海へ戻ってしまうので，どこかで水をためなければいけません。だいたい木曽川でも1泊2日ぐらいで戻ってしまいます。どんな大きい川でも，ダムがなかったらあっという間に海に戻ってしまうわけです。ですから，1週間も雨

竹村公太郎

が降らなかったらすっからかんになってしまいます。でも，ダムがあるから何となく川に水が流れているのです。

　私たちは大都市の人たちのためにダムをつくってきました。そのとき，例えば受益者が10万人いたとしますね。10万人の受益者が1のメリットを得たとすると，10万×1で10万のベネフィットがある。ところが，ダムをつくると100人の水没者がいて，その人たちのダメージは100倍だとして，100×100で1万となる。やっぱり10万と1万では10万の方をやらなければいけないので，事業としては10万人のために事業をやっていく。そういうようなことをやってきて，結局，それが近代化の宿命みたいなものなので，やらざるを得なかったということだと思います。

　先ほど辻本先生がおっしゃったような，江戸が終わったときに3 000万人クラスだった人口が1億2 000万人に大膨張していったとき，それをやらざるを得なかった。しかしこれからは，1億2 000万人が7 000～8 000万人に落ちていく時代です。だから，価値観というか概念を変えていかないといけない。過去にやったことを否定するつもりはない。3 000万人から1億2 000万人の人口圧力に，日本人はよくもったと思います。先輩方はよくやったと思う。ただし，これからは同じ概念でやったらえらいミスをするのではないかという問題意識があります。

　中静さんの話を聞いていて，「スペースのミスマッチ」という言い方があるのだなとか，そういうことを感じながら聞いておりました。大変参考になりました。

辻本　引き続いて，楠田さんからお願いします。

楠田　竹村さんはいろいろなところに論説をたくさん書かれていますので，お名前を拝見するたびに，その都度必ず読ませていただいております。竹村さんがおっしゃられることは，私自身もそのとおりだと思うところがほとんどです。

　今日お話がありました点で，1番目は，沿岸環境をよくしようということ，もう一つは食料自給のところのお話であったかと思います。

楠田哲也

● パネルディスカッション

　今私自身，辻本先生がされていますプロジェクトの兄弟プロジェクトで有明海を担当しておりますけれども，なぜ沿岸の漁業資源が減っているかというのがわからない。単純に汚染だけかというと，必ずしもそうではないのですね。生物の場合には，生活史を通して，産卵してから大人になって次に産卵するまでの一周の中で，どこか1箇所が切られてしまうと途端にいなくなるものですから，それを全部追わないといけない。沿岸環境をよくしようということには大賛成なのですが，私どもの責任として沿岸環境の何をよくすればいいのかというところを明確にする必要があり，今日のお話を伺って，改めてそれを心してやらないといけないと思いました。

　それから，エネルギーの点でほかの方のもので説明されたと思うのですけれども，太陽エネルギーは，例えば，ソーラーバッテリーの効率のいいものを持ってくると，状況がかなり変わるのではないかと思います。日本が消費している全部のエネルギーは，滋賀県全域におりてくる太陽エネルギーとほぼ同じぐらいなので，かなり効率よく太陽エネルギーを使うと，日本の将来もそんなに悲観的なものではないのではないかという感じがいたしましたが，私その先の細かい数字はよくわかっておりません。

　それと，農水省の生産額ベースとカロリーベースのところは，私もまったく同感です。お米が100で，小麦が9で，大豆はもっと悲惨ということだったのですが，はっきり言えば，日本人がうどんとパンをあきらめてもっとお米を食べれば，あの比率は見かけ上ぐっと改善されるはずだと思うのですね。お米をみんなが食べないから結果的に下がっているところがあるので，いざとなったら休耕田をやめて，放棄した畑をもう一遍生かしていくことで，ポテンシャルとしては日本の食料自給率はもうちょっと上がるのではないかという少し楽観的な思いを持っています。そんなことを考えながらお話を聞かせていただきました。

竹村　まったくそのとおりでして，沿岸は私もわからないのです。私はずっと川をやっていまして，一番自分の反省しているのは，私は「とい」をやっていたのですね。河川管理者というのは堤防の「とい」なのです。決められた河口からある区間までしか河川区域内になっていませんから，河川区域上でだれかが水をペットボトルでべらぼうに取っていっても，それは関係な

いのです。それは土地の所有者の権利であって，流域の人たちの問題ではないのです。

「え，そんなことも行政は管理していないのか」と言われると，管理できていないのです。つまり，河川管理者というのは何かというと，与えられた何キロかの「とい」しかやっていないということが最近つくづくわかってきました。別に河川管理者が全部仕切れなどとは思っていません。流域の人たちと森から田畑，漁村，もちろん都市の方も含めて，全体が水の使い方を議論していくことがこれから必要になっているのではないか。

そういう時代になってくるのかなと思ったときに，とい屋の僕たちが一番わからなかったのが，河川区域から出た山と海でした。なぜかというと，見えないからです。見えないところはあまり興味がなくてわからなかったので，「まあいいや」としていたのです。

ですから，私は沿岸海域環境が大事だと言っているだけで，まったくノウハウはなくて，その手法は持っていません。でも，その専門家たちをエンカレッジするというか，今日のお話でも山や海についての論文がいっぱい出ていますので，そういう人たちが一生懸命やっていることが大事なのだということを，河川の人間もわかってきたのです。ですから，もう年も年ですから，エンカレッジするだけで，実働はしていないのです。

それから，エネルギーも，私は水力エネルギーのことを言いたいがために極端な言い方をしてしまって大変申しわけなかったと思います。やはり太陽光も立派なもので，今はどんどん技術革新しているのですね。完全に1をオーバーするようないろいろな手法が出てきています。少なくとも太陽エネルギーしかないので，水もその一番大きな仲間で，太陽光も風力もバイオもみんな仲間ですよということは認識しています。ちょっと水を強調したかったために言っただけで，太陽光をやっている方々への他意はございませんので，よろしくお願いします。

辻本 今のお話からは，やはり流域の観点が大事だというところがポイントになっていたかと思います。竹村さんは長い間河川にかかわってこられたのだけれども，河川が余り深入りしていなかったところが，まさに流域の川以外のところですね。そういうところもひっくるめてマネジメントしてい

● パネルディスカッション

くというのが,この会全体の理念でもあったわけだし,それが本日明確になったかと思います。

その中で,中静さんがおっしゃったように,流域で見ていないときには,やはりスペースのミスマッチが生じることが多々あるということが,流域で見ることの重要性を1つクローズアップしていただいたのかなという気がしました。

あと,人口の問題は,やはり自然のもの,流域がもたらすものだけを我々が享受していると,人口が増えていくことに制約があり,それを打破するために,いろいろな施設とか人工的なフラックスをつくってきたのだけれども,竹村さんがおっしゃるように,今度人口が減少してきたときにはどんな社会像が描けるのかということも,やはり流域に大きく関係している1つの要因であることが明示されたと思います。

今までの話は,スペースのミスマッチ,あるいは人口増と人口減,そして流域にかかわる中で,川を軸としながらも森林と沿岸がつけ加わってきた議論への序章となっています。

沿岸の話は,我々も伊勢湾という流域圏の議論を始めるときに一番苦しみました。私ももともと河川の人間で,沿岸をどう取り扱うのだろうということを悩みました。流域をきれいにすれば沿岸は栄えるのかというと,必ずしもそうでない。

実は東京湾なんかですと,東京湾をきれいにしよう,東京湾を再生しようということで東京湾の流域圏の話が始まったかと思います。伊勢湾の我々のプロジェクトでは,伊勢湾だけをよくしようという考え方はある程度捨ててしまって,伊勢湾は流域圏と一体で,流域圏は伊勢湾のために努力するのではなく,伊勢湾も流域圏とともにあるもので,努力をして伊勢湾をきれいにするものでもないし,流域の繁栄は伊勢湾の繁栄であり,伊勢湾の繁栄は流域の繁栄だというとらえ方で,両方を同じ視点に置くということを試みてみました。

すなわち,伊勢湾だけの水質や漁獲高を最大化するのではなくて,その分,流域の方でもプラスアルファがどういうふうにあるのかをカウントして,総合的に評価するという考え方をとるようにしました。そこが沿岸域

は流域圏と一体だという我々の視点です。

　その辺を1つのキーワードにして後から総合討論に進めていきたいと思うのですが，今度は，中静さんの御講演に対して竹村さんから何かコメントをいただきたいと思います。

竹村　1つお聞きしたいのですけれども，先ほど「スペースのミスマッチ」のお話を聞きましたが，あと大事なキーワードとして「権利の所在の明確化」というテーマの設定がありましたよね。あれはとても大事なことで，流域圏でいろいろな議論をしていくとき，それはだれの権利なのだろう，だれが責任を持っているのだろうということです。流域圏が一番弱いところは，河川の「とい」の中だけならば権利関係が全部はっきりしているのですが，流域となった瞬間に権利の所在が急激に拡散して，例えば，ある流域も東京の人が持っていたり，とんでもない人が持っていたりということがある。山林管理というか，健全な森林に向けて，中静さんはどんなことを今思っておられるのかをお聞きしたかったのです。

中静　これは結構難しい問題でして，例えば，マレーシアの森林なんかですごく問題になりました。80年代から90年代の初めにかけて，マレーシアの場合ですと，森林は州が持っているという形になっていたものですから，州が伐採会社にコンセッションで伐採権を売り払ってしまって伐採に入るのですけれども，そこには現地で生活している人たちがいて，結局，自分たちの生活の場が失われて林道封鎖にかかるわけですね。ものすごい大きな摩擦が起きたということがあります。

　結局，マレーシア政府が最後にどうやったかというと，森の中で生活して伐採に反対していた人たちをできるだけ定住生活させました。例えば，病院を建ててあげるとか，学校を建ててあげるとかいうようなことをやりながら，あるいは，伐採会社に森の中で生活している人たちを雇うようにしてもらうということをやって，その人たちの生活を変えてしまったわけです。それで一応権利を明確にしていくプロセスを踏んだということですけれども，果たしてそれが本当によかったかどうかというのはなかなか難しい問題なのです。

　例えばインドネシアなんかですと，今度は逆に，現地で生活している人

たちが権利をどんどん主張していって，そこに外国のNGOが入って，外国のNGOの助けをかりて現地の人たちがネットワークをつくって，政府に自分たちの権利を認めさせるという形で権利の明確化を図っていったという逆のパターンもあることはあるのです。それをどういうふうに解決していくのがいいのかというのは，なかなか難しい問題だなと僕も思います。

　ただ，法律上はちゃんとできていて，国としては，伐採に反対する人たちは伐採権を持っている人たちの権利を侵すわけですから，法律にはそう書いてあるので，結局，自分たちの権利を主張する人たちが罰せられるわけですけれども，それが果たして正しい権利の主張なのかと言われると悩んでしまいます。僕は，本当にこれに関しては，どういう解決をするのがいいのかという答えを実は持っていないのです。あまりお答えになりませんでしたが。

辻本　今のお話からは2つの問題が感じられます。

　法の力でいろいろなものを正当化したときに，正当化し切れていない部分がやはり残ってしまう。実はこの講演会で，法学とか行政法とかの専門の方も流域の問題にぜひ関与してもらってお話を聞きたかったのですけれども，ちょっとスケジュールの調整がうまくいかなかったのです。人間の問題でそれがあるというのが1つですね。

　もう1つは，人間だから難しいのだけれども，人間以外のものも実は同じことで，森林を商業林としてつくっても，やはりそこに生態系ができる。では，それを伐採していいのかということがあります。もともと商業林として植林したのだから，別に生態系を醸成するためにやっていたわけではないということなのだけれども，生物，生態系，あるいは先ほどから出ているような生態系サービスみたいなことで，ある程度ほかの調整機能も保有していたのだという話になってくると，なかなか難しいですね。

中静　そうですね。結局，例えば森林もそうですし，河川もそうでしょうけれども，水だけだと思っていたのが，実は水だけではなかった。森林も，木材だけだと思っていたけれども，木材だけではないものがどんどん重要になってきてしまった。やはりそういう流れがあるのですね。だから，昔は木材だけの権利だと思っていたけれども，本当はほかにもっといっぱい権

利があった。そういう生態系サービスの重要性に気がついてきたという歴史があると思います。

　それは本当は昔から権利としてあったのだと思うのですけれども，法律の中には出てきていなかったでしょうし，自分たちもそんなに深く考えたことがなかった。そういう中でやっていくのは本当に大変な話だなとは思うのですけれども，どういうふうにそれをやっていくかというと，多分法律だけでは難しいだろう。そういうものを上手に使うためのいろいろな工夫とか仕組みを考えていかないといけないのだろうなという気がします。

楠田　質問というわけではないのですけれども，先ほどの森林の保全の件です。私はインドネシアのカリマンタンへ行く機会がありました。地元の人は違法伐採だと言って，切ってしまった材木を全部売っているのですけれども，結局，権利を持っている人がどこかで了解している。それを買っているのは日本企業らしくて，それをそのまま積み出しています。

　ですから，生態系のサービスという意味では，要するに，国のレベルの話と住民のレベルの話が違っていて，住民にとっては今日の収入が絡んでくるので，当面の収入に対し生態系サービスの方は評価されてお金に変わっているわけではないので，今日の収入，つまり，ビジネスの方が勝ってしまうということになっている。社会システムの問題であるが，ある意味，流域のマネジメントの一部であると考えます。要するに，外界からのお金の流れでもって境界内部が完全に攪乱されてくるということになると，森の中だけを考えるのでは話がつかないのですね。

　もう1つは，ヤクーツクというところに永久凍土帯の中にタイガの生えているところの例です。サハというロシアの1つの自治州に行くと，タイガも伐採されているのですね。タイガは，1回切られてしまいますと，太陽からの熱のバランスが崩れてしまって下の氷が解けて，自重圧密で沈下してしまって，「アラス」と呼ばれるくぼ地がどんどんでき上がっている。それも，材木はだれが買ったのか聞いたら日本と言われて，「ええっ，ごめんなさい」とは言ったものの，なぜそんなものが日本まで運べるのかというと，地球温暖化で夏に北極海に運搬船が入れるようになって，レナ川の周辺で切った木を北極海経由で日本に運べるのだそうです。結局それも，政府の

方の権限を持っているところが許可を出して切らしてしまう。地元住民が持っていた入会権のような権利はどこかへ消えてしまっている。それも社会システムの問題なので、森林のサービスを明確に住民の権利として認識させるという法制度をもっと明確にしない限り、やはりそこは守られない。実際上、権利関係は一番弱いところで、すぐに反故にされる立場にある。これはエコロジーの問題ではなくて、ポリティクスの話です。

　もう1つ、お教えいただきたいのですけれども、「生物多様性を守りましょう」とよく言われますね。それではということで、ある人は極端に「いっぱいいろいろな種類の生物を持ってきて入れればいい」となってしまうのです。そして、私が「その地域に昔からあった固有種は完全に守っていただくのが必須だけれども、大昔以上に増やす必要はないのではないか」というちょっとネガティブな発言をすると、必ずしも賛同を得られないのです。それを一体どう説明すればいいのか、専門の先生がおられるので、質問をさせていただきたいと思います。

中静　実は日本の生物は増えているのです。いろいろなところから植物を持ってきて庭に植えたり、花屋さんに売っていたりしますし、動物にしてもペットがいっぱい入ってきていますので、日本の生物は多様性が増しているのです。だから、多様性という言葉のせいもあるのですけれども、たくさんいるといいというような誤解があるのです。それは明らかに誤解でして、楠田さんが今おっしゃったように、もともとの生態系の働きがうまく出るような生物の組み合わせで守っていくというのが正しいのです。

　そういう意味では、それを攪乱するようなものを入れると、生態系サービスがうまく発揮されないというふうにとらえるべきです。だから、いろいろなものが入ってくると生物がたくさんになるからいいのではないかというのは明らかに誤りなのですけれども、上手に言えるかどうかはまた難しい問題です。

　生態系サービスとは言いませんけれども、やはり生き物がいることによってすごくメリットはあるわけです。例えば最近ですと、南アフリカから珍しい花がいっぱい入っているのですけれども、そういう珍しい花が周りにあると、それでいろいろなものを楽しめるという側面はもちろんあるので、

そういうことは，生態系サービスとは言いませんけれども，生物がもたらしてくれるメリットの1つではあります。

　ただ，そういうふうにして得られるメリットと，そういうものが入ってきたときに日本の中の生態系が攪乱されて失われるというデメリットがあるわけですね。そのデメリットとメリットを上手にやっていかないと本当に困ることになる場合もあるというのが，生物多様性の問題だということです。だから，数が多ければいいという問題ではないということです。

竹村　私も「生物多様性」というのがずっとわからなかったのですけれども，「biodiversity」という英語がわからなかったのです。なぜかというと，「diversity」というのは「分岐する」ということなのですね。なぜそれを知っているかというと，私はダム屋でして，川にダムをつくるときに，そうしないとコンクリートが打てませんから，水を「diversion（分岐）」してドライにしなければいけないのです。分岐することを「diversion」と言うのですけれども，なぜ「biodiversity」というのが「生物多様性」なのかと思っていました。あるとき「ああ，そうか」とわかりましたのは，分裂しなければだめなのだと。つまり，植物園のように多種多様なものを持ってきてもだめなのであって，そこに固有の種が違った種に分裂できるような環境が「biodiversity」なのかなと自分で納得したことがあるのです。どんなものでしょうか。

中静　ほぼそういうことだと思いますけれども，要するに，進化の過程でいろいろな種類がわかれて進化してくることを「divergence」と言うのです。

　例えば，オーストラリアですと有袋類という袋を持った哺乳類がいるわけですけれども，それはオーストラリアにしかいなくて，オーストラリアの中で「diverse」したというふうに言うわけです。オーストラリアにはほかの哺乳類がいなかったために，ネズミみたいな有袋類もいるし，コアラもカンガルーもいるし，もう絶滅してしまいましたけれども，オオカミみたいな有袋類もいた。結局，その環境の中でいろいろな役割を見つけて，いろいろな生物がそこで「diverse」してきたという意味で「biological diversity」と言っております。

　ついでに言いますと，「diversity」のほかにも，「biodiversity」というのもす

●パネルディスカッション

ごくわかりにくいのです。「biodiversity」というと,どうも種の多様性みたいなものが最優先するのですけれども,本当のもともとの言葉は「biological diversity」と言っていまして,「生物学的多様性」というような言い方なのですね。日本語に直すと,「生物多様性」ではなくて「生物学的多様性」ということです。

印象としてどこが違うのかと言いますと,「生物多様性」と言うと,本当に種がたくさんいることがいいことだというふうに思うのですけれども,「生物学的多様性」というのは,要するに,先ほどの話にも戻りますけれども,生物学的な関係がきちんと保たれていることが重要だという認識なのです。

だから,遺伝的な多様性も必要だし,もちろん種の多様性も必要なのですけれども,それぞれの種がちゃんともともとの生態系の中できちんと役割を果たして,生態系としてもともと持っていた機能がそっくり出るような形でいるということ。それから,生態系の多様性も必要です。コウノトリにとっては田んぼも必要だし,山も林も必要だし,畑も必要だというような意味で,そういう関係を保つために,生態系としての機能を保つために必要なものが「生物学的多様性」なのです。それを略してしまって「生物多様性」と言うと,どうしても種の話ばかりになってしまうという嫌いがあります。

辻本 非常に明快にお話しいただきまして,ありがとうございました。中静さんの御講演からは,何といっても「スペースのミスマッチ」というのが1つ大きく印象的だったのですけれども,考えてみると,スペースだけでなくて,人間的なものにも実はミスマッチがあり,経済的なもののミスマッチもある。やはり「ミスマッチ」が1つの大きなポイントだったと思います。

さらに突っ込んで言いますと,そういうものを最低限抜け切れるスペースが,1つ流域圏みたいなものとして考えられる。流域圏を考えているときには,比較的そういうものの弊害から抜け出せるかもしれないという期待があるということでしょうかね。

それでは,楠田さんの御発表に対して,今度は竹村さんからお願いします。

竹村 1点だけお聞きしたいのですけれども，今日は大変おもしろいモデルを聞かせていただきました。その中で，どうも僕には，偏見かもしれませんけれども，中国がこれから発展していくためのそんなエネルギーを持っているのか，発展するためのエネルギーはもうないのではないかという思いがどうしてもあるのです。今日のお話の中で，エネルギーが解のパラメータとして入っていなかったのですけれども，それの辺はどうなのでしょうか。

楠田 エネルギー制約というところは設定をしておりませんでした。供給されるという前提に立っておりました。今日の時代を考えますと，当然初めにそれを入れておくべきだったと反省しています。

中国へ行きますと，どこの石油がどこに行っているのかよくわかりませんけれども，黄河の河口では，今日竹村さんがお見せくださった写真で，主流のほかに左にちょんと河口のところに出ていたと思うのです。あれは人工的に左に切りかえているのですね。あそこには勝利油田というのがあって，石油の掘削のマシンが至るところに並んでいます。どのぐらい出ているのかよくわからないのですが，石油大学というのが河口の町にできているのです。そういう意味では，まだ出てくる可能性もあるのかなと思ったりしています。もう1つ，タクラマカン砂漠の真ん中で石油を掘り当てていまして，それが上海までパイプラインで通るようになっております。

中国が今輸入をしているのは，アメリカ並みに，内部のものを使わないで外から輸入して，内部にため込むという政策をとっているのかどうかよくわかりませんが，とにかくエネルギー制約につきましては，今回の計算では省いております。

ただ，田舎に行きますと，40ワットぐらいの電球が1軒に1個で，農業は全部手作業ということがありまして，農村のかなりの部分はエネルギーがなくなっても持続可能な社会でありうるというような状況もあります。

辻本 楠田先生がおっしゃった社会像そのものよりも，そこへ至る移行というようなプロセスを考えますと，その途中でいろいろなシナリオに対してかかるエネルギーがあるのではないでしょうか。すなわち，その像に対してはほとんどエネルギーレスでやれたとしても，いろいろな施策をとっていくときのエネルギーがカウントされる仕組みが必要です。やはりそこは難

しいのですか。移行過程でどんなロードマップで動いているのかをマネジメントの中に取り込んでいくというのは，まだまだこれからの課題なのでしょうか。

楠田 おっしゃられるとおりだと思います。

辻本 そこでも多分エネルギーの問題が出てくるでしょうね。

楠田 はい。

辻本 それでは，中静さんから，楠田さんの御講演に対して。

中静 僕も非常におもしろいモデルを聞かせていただいたなと思っております。
最後のところでいろいろなものを考慮しなければいけないという話になって，さらにトランジッションのマネジメントも必要だという話になりました。これは大変なことだなと思ったのですけれども，そのトランジッションのマネジメントをやっていく上でのアイデアについて，もう少し何か具体的なものはあるのでしょうか。

楠田 現実には，竹村さんなどが行政の中でやられてきたいろいろな交渉事というのがそれになっていると思うのです。要するに，ダムを1個つくるにしても，必ず賛成と反対が出てきますので，あちこちに説明に行かれて納得していただいて，移行過程を金銭で解決する，あるいは空間で解決するということをされてきたと思うのです。水資源の配分の変化に対しても，そこをはっきりと研究レベルで体系づけておかないといけないと感じているということを申し上げました。

辻本 社会の応答という面でも非常に重要ですけれども，施策そのもので，先ほどちょっと私からエネルギーが要るでしょうといったみたいな形で，ちょうど一つ一つの施策に対する費用便益論が議論されるように，その施策だとどれぐらいのプロセスがかかるか，それがエネルギー的にどうか，技術的にどうか，制度的にどうか，経済的にどうかと，いろいろなものがあるのでしょうけれども，楠田さんの方で今とくに発言されたのは交渉事とか意識をつくっていくこととかで，やはりそういうふうに仕向けていくことが大きなテーマだとお考えですか。

楠田 そこも大事なのですけれども，日本が発展の中でとってきたプロセスの中に問題がいくつか入っていると思うのです。

日本は，豊かにするために農業人口の削減を図ったわけです。今では専業農家が20万人で，兼業を入れても320〜330万人しかいない。1億3000万人に対してそれだけの農業人口に減ってしまったのです。昔はもっともっとパーセンテージが高かったわけですね。そのプロセスで，冬に東京に出ていって，公共工事で所得を増やすという手もとられたわけです。そのときに，出てこられる方に対して，ある種のスキルを身につけないといけないという教育の問題も途中で発生していたはずだと思うのです。

　そういう意味で，もっと恒久的にやろうとすると，結局，田舎の方が東京に出ていって，次の世代がそこで教育を受けて都市型で生活できるようになっていくという意味では，その個人，その家族にとっては文化も変わっているわけですね。受けている教育も変わってきている。それも移行過程のマネジメントの1つなので，いろいろな要素があるというふうに考えております。

辻本　そうすると，マネジメントというのはたやすくないですね。我々は，中静さんにしても私にしても，アセスメントということをやっと始めた。でも，現実にシナリオとか社会像とかを描いてそちら側に向けていくときには，もちろん評価するツールが必要なのはよくわかっているのだけれども，どうやってそれに向かって進んでいくのか，プロセスはどうなのか。そのときには，プロセスに係るさまざまなメニューを実施するための技術もそうなのだけれども，一方で，社会制度とか国民の認識とかいろいろなものが変わっていくところまでは，なかなか一気に全部マネジメント手法として達成できないですね。ざっくりでもいいからそれを全部やらなければいけないのか。どの部分から精度アップしていかなければいけないのかということはあるのでしょうか。

楠田　なかなかそこの整理が私もまだついておりませんので，回答することができないのですけれども，地球温暖化で降水量の変動幅が大きくなってきているというのは確かだと私は思っています。

　いつも私は申し上げるのですが，水資源が多いか少ないかというのは問題ではないのですね。水は少ないところは少ないなりに，砂漠の真ん中で生活している人は余り水を使いませんし，水がたっぷりあるところの人は

それなりに水の使い方を楽しんでいるわけです。多いか少ないかが問題ではなくて，変動が問題なのです。生活やライフスタイルを揺るがすような水の量の変化が生じると問題なのであって，量そのものが直接の問題ではない。変化が問題だと思っています。

そういう意味で，地球温暖化で雨の降り方が変わってきますので，渇水などが増えてくることになると，ライフスタイルを変えないといけないわけです。だから，そういうシステムというのは，もうちょっといろいろな経験を積みながら，社会も経験しながら，トレーニングしていくという体系をつくっていく必要があるかと思います。

そういう意味では，福岡市は平成6年に大渇水がありまして，今でもそうなのですけれども，正月元旦に全ダムの貯水量が60％を切っていると，その年は危ないのですね。そういう意味で，「今年は少ないです」というバケツに半分ぐらいという絵が新聞に出てくると，途端にみんなが水を使わなくなるという社会的トレーニングが割に進んでいる地域なので，そういうトレーニングでもって動かしていける部分もあると思います。

辻本　ありがとうございました。変動が非常に大きな問題だということは，変動傾向が非常に大きな問題になってきているということでもあるわけですね。

楠田　供給と需要，双方の変動ですね。

辻本　ただ，ちょっと引っかかったことは，例えば，水の多い流域，少ない流域でそれなりに生きているというふうな時代でなくなってきた。グローバリゼーションの中で，自分のところの流域は非常にドライなのだけれども，隣の流域で水をためる。例えば，ラスベガスなんていうのは，コロラド川から水をいっぱい持ってきています。あるいは，砂漠の国々に水を運んでまで，場合によっては石油を積んできた船に水を積んで輸出して，同じスタイルで生活しよう，同じスタイルで生産活動をしようとする。そういうふうなグローバリゼーションが水問題を非常に深刻化させてきました。

これは裏腹ですけれども，やはり賦存量がどうだという話に依存している話だと思うのです。グローバリゼーションで，本来賦存量は分布しているにもかかわらず，水の使い方を一律化しようとしてきたことが大きな問

題ではないかと思うのです。

楠田 そこのところは，竹村さんが今日おっしゃられたように，少なくとも流域圏で自立してほしいという願いがあります。その願いを崩すと，例えば，砂漠では海水の淡水化でいくらでも水がつくれるわけでして，必ずエネルギーと資源を食っているわけですね。だから，その供給が無限に続く限り問題は生じない。しかし，今はそうではないということで，エネルギー制約なり水資源制約でもってライフスタイルの方をコントロールしないといけないという，トップダウンで決まる時代に入ってきていると思います。

辻本 そのときに，流域圏を単位にして自立しましょう，あるいは流域圏は1つの環境容量のポテンシャルを決めていますねという考え方は，皆さん納得できる。ただ，現実に理解するときに，流域圏で自立するというのは，やはり具体的に難しいところが出てきます。それで，先ほど竹村さんが「流域は自立すべきだ。そうは言っても……」と言われたところは解決したと思ってよろしいのですか。

楠田 いえいえ，目標像と違って制約条件がついていまして，要するに化石燃料の消費を極力減らそうという条件がついていますので，それを何％達成するかによって自分たちの行動形態を変えないといけないということだと思います。

竹村 もう1点，流域で深刻な問題は，皆さん方の質問の中にも出ているのですけれども，温暖化などで水の需要と供給が変化してきますと，水だけに限っても，従来やっていたシステムが狂ってくるのですね。農業用水のパターンも，従来何百年間やっていたパターンが狂ってくるのです。営農形態が変化して，狂っていかざるを得なくなる。そのときは，だれか偉い管理者が「認める」とか「認めない」とか言うような時代ではなくて，流域の人たちがみんなでそれを議論して，「そういう状況なのか。そうしたら，もうこれをこうせざるを得ないね」というふうに理解をしていかなければいけない時代になってきます。

　これは実は上水道，下水道の問題も同じで，下水道が出る真下で上水道を取っていても，だれもそれを知らないわけですね。「できたら上水道は下水道の上にしたい」と言ったときに，「ちょっと待て。それは関係者みんな

の了解をとっているのか」と，ちょっとした作業でもステークホルダーがいっぱいいますので，多くいる方々と理解をしながら，水にこだわったら「流域」なのですけれども，よりよい流域をつくっていくためには，流域の人たちが顔を合わせていかなければだめだということを最近強く思っているのです。

大都会でも，名古屋の人は全然ほかのところが見えないということはわかっていますけれども，少なくとも流域で関係者が顔を合わせていないといけない時代になった。河川管理者が「えいやっ」と決めるようなパワーはありませんから，もうそれほど権力的ではないですから，そのときに新しい水の使い方という世界にいよいよ入ってくるのかなという感じがあります。

辻本 その辺が楠田さんのおっしゃったトランジッショナルな移行のところの問題ですね。今はまだ，現在と将来のあり方，あるいは過去はどうだったかということを評価するところにとどまっていますが，マネジメントということであれば，どうやってダイナミックにそれを動かしていくかですね。その中には技術で解決することもあるけれども，今おっしゃったように，どんな人が集まってやるのか，また，一方では説明責任を果たさなければいけないし，もう一方では合意形成をしていかないといけないという話があるのだろうということを非常に強く感じました。

さて，「流域圏から見た明日」という形で3回お話をいただきましたが，それを並べかえてみました。毎回偏ってもおもしろくないし，あまり違うとまた話がまとまらないのだけれども，3回ばらばらでやってきたものを少しオーガナイズしました。

1つは「流域圏の背景」ということで，生態系の変質，世界的な人口増，わが国の人口減少，高度成長経済から安定経済へ移り変わってきていること，国土利用が変遷していること，食料問題，このようなお話を竹村さんとか松田さんからいただきました。

それから，「流域圏の構造」として，森林から海までつながっているということがあります。現実に，構造としては，水循環がフラックス網を形成しているとか，そこが生み出すサービスとか多様性とか，湾を取り巻いて

都市が発達したために，ある程度運命共同体的になっているという視点です。とくに湾のところで関口さんとか須藤さんのお話がありました。

その次に，やはり「流域圏と社会」としてもう少し認識しなければいけないのは，流域圏の中ですでにいろいろなことが動いていることです。例えば，里海とか里山の活動とか，地域社会と河川が非常に関連していて，例えば鴨川条例がつくられたこととか，河川とか流域の話が国土形成の大きな基盤になっていることとか，農村政策の中で環境の問題が環境直接支払とか認証制度という形で取り込まれていることとか，都市と水環境あるいは水のネットワークみたいなものが理解されるようになってきたことなどですが，地理学から金田さん，農学から三野さん，国土計画から大西さんにお話をいただきました。

それから，本日のところを「流域圏の評価」として，アセスメントからマネジメントへという形で持ってきたのですけれども，やはりまだこれだけでは欠けていることがたくさんあるのですね。

「流域圏から見た明日」

流域圏の背景	生態系変質　→　地球規模環境変化		持続性	辻本
	世界的な人口増		(時空間)	
	わが国の人口減少・少子高齢社会			竹村
	経済高度成長　→　安定経済			松田
	国土利用変遷「風土」喪失		食糧問題	
流域圏の構造	水循環～生態系フラックス網			辻本
(流域と湾)	生態系サービスと生物多様性			関口
	湾をとりまく流域複合体			
	湾の水環境・湾の生態			須藤
流域圏と社会	里海			
	地域社会・都市と川		国土形成像	金田
	農村と水　環境直接支払・認証制度			三野
	都市と水			大西
流域圏の評価	自然共生度アセス		生態系サービス	辻本
	生態系アセス・森林管理			中静
	生態系(資源)管理			
	水の統合管理			楠田

● パネルディスカッション

少し社会とのところで里海とかの運動を書きましたけれども，どうやって次のシナリオのところへ進んでいくのかとか，制度はどうなのかとかいう辺で，これを見ていただいて，こんなことがまだ流域圏の議論の中で欠けているよということがありましたらアドバイスいただきたいのですけれども，いかがでしょうか。

竹村 やはり私は，流域の中の合意形成をこれから具体的にどうしていくかだと考えます。言葉だけではなくて，合意形成をどうやっていくのか。

合意形成は絶対にできないと思います。水関係では絶対に合意できないというのはわかっています。でも，一応理解し合って決めるプロセス，みんながそれを納得できるようなプロセスをどうやるか。流域以外もあるのですけれども，わかりやすく流域としますと，流域での合意形成のやり方を，絶対に合意形成できないという前提でもってだれがどう決めていくか。その決め方をこれからまじめに考えなければいけないのかなと思います。

あまりにも問題が大きいので，従来の上り坂のときには河川管理者が，社会が膨張する中で余裕を持っていましたので，それはのみ込めましたけれども，これからはそうはいかないのではないかというのを感じます。

中静 私も合意形成の問題は非常に大事だと思います。

それと，今僕の講演でも少し話しましたけれども，既存のシステムがどういうふうに機能しているかとか，どうしたらそれが機能するようになるのかということのチェックがもう1つあるといいかなと思いました。

辻本 それは，先ほどまさにさまざまな仕組みのところで書かれたようなアセスメントの方式でもあるわけですね。

中静 そうですね。水の方は僕は余り詳しくないのですけれども，結構いいシステムだと思われていたものがうまくいかない理由の分析というのも，もう少しやられたらいいのかなと思います。

辻本 楠田さん，お願いします。

楠田 話すと長くなりますので簡単に言いますが，最終的なリスクと確保すべき安全という観点から，いろいろ提案されています構造のところまで，逆にさかのぼってくるプロセスが要るのではないかと感じております。

辻本 ありがとうございます。リスクという概念が意外と欠けていたというの

は，我々も感じています。つくろう，評価しようという観点で突き進んでくると，うまくプロセスが進むという思い過ごしの中で話をしていくことになります。やはりそんなことは起こりっこないということをきちっとつぶしておかないとだめだというのが，このごろの物の考え方として必要だなということを感じています。リスクと温暖化のシナリオの中で，できれば一体どんなものが脆弱になってくるのかということも含めた議論を今後していきたいと思います。

それから，合意形成の話が出ました。また，今日の議論の中で，法的な仕組み，行政的な仕組み，制度の問題についても，中静さんがおっしゃったチェックの問題も含めて，必ずしもこれだけで十分ではないのですけれども，今まで議論してきたものに，今後さらにまたつけ加えていけたらと思います。

本日は，個別の講演と討論，そして全体的にこんなふうに3回やってきましたという御紹介をして最後の時間になりました。会場から御意見をいただける方がありましたら。

フロア(小松)　九州大学の小松です。辻本先生が今言われた，まだ足りない部分は何ですかということに対して，ちょっと質問をさせていただきたいと思います。

私は，就業人口の適正化ということを考えております。どういうことかというと，例えば，自給率を上げるにしても，やはり農業人口を増やさなければだめなわけですね。ところが，先ほど楠田先生が休耕田を使えばいいというお話でしたが，私が再開発調査などで町へ入っていくと，本当に今の農村というのは疲弊していて，20年後と言わず，10年後ぐらいには恐ろしい状況になると思うのです。

今の日本の社会のように個人の自由度が上がっていけばいくほど，きつい仕事とか，農業が汚いというわけではないのですが，汚い仕事というのにはどうしてもなりたがらない。そうすると，海外から人を持ってくればいいなんていう話になりかねないのですが，そういうものでは多分健全な流域圏の構成ということにはならないと思うのです。ですから，例えば，いかに農業に人口を配置していくかということから考えないといけない。価

●パネルディスカッション

値観の問題になってくると思うので，文化，価値観，フィロソフィーの辺を取り込まないと，ちょっと片手落ちかなという感じがしております。

それから，せっかくですから竹村さんに質問をさせていただきたいのですけれども，100年後には4度高くなり，今までに0.6度上がって，もうかなり大変なことになってきているということでした。

気温の変化というのは，例えば，九州でも年間40度ぐらいの差がありますね。北海道でしたら多分もっと大きいのではないかと思います。1日のうちでも10～15度の変動があるわけです。そういう大きな変動，フラクチュエーションがある中で，平均気温が0.6度上がるとなぜこんなに大変なのだろうかということが，いまだに私はイメージがわかないわけです。

ところが，自然現象の中にも似たような現象が最近たくさんあるような気がするのです。例えば，有明海等をやっていても，平均の潮流が3％ぐらい減るとどうも大変なことになる。平均潮流流速3％というのは数センチなのです。ところが，上げ潮と下げ潮の大きいときは1～1.5ｍぐらいあるものですから，数センチなんていうのはネグリジブルのような感じがするのですが，変動がいくら大きくても，平均値が上がるということは，生態系とかいろいろなつながりの中でどうも大きい影響があるのではないか。我々研究者はその辺に対して鈍感だったのではないかという気がしているのですけれども，その辺について何か御意見がありましたら教えてください。

竹村 いい質問をしていただきました。これから考えていきます。まったく考えていませんでした。本当にありがとうございます。確かにおっしゃるとおりですね。

辻本 竹村さんの発表の中で，平均のベースが上がればここの流域の流出のハイドロがこんなふうに変わるというものがありましたが，平均は少ししか変わっていないのに，ハイドロで示すと物すごく増幅されていましたね。そういうふうに，やはりいろいろなプロセスを経て我々のところに迫ってくる中で増幅されるというのをいろいろなところで見せられるのでしょうね。今日の1つの解答はそれではないかと私は思いました。

もう1つ，社会構造も加えるべきだというお話がございました。先ほど，

加えるべき話の中に合意形成の話をしました。我々は合意形成というと，えてして個別施策に対して合意形成をとっていくことを考えます。これはまさに環境アセスメントで，個別の事業に対してアセスをやっておりました。しかし最近，戦略アセスという形で，もう少し幅広のところ，全体のいくつかの事業を含めた計画として，計画に対してアセスするということになってきております。

　これと同じように，社会シナリオとして，いろいろなメニューを含む社会シナリオに対する合意形成のとり方，あるいはそれに対して教育の問題から全部含めたようなものなど，社会シナリオに対してどう我々が合意するのかというのは，まさに我々の国の行く末を決めるところにも関与すると思うのです。小松先生の御指摘もありましたので，その辺をどんなふうにトピックとしてつくり上げていけるか，また検討させていただきたいと思います。

楠田　ちょっとその点でよろしいですか。今の小松先生の御質問のところですが，有明海のプロジェクトで有明海の再生というのをうたっているのですけれども，「再生」というものをはっきり定義していないところもあるのです。漁業もそこそこ行えるようにということで，覆砂をすればいいとか，どこかを掘って水を交換すればいいとか，技術的にはいろいろな提案をしてくださっています。

　ただ，現実は，1人で400万円の収入を上げない限り漁業は成立しないのです。50万円ぐらい収入が増える手だてを行政で打っていただいても，何も社会的には効果がないのです。そういう意味で，技術をお考えいただくときに，この技術は何万人に対して，何千人に対して400万円の収入を保証できるかというような観点から研究者の方に見ていただけるとありがたいと思います。

　ちなみに，伊勢湾にもノリがあると思いますけれども，有明海もノリがいっぱいあります。あそこは，父ちゃんと母ちゃんが出ていって，2人で2 500万円稼ぎます。船代，燃料代，網代などを全部入れると，50％が諸経費となります。つまり一家で1 200万円稼げます。それだけあると1人600万円ぐらいですから，そこへは若者の参入があります。結局，1人400万円

● パネルディスカッション

の収入がクリティカルになっていまして，それをクリアできるかできないかでもって技術が社会に入るか入らないかが決まると考えています。

辻本 ありがとうございました。伊勢湾でもアサリやノリなど水産は大きなターゲットです。今の御意見をぜひ取り入れさせていただきたいと思います。

大分時間が超過してしまいましたので，3回にわたった講演会も含めて，本日の講演会をこれで閉じたいと思います。長時間おつき合いいただきまして，ありがとうございました。それから，先生方，御講演とパネルディスカッションを大変ありがとうございました。（拍手）

●執筆者プロフィール (2009年5月現在, 50音順)

大西　　隆
（東京大学大学院工学系研究科　教授）

◇経歴
- 1981年　長岡技術科学大学工学部建設系助手
- 1982年　同　.助教授
- 1988年　東京大学工学部都市工学科助教授
- 1995年　同大学院工学系研究科都市工学専攻教授
- 1998年　東京大学先端科学技術研究センター教授
- 2008年　東京大学大学院工学系研究科都市工学専攻教授

◇著書
- 「参加ガバナンス」(共著)，日本評論社，2006年12月
- 「逆都市時代」(単著)，学芸出版社，2004年6月
- 「政策研究のメソドロジー」(共著)，法律文化社，2005年9月
- 「交通は地方再生をもたらすか」(共著)，技報堂出版，2005年　など多数

金田　章裕
（大学共同利用機関　人間文化研究機構　機構長）

◇経歴
- 1975年　京都大学教養部助手
- 1993年　同　文学部教授
- 1995年　同　大学院文学研究科教授
- 2001年　同　大学院文学研究科長・文学部長
- 2001年　同　副学長
- 2008年　大学共同利用機関法人　人間文化研究機構長，京都大学名誉教授

◇著書
- 「大地へのまなざし―歴史地理学の散歩道―」，思文閣出版，2008年
- 「散村・小都市群地域の動態と構造」(共編)，京都大学学術出版会，2004年
- 「古代景観史の探求」，吉川弘文館，2002年　など多数

楠田　哲也
（北九州市立大学国際環境工学研究科　教授）

◇経歴
- 1970年　九州大学大学院工学研究科土木工学専攻博士課程単位修得退学
- 1970年　九州大学工学部講師
- 1973年　九州大学工学部助教授
- 1986年　九州大学工学部教授
- 2006年　北九州市立大学国際環境工学研究科教授
- 2006年　九州大学工学研究院特任教授

◇著書
- 「文明に見る下水道文化、マンホールの博物誌」G＆U技術研究センター，pp.28-33，2005年8月
- 「生態系とシミュレーション」（編著），朝倉書店，2002年6月
- 「水理公式集」（分担執筆），土木学会，2000年2月　など多数

須藤　隆一
（特定非営利活動法人　環境生態工学研究所　理事長）

◇経歴
- 1974年　国立環境研究所室長・部長
- 1990年　東北大学工学部教授
- 1996年　東北大学大学院工学研究科教授
- 2000年　埼玉県環境科学国際センター総長
　　　　　生態工学研究所代表
- 2005年　特定非営利活動法人環境生態工学研究所理事長
- 2009年　東北大学大学院工学研究科客員教授

◇著書
- 「内湾・内海の水環境」（共著），ぎょうせい，1996年12月
- 「環境浄化のための微生物学」（共著），講談社サイエンティフィク，1983年2月
- 「微生物生態学」（共著），共立出版，1986年1月　など多数

関口　秀夫
(三重大学生物資源学部・大学院生物資源学研究科 招聘教授・三重大学 名誉教授)

◇経歴
- 1973年　東京大学大学院農学系研究科博士課程修了(農学博士)
- 1987年　三重大学生物資源学部助教授
- 2000年　三重大学生物資源学部教授
- 2007年　三重大学大学院生物資源学研究科教授
- 2008年　三重大学生物資源学部・大学院生物資源学研究科招聘教授
- 　　　　三重大学名誉教授

◇著書

「軟体動物概説　下巻」(分担執筆)，ニューサイエンテイスト社，1999年11月

「Commercially Important Crabs, Shrimps and Lobsters of the North Pacific Region」(共著)，PICES Sci Rep.

「伊勢湾の環境保全のための総合調査マニュアル」，三重県，2003年3月

竹村　公太郎
(財団法人 リバーフロント整備センター 理事長)

◇経歴
- 1970年　東北大学工学部土木工学科修士課程修了
- 1970年　建設省関東地方建設局川治ダム工事事務所
- 1993年　建設省中部地方建設局河川部長
- 2000年　国土交通省河川局長
- 2004年　財団法人リバーフロント整備センター理事長
- 2006年　特定非営利活動法人　日本水フォーラム事務局長

◇著書

「日本文明の謎を解く」，清流出版，2003年

　「土地の文明」，PHP研究所，2005年

　「幸運な文明」，PHP研究所，2007年　など多数

辻本　哲郎
（名古屋大学大学院工学研究科　教授）

◇経歴
- 1978 年　京都大学大学院工学研究科博士課程単位取得退学
- 1978 年　京都大学工学部助手
- 1984 年　金沢大学工学部助教授
- 1997 年　名古屋大学大学院工学研究科助教授
- 1998 年　名古屋大学大学院工学研究科教授
- 2002 年　東京大学大学院工学系研究科教授（併任，2005 年 3 月まで）

◇著書
- 「国土形成－流域圏と大都市圏の相克と調和」（編著），技報堂出版，2008 年
- 「流域圏プランニングの時代」（共著），技報堂出版，2005 年
- 「豪雨・洪水災害の減災に向けて」（編著），技報堂出版，2006 年　など多数

中静　透
（東北大学大学院生命科学研究科　教授）

◇経歴
- 1985 年　農林水産省林野庁林業試験場研究員
- 1992 年　農林水産省熱帯農業研究センター主任研究官
- 1995 年　京都大学生態学研究センター教授
- 2001 年　総合地球環境学研究所教授
- 2006 年　東北大学大学院生命科学研究科

◇著書
- Nakashizuka, T. & Matsumoto, Y.(eds).：Diversity and Interaction in a Temperate Forest Community Ogawa Forest Reserve of Japan. Springer, Tokyo, 2002
- 「森のスケッチ」，東海大学出版会，2004 年

松田　芳夫
（中部電力株式会社東京支社　顧問）

◇経歴
　1964 年　東京大学工学部土木工学科卒業
　1964 年　建設省採用（土木研究所）
　1993 年　建設省中部地方建設局長
　1995 年　建設省河川局長
　1996 年　財団法人リバーフロント整備センター理事長
　2004 年　中部電力株式会社顧問

◇著書
　「失敗に学ぶものづくり」　（共著），講談社，2003 年 10 月
　「河川と自然環境」（編著），理工図書，2000 年 12 月
　「水辺の景観設計」（共著），技報堂出版，1988 年 12 月

三野　徹
（鳥取環境大学環境情報学部環境マネジメント学科　教授）

◇経歴
　1966 年　京都大学農学部農業工学科卒業
　1968 年　京都大学大学院農学研究科修了
　1968 年　京都大学農学部助手
　1994 年　岡山大学環境理工学部教授
　1998 年　京都大学大学院農学研究科教授
　2007 年　京都大学名誉教授
　2008 年　鳥取環境大学環境情報学部環境マネジメント学科教授

◇著書
　「潅漑排水　上巻」（共著），養賢堂，1986 年 4 月
　「農用地開発と地域振興」（共著），公共事業通信社
　「農業大革命　農業が甦る・日本が変わる」（共著），PHP 研究所，1995 年 4 月　など多数

流域圏から見た明日
―持続性に向けた流域圏の挑戦―

2009年5月25日　1版1刷発行	ISBN 978-4-7655-3441-3 C3051

定価はカバーに表示してあります。

編 者　辻　本　哲　郎

発行者　長　　　滋　彦

発行所　技報堂出版株式会社

〒101-0051　東京都千代田区神田神保町1-2-5
　　　　　　（和栗ハトヤビル）

電　話　営　業　(03)(5217)0885
　　　　編　集　(03)(5217)0881
　　　　Ｆ Ａ Ｘ　(03)(5217)0886

振替口座　00140-4-10

http://www.gihodoshuppan.co.jp/

日本書籍出版協会会員
自然科学書協会会員
工 学 書 協 会 会 員
土木・建築書協会会員

Printed in Japan

© Tetsuro Tsujimoto, 2009

装幀　ジンキッズ　　印刷・製本　技報堂

落丁・乱丁はお取り替えいたします。
本書の無断複写は、著作権法上での例外を除き、禁じられています。

◆ 小社刊行図書のご案内 ◆

国土形成―流域圏と大都市圏の相克と調和
―持続性と安全安心のための流域圏と大都市圏の修復と再生―

辻本哲郎 編
A5・192頁

【内容紹介】新しい国土形成計画の策定に向けて，持続的で安全安心な空間へと修復・再生する議論の中で，とくに流域圏と大都市圏という2つの異なる圏域の視点が，新しい国土形成，利用計画のあり方にからめて，今日の国土の成り立ちや今後の展開方向を探る上で，非常に有意義であると考えられる。この両視点のコントラストと共通点を浮かび上がらせながら議論するシンポジウムを開催。このときの講演を基に編集した書。

川の環境目標を考える
―川の健康診断―

中村太士・辻本哲郎・天野邦彦 監修
河川環境目標検討委員会 編集
B5・136頁

【内容紹介】河川環境について，その目標を具体化し，提示しながら環境保全に取り組む書。目標設定の流れや分析・評価といった用語をイメージしやすくするために，人の健康診断の類推表現を適宜用いている。その上で，河川環境の目標設定の流れの概要や留意事項，目標設定の流れの全体像や段階ごとの内容，現状の把握から保全・再生の必要性の評価までの段階で利用できると思われる手法を示した。また，適宜概念的な項目については解説を加えるとともに，今後さらに議論が必要な論点を整理した。

豪雨・洪水災害の減災に向けて
―ソフト対策とハード整備の一体化―

辻本哲郎 編
A5・372頁

【内容紹介】近年の度重なる豪雨災害を受け，災害政策強化の一環として国交省河川局，内閣府委員会による講演会を実施してきた。講演は都市計画，社会学，心理学，防災環境学，行政法学などの専門家も参画し，幅広い意見が結集された。本書は，この講演録，パネルディスカッションの速記録を整理した書。災害による被害を減らすための様々な見識が盛り込まれており，多数の著名人によるタイムリーな内容となっている。

アジアの流域水問題

砂田憲吾 編著
CRESTアジア流域水政策シナリオ研究チーム 著
A5・316頁

【内容紹介】アジア地域における流域水問題について，地域に相応しい水管理政策シナリオの提示と水管理に関する知識・経験の集約をした書。流域水管理の方針が平均値や標準値で語られるものではない点を重視し，流域の水事情について，自然地理的条件のみならず社会的条件や歴史的経緯などを含めて系統的な考察を進める。典型的，代表的な9つの流域を対象に，時にわが国の河川流域と比較しながら，各流域固有の水問題について構造的な分析を試みる。

技報堂出版　TEL 営業 03(5217)0885　編集 03(5217)0881
FAX 03(5217)0886